普通高等教育"十二五"规划教材

面向 21 世纪课程教材

生物化学工程基础

（第三版）

Biochemical Engineering Fundamentals

李再资　黄肖容　谢逢春　编著

化学工业出版社

·北京·

本书以工程应用为背景，以生物化学的基本原理为主线，以非生物专业学生学习基本的生物技术知识为目的，将生物技术所涉及的微生物学、细胞工程、基因工程、酶工程、发酵工程及生化反应工程等相关内容及生物学科的最新进展有机地融合、整理、汇编，既注意删繁就简，又有一定的深度和广度。本书体系新颖，内容全面，语言通顺、简明，理论与应用并重。全书内容分为六章：绪论，工业微生物学基础，代谢作用与发酵，遗传的分子基础与基因工程，酶与酶工程，生物技术的工程应用。

本书可作为高等学校工科非生物专业普及生物技术基础知识的教材或教学参考书，也可供相关技术人员参考。

图书在版编目（CIP）数据

生物化学工程基础/李再资，黄肖容，谢逢春编著.
3 版.—北京：化学工业出版社，2011.6（2023.1 重印）
普通高等教育"十二五"规划教材
面向 21 世纪课程教材
ISBN 978-7-122-10948-4

Ⅰ. 生…　Ⅱ.①李…②黄…③谢…　Ⅲ. 生物化学-
化学反应工程-高等学校-教材　Ⅳ. TQ033

中国版本图书馆 CIP 数据核字（2011）第 061941 号

责任编辑：赵玉清　　　　　　　　　　　　　文字编辑：周　倜
责任校对：吴　静　　　　　　　　　　　　　装帧设计：尹琳琳

出版发行：化学工业出版社（北京市东城区青年湖南街 13 号　邮政编码 100011）
印　　装：涿州市般润文化传播有限公司
787mm×1092mm　1/16　印张 11½　彩插 3　字数 281 千字　　2023 年 1 月北京第 3 版第 7 次印刷

购书咨询：010-64518888　　售后服务：010-64518899
网　　址：http://www.cip.com.cn
凡购买本书，如有缺损质量问题，本社销售中心负责调换。

定　　价：26.00 元

第三版前言

本书作为"面向 21 世纪课程教材",在 1999 年第一次出版发行后,被不少院校选作学习生物化学工程基础知识的教材。随后结合生物技术及其应用的许多新发展,并参考教材使用过程中反馈的意见和建议,对原版教材内容进行了修订,于 2006 年再版。自 2006 再版至今,生物化学工程领域又有了更新、更快的发展,尤其是生物技术在医学、新能源、新材料等领域应用的迅速发展,赋予了生物化学工程更多的机遇,有必要结合当前生物化学工程的最新现状,对现有教材再次进行修订,充实教材内容,使之更好地反映目前生物化学工程的前沿动态,让读者在掌握生物化学工程基础知识、基本理论的同时,更多地了解生物化学工程最新的前沿动态,以及生物化学工程基础知识在医学、新能源、新材料领域的新应用。

修订后的教材主要内容、章节结构基本保留。第二章增加了各种常见工业微生物及其用途,增加了蓝细菌和病毒的应用,补充了影响微生物生长发育的其他因素,充实了新型空气除菌技术和工艺。第四章补充了近几年的最新研究进展,增加了基因工程菌在材料合成领域的应用及基因工程安全管理的内容。第五章增加了酶在环境保护和能源开发中的应用及基因工程中常用的工具酶等内容。第六章增加了化学生物学、蛋白质工程、生物信息学的一些应用成果,增加了生物技术在能源和材料领域的应用等内容。

在本教材的修订过程中,黄肖容负责第一章、第二章、第三章、第五章和第六章部分内容的修订,谢逢春负责第四章和第六章部分内容的修订,由黄肖容统稿。

本教材在工程应用的基础上,以生物化学的基本原理为主线,有机地融合了生物技术所涉及的各学科的相关内容和生物学科的新进展及生物技术工程应用的新成果,基础理论知识及其应用和该学科的新技术、新应用、新动向有机结合,是非生物专业学生学习生物化学工程基础的简明综合性教材。

由于编者水平所限,书中疏漏和不妥之处,还望读者批评指正。

编者
2011 年 3 月

第一版前言

生物技术作为高新技术领域之一，正以巨大的活力改变着传统的社会生产方式和产业结构。生物技术对于提高国力以迎接人口增长所面临的食品、资源、能源和环境等挑战是至为重要的关键技术。国内外科学家纷纷预言 21 世纪是生物学的世纪，因此，时代要求非生物类专业的学生必须掌握一定的生物技术基础知识。早在 1993 年全国化学工程专业教学指导委员会福州会议上就决定化学工程专业必须开设生物化学基础课。教育部"面向 21 世纪化工类专业人才培养方案及课程内容体系改革研究与实践"重点研究课题组也将生物化学内容列入化工类专业必修课内容之一。近年来有的院校已将生物技术知识的教学纳入公共基础课程教学计划之中。

生物化学和微生物学是生物技术的基础，现代生物技术本身又包含了基因工程、细胞工程、酶工程、发酵工程和生化工程等相互紧密联系的分支学科，对非生物专业的学生一一开出这些课程是不可能的，因此编写一本内容全面、难度适中，适于非生物专业学生学习生物技术基础知识的简明综合性教材十分必要，本书就为适应这一要求而编写的。

现代生物技术是在分子生物学的基础上发展起来的，而生物化学又是分子生物学的基础与核心，所以本教材是在工程应用的背景下，以生物化学的基本原理为主线，尽可能把生物技术所涉及的各学科的相关内容以及生物学科的一些新进展有机地融合进去，进行精练、汇编，既注意删繁就简，又保证一定的深度和广度，力求反映学科的时代特点。本书注重理论联系实际，除各章内容尽可能结合实际外，还专设一章讲述生物技术的工程应用。在内容选取、文字叙述上尽量符合非生物专业人员的特点和需要。本书有"生物化学工程基础教学软件"与之相配套。

本书的选题是在教育部"面向 21 世纪化工类专业人才培养方案及课程内容体系改革研究与实践"的研究课题组指导下进行的；在编写过程中得到了化学工业出版社的大力支持；在成书过程中，姚汝华教授审阅了全书；何启珍同志在绘图、打印、校对等大量烦琐工作中付出了辛勤的劳动；此外，董新法、黄肖容、陈砺、张军等同志也对本书的内容提出了宝贵的意见，在此谨向他们致以诚挚的谢意。

1999 年 5 月在广州，由全国化学工程与工艺专业教学指导委员会聘请专家组成的评审组对本书稿进行了认真的审阅。参加会议的专家有：华东理工大学严希康教授、天津大学元英进教授、华南理工大学姚汝华教授、中山大学许实波教授及化学工业出版社编辑。与会同志以极其认真的态度审阅了书稿，提出了许多宝贵的修改意见，并认为：该书体系新颖，相关内容全面，深入浅出，理论联系实际，能反映现代生物技术的特点，有相应配套的 CAI 教学软件，适合作非生物类工科专业学生学习生物技术基础知识的教材。本书经教育部最后审定为"面向 21 世纪课程教材"。

由于编者水平所限，缺点错误在所难免，恳请读者批评指正。

编者

1999 年 7 月

再版前言

本书作为"面向 21 世纪课程教材",在 1999 年第一次出版发行后,被不少院校选作学习生物化学工程基础知识的教材。

作为 21 世纪的高新技术之一,生物技术及其应用在近几年又有了许多新的发展,并参考教材使用过程中反馈的意见和建议,对李再资教授编著的原版教材内容进行了修订再版,修订后,第一版教材主要内容、结构基本保留,删除了第一版中的第六章"生物反应器",将该章涉及的生物反应器的内容按微生物反应器和酶反应器分别归入第二章"工业微生物学基础"和第五章"酶与酶工程";第四章"遗传的分子基础与基因工程"补充了近几年克隆技术的最新研究进展;增加了生物技术的工程应用的内容。

在本教材的修订过程中,黄肖容负责第一章、第二章、第三章、第五章和第六章部分内容的修订,谢逢春负责第四章和第六章的修订,由黄肖容统稿。

本教材在工程应用的基础上,以生物化学的基本原理为主线,有机地融合了生物技术所涉及的各学科的相关内容和生物学科的新进展及生物技术的工程应用,内容简练、删繁就简,但又有一定的广度和深度。各章内容与实际紧密结合,是用于非生物专业学生学习生物技术基础的简明综合性教材。

由于编者水平所限,缺点错误在所难免,恳请读者批评指正。

编者
2005 年 3 月

目　录

第一章 绪 论

一、生物技术与生物化学工程

"生物技术"一词译自英文 biotechnology，也有译作"生物工程"或"生物工艺学"的。生物技术的定义多种多样，如"生物技术是应用自然科学及工程学原理，依靠生物催化剂的作用将物料进行加工，以提供产品或为社会服务"；"生物技术是工业规模开发生物细胞及其组分潜在用途的技术"；"生物技术是应用生命科学及某些工程原理操纵生命的一门综合性技术学科"；"生物技术是以生物化学、生物学、微生物学和化学工程学应用于生产过程（包括医药卫生、能源及农业的产品）及环境保护的技术"等。这些定义的说法不完全一样，但内容基本上是一致的，归纳起来有三个特点：①生物技术是一门多学科、综合性的科学技术；②过程中需要生物催化剂的参与；③其最终目的是建立工业生产过程或进行社会服务。

与生物技术相关的学科很多，但从基础学科讲，主要是生物学、化学和工程学。它们之间的关系可形象地表示于图 1-1 中。生物技术源远流长，我国在龙山文化时期（距今 4000 多年）酿酒技术已相当精湛，这就是古老的生物技术。但生物技术发生质的飞跃是以 20 世纪 70 年代 DNA 重组技术的问世为标志，自此以后，细胞融合技术、单克隆抗体技术、酶与细胞固定化技术、动植物细胞大规模培养技术、转基因生物技术、体细胞克隆技术等相继出现，使现代生物技术面貌焕然一新。

现代生物技术已成为当代生物科学研究和开发的主流。一般认为，现代生物技术主要包括基因工程、细胞工程、酶工程和发酵工程。这些生物工程技术是相互渗透、相互交融的，而基因工程在其中处于主导地位。

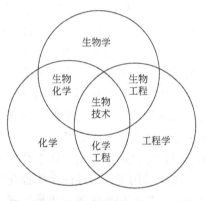

图 1-1　生物技术的多学科性示意图

生物化学工程（biochemical engineering）简称生化工程，是为生物技术服务的化学工程。它是利用化学工程原理和方法对实验室所取得的生物技术成果加以开发，使之成为生物反应过程的一门学科。所以可以把生化工程看成是化学工程的一个分支，也可以认为是生物工程的一个重要组成部分。因此，有人把生化工程融入前述的现代生物技术包括的四大工程之中，也有人把生化工程单独列出，认为现代生物技术包括的主要方面是基因工程、细胞工程、酶工程、发酵工程和生化工程。

二、生物反应过程的特点

凡由生物工程所引出的生产过程，可称为生物反应过程（bioprocess）。它大致可用图 1-2 所示的流程表示。

生物反应过程实质上是利用生物催化剂来从事生物技术产品的生产过程。生物催化剂可以是微生物、动物、植物的整体细胞，也可以是从细胞中提取出来的酶（enzyme）。它们可以游离的形式使用，也可以采用固定化技术将其固定在多孔介质表面后再使用。

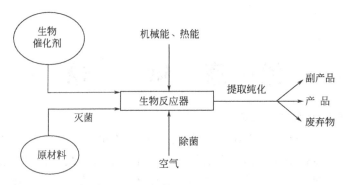

图 1-2　生物反应过程示意图

在生化反应过程中若采用活细胞（包括微生物、动物、植物细胞）为生物催化剂，称发酵或细胞培养过程；若生物催化剂采用游离或固定化酶则称为酶反应过程。两者的区别在于在发酵过程中除得到反应产品外，还可得到更多的生物细胞；而在酶反应过程中，酶则不会增长。

19 世纪以著名生物学家巴斯德（Pasteuer）为代表的一些人曾坚持由糖变为酒精的发酵过程是活细胞在起作用，即把发酵和某些特殊微生物的生命活动联系起来。而毕希纳（Buchner）等人却发现磨碎了的酵母（不可能含有活细胞）仍能使糖发酵形成酒精，即认为发酵是由一些活细胞产生的非生命物质所引起的。这些具有发酵能力的非生命物质被称之为酶。大量的事实证明后者的观点是正确的。上述两类反应过程，从催化作用的实质看是没有什么区别的，利用活生物细胞作为催化剂的发酵生化反应，其实质也是通过生物细胞内部的酶起催化作用。可见酶催化作用是生化反应的核心，没有酶的作用，任何生物反应过程都是不可能实现的，甚至一切生命都不可能存在。

由于采用了高活性的生物催化剂，生物反应过程通常在温和的反应条件下就可进行，从而使生产设备较为简单，能量消耗一般也较少。

生物反应过程多以光合产物——生物质（biomass）为原料，这些物质可以年复一年地再生，是一种取之不尽的再生资源。再生资源的利用可以逐步减少对终究会枯竭的矿物资源（石油、煤、天然气等）的依赖。

生物反应过程产生的废弃物危害程度一般较小，生物反应过程本身也是环境污染治理的一种重要手段，而且，在处理各种废弃物时往往还能获得有价值的产品（燃料、化工原料等）。

三、生物技术在国民经济中的重要地位

现代生物技术与电子信息技术和新材料技术一样，为当今极重要的三大高新技术领域之一。其主要特点是人工定向改造生物遗传特性，创造新物种，通过工程化为人类提供有益产品和服务。

在所有自然资源中，最为丰富的是生物资源。生物技术则是人类开发利用和改造生物资源最强有力的武器。生物技术已经给国民经济各部门带来了深远的影响，这种影响还将越来越大，生物技术与各产业部门的关系如图 1-3 所示。

生物技术向着产业方向的发展，已深刻影响到人类的生活及工农业生产、医学卫生、食品、能源，给人类带来大量有价和无价的效益。

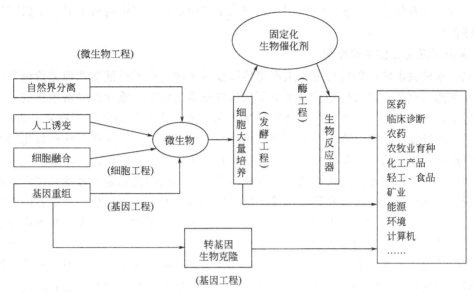

图 1-3　生物技术与各产业部门的关系

1. 与农牧业的关系

农牧业的优良品种主要体现在产量、质量、抗病害三大指标上。人们可以利用诱发、杂交、细胞工程、基因工程等生物技术方法来实现品种的改良，甚至创造新品种。

在农业的生产中，通过生物技术已生产了诸如植物生长素、生物农药、农药清除剂、生物肥料、畜禽疫苗等许多产品。对农业的发展起到了保障和推动作用。此外，通过生物技术还可获得性能优良的转基因动植物，所谓转基因动植物是指将能编码某种具有特定功能蛋白质的外源基因转移到某种植物或动物体内，长期赋予这些植物或动物以新的品质。利用转基因技术，既可以培育出在自然条件下和利用常规育种方法无法获得的作物新品种，提高农、牧业的生产效率，又可生产出许多珍贵的药用蛋白。例如，抗病毒的烟草、抗棉铃虫的棉花、快速生长的鱼、分泌奶汁中含有大量有效药物的羊或其他动物等。人们还期望把固氮基因导入非豆科的粮食作物中，以节省肥料、提高产量。另一途径是培养高光效植物，充分利用光能。

生物技术对农业的影响是多方面的，不仅在于提高生产力，还将改变农业的生产结构，从而改变单纯依靠土地的传统农业生产方式。

2. 与工业的关系

在工业生产中，通过生物技术生产了诸如氨基酸、有机酸、维生素、单细胞蛋白、高果糖浆、食品、香精香料及工程材料等许多重要产品。人们还想把蜘蛛丝蛋白的基因克隆出来，用于生产高强度的丝纤维。理论上说，任何有机物均可由现代生物技术生产。生物技术还将对传统产业的技术更新换代产生巨大的生产力。基因组的研究与制药、农业、食品、化妆品、环境、能源等工业部门密切相关，已形成一个新的产业部门——生命科学工业，现在国际上一批大型化学工业公司正大规模地向这一方向进军。

3. 在新能源的开发和环境保护中的作用

利用工程菌水解植物的茎秆产生生物乙醇，利用合适的酶可以生产生物柴油，以可利用光合作用的各种植物为生物质原料发酵生产酒精等工业溶剂和化工原料，不存在能源枯竭的问题。通过厌氧发酵使工业废水产生沼气，利用工程菌富集废水中的重金属，不仅节约资源还可消除污染。

4. 在医药卫生工作中的作用

生物技术最突出的优势就是可以生产出传统技术不能生产或虽能生产但造价极为昂贵的产品。在医药工业中，现代生物技术解决了用传统技术无法生产或无法经济生产的一些药物的技术问题，开发出一大批新的特效药物，如人胰岛素、人生长激素、干扰素、人尿激酶、人脑激素、乙肝疫苗、单克隆抗体、红细胞生成素、白细胞介素、人超氧化物歧化酶等，使一些疑难病症得到防治。转基因动物——乳腺生物反应器将是21世纪生物医药产业的一种生产模式。现代生物技术还为疾病的快速诊断与疾病的基因疗法奠定了理论和技术基础。

肿瘤、心血管病、遗传病和某些细菌、病毒感染（艾滋病、疯牛病、严重急性呼吸道综合征等）是人类疾病中的四大难题。肿瘤本质是癌基因的突变和调控的改变从而造成细胞内信息传递紊乱所致。目前诸如心血管病等4000余种已发现的遗传病都认为是由基因突变所造成。获得性疾病如艾滋病、严重急性呼吸道综合征（非典）等虽不是人类本身的基因突变所致，但要想获得有效的防治方法，必须首先搞清这些致病基因组的结构及其复制和表达的规律，才能针对性地制定防治方法。

此外，在亲子鉴定、犯罪分子嫌疑人排查、考古中DNA的鉴定、体育人才的选拔等也要应用到生物技术。可以说生物技术还是一门事关国计民生，与民众日常生活息息相关的科学。

生物技术正以巨大的活力改变着传统的社会生产方式和产业结构，给国民经济带来极为深远的影响。当今人类社会面临的人口剧增、能源消耗殆尽、资源日渐枯竭、环境污染严重等重大问题的解决，在很大程度上也将依赖于生物技术的发展。

5. 在材料领域的应用

以生物质为原料合成的生物聚合物，可制备能被微生物降解的生物塑料，被认为是替代传统化工塑料、终结"白色污染"的新型材料。以生物分子DNA、蛋白质、微生物、植物细胞为模板可制备各种功能独特的无机纳米材料，生物技术在材料合成领域的应用越来越广泛。

四、本课程的内容组成

现代生物技术是在分子生物学的基础上发展起来的，而生物化学又是分子生物学的基础与核心，所以本教材以生物化学的基本原理为主线，尽可能把生物技术所涉及的微生物学、细胞工程、基因工程、酶工程、发酵工程、生化反应工程的一些相关内容以及生物学科的一些最新进展有机地融合进来并进行精炼、汇编。目的在于使读者花费较少的时间就能掌握到必要的生物技术基础知识。课程内容主要由五部分组成。

1. 微生物基础知识

微生物学是生物技术的基础学科。实际生产中的生物催化剂基本上都来自微生物。由于微生物结构简单、生长繁殖快、易于培养和变异等特点使它们成为生物技术许多基本问题研究中的良好材料。本书第二章讲述微生物方面的内容，介绍了细胞结构、工业上常见微生物及其应用、菌种的选育与保藏、微生物的大规模培养等，也包括细胞工程的部分内容。

2. 代谢的研究

代谢是生命最基本的特征之一，它包括生物体内所发生的一切分解作用和合成作用。本书以糖代谢途径作为研究中心，研究物质在细胞内的变化规律及伴随发生的能量变化。一切发酵产品都是代谢活动的产物，从这些研究中可以进一步了解发酵产品的生成机理及提高产品的产量和质量的技术措施。这方面的内容在第三章中论述。第三章还将简单介绍了常见的微生物反应器。

3. 遗传的分子基础与基因工程研究

生物的遗传性状都是由基因决定的，而基因的物质基础是 DNA，通过 DNA 的复制，将遗传信息传递给子代细胞，再通过蛋白质的生物合成，将生物的遗传性状表达出来。基因工程是采用类似工程设计的方法，通过基因组合、转移、定向地改变生物的性状和功能。本书第四章介绍了有关内容及其基因工程菌的应用、基因工程安全管理。

4. 蛋白质与酶工程研究

酶是由生物体产生的具有特异催化功能的蛋白质，它是生物体内新陈代谢、物质合成、能量转换以及降解等各种反应中不可缺少的催化剂。将酶从生物体内提取出来制成酶制剂，可广泛应用于医药工业、食品工业、农业、遗传工程、环境保护、能源开发等方面，特别在化学工业的应用，能够产生巨大的经济效益和社会效益。本教材第五章介绍了这方面的内容。酶的化学本质是蛋白质，有关蛋白质的生物合成在第四章作了介绍，在第五章再补充介绍了蛋白质的组成、结构测定等内容。常见的酶反应器以及酶反应器的设计计算基础理论也在第五章作了简单讨论。

5. 生物技术的工程应用

生物技术是一门实用性很强的学科，本书遵循理论联系实际的原则，除各章内容尽可能结合实际外，还专设一章讲述生物技术的工程应用，除讲述传统的生物技术生产外，还介绍了生物技术在海洋生物活性物质的开发、基因工程药物、基因治疗领域的应用情况，并介绍了化学生物学、蛋白质工程和生物信息学在医学领域的最新应用。对生物技术在当前普遍关注的环境污染的生物净化、生物质能源的开发、可降解生物塑料等领域的最新研究和应用动向也作了介绍。

第二章 工业微生物学基础

微生物是一切微小生物的总称。它们都是一些个体微小、需借助显微镜才能看清其外形的构造简单的低等生物；它们有的是单细胞，有的是多细胞，还有些没有细胞结构。微生物广泛存在于人们的周围，与人们的生活有着密切的联系；同时，它在人们从事的工业生产——发酵中，也扮演着极为重要的角色。微生物摄取了原料中的养分，通过体内的特定酶系，经过复杂的生化反应——代谢作用，把原料转化为人们需要的产品，如各种酒类、抗生素、氨基酸、有机酸、维生素等。因而，从生化观点看，微生物是一种生物催化剂，它能促使生物物质转化的进行。另一方面，微生物细胞又与反应工程中的反应器十分相像，原料中的养分（即反应物）透过微生物活细胞的细胞壁和细胞膜，进入微生物体内，由微生物体内酶系的催化作用，把反应物转化为产物，最后产物被释放出来，所以，从化学工程角度考虑，微生物细胞又可认为是一种极其微小的"反应器"。而催化剂或反应器两者均是极为重要的工程因素。若要微生物按照人们的意愿高产优质地生产出所需要的产品来，那就必须了解微生物，熟悉微生物，掌握与微生物有关的知识。

第一节 微生物的特点

在整个生物界中，微生物体形大小差异十分悬殊。体形大小上的量变达到一定程度，就会引起一系列其他性状的质变。微生物个体所特有的小体积、大表面积的特点，给它们带来了一系列有别于高等生物的特征。

1. 体积小、表面大

微生物的个体都极其微小，必须用微米（μm，即 $10^{-6} m$）或纳米（nm，即 $10^{-9} m$）作单位[❶]。以微生物的典型代表——细菌为例，其最普通的杆菌的平均长度 $2\mu m$，1500 个杆菌头尾衔接起来仅有一粒芝麻长；细菌的重量就更微乎其微，每毫克细菌数比全地球的人口总数还多。

任何物体被分割得越细，其比表面积（单位体积所占有的表面积）就越大，大肠杆菌的这一比值高达 30 万。微生物的这种小体积、大表面积的特点，特别有利于它们与周围环境进行物质、能量和信息的交换。实际上，微生物的一系列其他属性都与这一特点密切相关。

2. 种类多、分布广

目前已发现的微生物在 10 万种以上。不同种类的微生物具有不同的代谢方式，能分解各式各样的有机物质和无机物质。凡动植物能利用的营养物质，微生物一概可以利用；而大量为动植物所不能利用，甚至是剧毒的物质，微生物照样可以很好地利用。如不少细菌和放线菌能固定大气中的分子氮作为自己的氮源，不少异养微生物能利用极其复杂的有机物或有毒（甚至剧毒）物质（如纤维素、木质素、石油、甲醇、甲烷、天然气、塑料、酚类、氰化物等）作为自己的养料，这说明微生物的食谱极其广泛。废水的生化处理就是利用微生物各

---

❶ 但也有例外，有报道世界上最大的细菌接近于肉眼可见，呈一 $\phi 0.1 \sim 0.3 mm$ 球状。

取所需、共同作用于废水中的毒性物质而使其降解，从而达到防止公害的目的。不同的微生物在生化过程中累积的代谢产物不同，发酵工业上常利用不同微生物来生产各种发酵产品。

由于微生物的食谱极广、生长要求不高以及生长繁殖速度特别快等原因，使得它们在自然界中分布极其广泛，上至天空下至深海，到处都有微生物存在，特别是土壤则是各种微生物的大本营。据估计，1亩❶肥沃的土壤，在150cm深的表土内就含有300kg以上的真菌和裂殖菌。一粒土就是一个微生物世界，其中含有不同种类和不同数量的微生物。即使在荒无人烟的沙漠，1g砂土中也有十多万个微生物存在。在人的肠道中始终聚居着100～400种微生物，它们是肠道的正常菌群，菌体总数可达1×10^6亿。在人的粪便中，细菌约占1/3（干重）。一个感冒者的喷嚏可以含有多达8500万个细菌。由于微生物分布极广，因此，人们可以就地取材，分离出需要的菌种。

3. 生长旺、繁殖快

在生物界中，微生物具有极高的繁殖速度，其中以二均分裂方式繁殖的细菌尤为突出。例如，大肠杆菌在37℃下以通常所说的20min分裂一次计，则一个细胞经48h后可产生2.2×10^{43}个后代；假如一个细菌质量为10^{-12}g，那么这时的总质量将达2.2×10^{25}t，即相当于4000个地球之重！但随着菌体数目的增加，营养物质的迅速消耗，代谢产物逐渐积累，pH值、温度、溶氧浓度均随之而改变，因此，适宜环境是很难维持的，所以微生物的繁殖速度永远达不到上述几何级数的繁殖速度。一般对细菌进行液体培养时，每毫升培养液内的细菌浓度通常不超过10^9个。若干有代表性微生物的代时（generation time，分裂1次所需时间）和每日增殖率列于表2-1中。

表2-1　某些微生物的代时及每日增殖率

微生物名称	代时/min	每日分裂次数	温度/℃	每日增殖率
乳酸菌	38	38	25	2.7×10^{11}
大肠杆菌	18	80	37	2×10^{24}
根瘤菌	110	13	25	8.2×10^3
枯草杆菌	31	46	30	7.0×10^{13}
酿酒酵母	120	12	30	4.1×10^3

微生物的这一特性在发酵工业上具有重要的实践意义，主要体现在它的生产效率高、发酵周期短上。例如，用单罐发酵生产酿酒酵母12h即可"收获"一次，每年可"收获"数百次，这是其他任何农作物所不可能达到的"复种指数"，这对缓和人类面临的人口增长与食物供应矛盾有重大意义。例如，500kg重的食用公牛，每昼夜只能从食物中"浓缩"0.5kg重的蛋白质；而同样重的酵母菌，只要以糖蜜和氨水为主要养料，在24h内即可合成50000kg的优良蛋白质。1g菌种投入50t发酵液罐中，经50h可得到2t谷氨酸，一个占地20m²的发酵罐，一天生产的单细胞蛋白相当于一头牛。

4. 适应强、易变异

微生物对环境条件尤其是恶劣的极端环境所具有的惊人适应力，堪称生物界之最。例如某些细菌可在100℃以上的温度条件下正常生长；一些细菌能耐$-196 \sim 0$℃（液氮）的低温；一些嗜盐菌甚至能在32%的饱和盐水中正常生活；许多微生物尤其是产芽孢的细菌可在干燥条件下保藏几十年、几百年甚至上千年。此外，耐酸碱、抗辐射、耐缺氧、耐毒物等

---

❶ 1亩=666.67m²。

特性在微生物中也是极为常见的。

由于微生物的个体一般都是单细胞或接近于单细胞的，利用物理的或化学的人工诱变处理后，容易使它们的遗传性质发生变异，从而改变微生物的代谢途径，产生新菌种。经诱变处理后，微生物细胞往往出现某些生理缺陷，其中一种叫营养缺陷型的，这种菌株缺少或丧失合成某一种或几种必需生长因素的能力，有的不能合成维生素，有的不能合成氨基酸或者核苷酸。因为合成某种物质的能力丧失，而使细胞中合成这种物质的"半成品"在体内大量积累，甚至排出体外，这就使获得"半成品"的产品成为可能。例如生产味精的谷氨酸棒杆菌经过变异后，它的高丝氨酸缺陷型就可产生赖氨酸；它的抗甲硫氨酸变异株就可以产生蛋氨酸；如果用紫外线诱变后出现腺嘌呤缺陷型菌株就能生产出很有价值的肌苷酸。许多抗生素生产菌株，都是经过诱变处理提高产量的。例如青霉素生产菌，最初每毫升发酵液只有几十个单位的青霉素，经菌种诱变处理已提到几万单位。总之，可利用微生物容易变异的特性来提高菌种的生产能力或筛选新菌种。当然，另一方面细菌的这种高适应性和易变异性，也会产生各种抗生素对其都不起作用的超级细菌，严重危及人类健康[1]。

第二节　工业生产中常见的微生物

自然界里，微生物的种类非常繁多，可粗分为：

微生物 {
  细胞型 {
    原核微生物，如细菌、放线菌、立克次体等
    真核微生物，如酵母、霉菌、单细胞藻类等
  }
  非细胞型微生物，如病毒、类病毒等
}

生命的构成单位是细胞。细胞是生物体的结构和功能单位，是生命活动的基本单位，也是生物个体发育的基础。

原核微生物细胞内有明显的核区，但没有核膜、核仁，核区内含有一条 DNA 构成的细菌染色体。真核微生物的细胞含有具体的细胞核，细胞核有核仁、核膜和一至数条 DNA 构成的染色体。非细胞微生物没有完整的细胞结构，仅含有一种类型的核酸（DNA 或 RNA），不能进行独立的代谢作用。

工业上常用到的微生物和经常遇到的杂菌主要有细菌、放线菌、蓝细菌、酵母、霉菌和病毒。

一、细菌

细菌（bacterium）是自然界中分布最广、数量最多、与人类关系最密切的一类微生物。细菌为单细胞生物，分裂繁殖，体积很小，直径约 $0.5\mu m$，长度 $0.5\sim5\mu m$，具有杆状、球状、螺旋状等基本形态（见图 2-1）。细菌的细胞在原核生物中具有代表性，它主要由细胞壁、细胞膜、细胞质、类核及内含物等构成。有些细胞还有荚膜或鞭毛；有的细胞可形成芽孢。图 2-2 是细菌细胞的结构模式图。

细胞壁是细菌细胞的外壁，质地坚韧而略有弹性，起到固定菌体外形和保护细胞内在物质的作用。

细胞膜亦称细胞质膜或原生质膜，是在细胞壁与细胞质之间的一层柔软而富有弹性的半

---

[1] 2010 年 8 月媒体首次报道了人类死于超级细菌的病例。

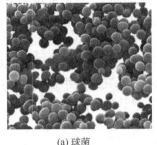
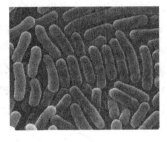
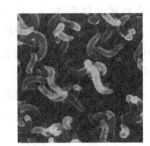

(a) 球菌　　　　　　　　　(b) 杆菌　　　　　　　　　(c) 螺旋菌

图 2-1　细菌的形态

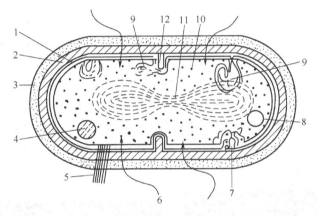

图 2-2　细菌细胞的结构模式图

1—细胞质膜；2—细胞壁；3—荚膜；4—异染颗粒；5—伞毛；6—鞭毛；7—色素体；
8—脂质颗粒；9—中体；10—核糖体；11—类核；12—横隔壁

渗透性薄膜，它的功能是能选择性地控制与外界的交换作用，摄进细菌需要的营养物质和排出多余的代谢产物。细胞膜还有让胞外酶向菌体外透过的功能。细菌体内的酶系也主要集中在细胞膜的内侧。

细胞质是细菌细胞的基础物质，是一种无色透明的胶状物。主要成分是核糖体、蛋白质、核酸、脂类及少量糖类和无机盐类。细胞质是细菌的内在环境，具有生命活动的各种特性，含有各种酶系，使细菌细胞与其周围环境不断地进行新陈代谢作用。细胞核的主要成分是脱氧核糖核酸（DNA），是负载细菌遗传信息的物质基础。细菌是一种比较原始的生物，它的细胞核没有核膜，因此，无固定的形状。这些较原始的核称原核或类核。类核是与高等生物细胞核功能相似的核物质，又称染色体或细菌染色体，一般位于细胞的中央部分，呈球状、卵圆状、哑铃状或带状。

质粒（plasmid）存在于一些细菌的细胞质中。它是存在于细胞染色体外或附加于染色体上的遗传物质。这些遗传物质往往与细胞主要代谢无关。质粒一般由闭合环状双螺旋DNA 分子构成。质粒已成为基因工程中重要的运载工具之一。

核糖体是由核糖核酸和蛋白质组成的微粒，称为核糖核蛋白体，简称核糖体。核糖体分布在细胞质中，是微生物合成酶或蛋白质的"车间"，是细菌发育、增殖、遗传所不可缺少的重要细胞器。

芽孢（spore）是某些细菌在其生长发育后期，在细胞内部形成的一种圆形或椭圆形的抵抗不良环境的休眠体，一旦获得适宜的环境，芽孢就会萌发成为营养细胞（一般的菌体细胞）。芽孢含水量少，且具有致密而不易渗透的芽孢壁，所以，芽孢有极强的抗热、抗辐射、抗化学药物的能力，例如肉毒梭菌在 100℃沸水中，要经过 5.0～9.5h 才能被杀死；至 121℃时，平均也要 10min 才能将其杀死。因此，在发酵原料和设备的灭菌过程中，如何杀死有芽孢的细菌是值得重视的问题。采用间歇分段式灭菌法（丁道尔灭菌法）能有效杀死细菌中以耐热休眠形式存在的芽孢。能形成芽孢的细菌主要是杆菌。图 2-3 所示为不同形状的芽孢杆菌。

(a) 中央型的杆菌型　　(b) 中央型的梭状芽孢菌型　　(c) 末端型的槌状菌型

图 2-3　形成芽孢的形状和芽孢位置

菌落是菌株在一定培养基中的群体特征。将单个微生物细胞或一小堆同种细胞接种在固体培养基的表面，当它占有一定的发展空间并给予适宜的培养条件时，细胞就会迅速进行生长繁殖，形成以母细胞为中心的一堆肉眼可见的、有一定形态构造的子细胞集团，这就是菌落（colony）（如图 2-4）。如果菌落是由一个单细胞发展而来的，则它就是一个纯种细胞群。如果将某一纯种的大量细胞密集地接种到固体培养基表面，长成的各菌落相互连接成一片，这就是菌苔。细菌的菌落有其自己的特征，如湿润、较透明、易挑取、质地均匀以及菌落正反面或边缘与中央部位的颜色一致等。

 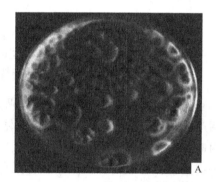

(a) 细菌菌落　　　　　　　　　　　　　(b) 青霉菌落

图 2-4　菌落

发酵工业中常用的细菌主要是杆菌，如枯草芽孢杆菌，主要生产蛋白酶、淀粉酶；乳酸杆菌主要生产乳酸；丙酮-丁醇梭状芽孢杆菌用于生产丙酮、丁醇；醋酸杆菌可生产醋酸和酒石酸、葡萄糖酸等有机酸，也可生产山梨糖，还可用于制备生产高果糖浆的葡萄糖异构酶；北京棒状杆菌生产谷氨酸；产氨短杆菌可生产氨基酸、核苷酸等；大肠杆菌可用于制取天冬氨酸、苏氨酸等氨基酸及天冬酰胺酶等多种酶。大肠杆菌可作为基因工程受体菌，经改造后可作为工程菌，用于生产各种多肽蛋白质类药物（如生长素、胰岛素、干扰素、白介素、红细胞生成素等）和氨基酸。假单胞菌可生产维生素 C、抗生素、多种酶、酶抑制剂、有机酸；假单胞菌还用于从石油产品制造各种产品，如水杨酸、苯甲酸等。

二、放线菌

放线菌（actinomycetes）是因在培养基表面上的菌落呈放射状而得名。放线菌有生长发

育良好的菌丝体。放线菌的菌丝有基内菌丝和
气生菌丝两种。匍匐生长于培养基表面或深入
培养基里面摄取养料的称基内（或营养）菌
丝；基内菌丝发育到一定阶段后向空间长出的
菌丝体，称为气生菌丝。气生菌丝发育到一定
阶段，在它上面形成孢子丝，孢子丝是气生菌
丝的一部分，其形状有直、波曲、螺旋、轮生
之分。放线菌的孢子落入适宜的培养基中就可
以繁殖出新的菌体，如图 2-5 所示。

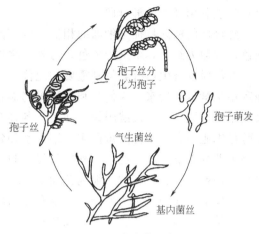

图 2-5　放线菌形态图

　　放线菌虽然有发育良好的菌丝体，但无横
隔，为单细胞，菌丝和孢子内不具有完整的
核，由一团脱氧核糖核酸（DNA）的小纤维构
成，没有核膜、核仁、线粒体等，因此，放线菌属于原核微生物。

　　放线菌的菌落特征：干燥、不透明，表面呈紧密的丝绒状，上有一层色彩鲜艳的干粉；
菌落和培养基连接紧密，难以挑取；菌落的正反面颜色常常不一致，菌落边缘培养基的平面
有变形现象等。

　　放线菌广泛存在于泥土中，通常每克土壤中含有 $10^4 \sim 10^6$ 个放线菌。土壤的土腥味便
是这类微生物散发的。

　　大多数放线菌是腐生菌，对自然界的物质循环起着一定的作用；少数为寄生菌，能引起
人和动植物的病害；有的放线菌与植物共生，固定大气中的氮。放线菌最大的经济价值是产
生能抑制其他微生物生长的抗生素，可用于治疗人和动植物的疾病。据资料介绍，到目前为
止，从自然界发现和分离了 5500 种以上的抗生素，其中大约 2/3 由放线菌产生，但用于临
床和工农林业生产的约百种，如链霉素、四环素、庆大霉素、土霉素、金霉素、春雷霉素、
争光霉素、灭瘟素等。不同放线菌所产生的抗生素对其他微生物的抑制作用是有选择性的，
例如，链霉素只能抑制革兰阴性细菌，而四环素则是广谱抗生素，能抑制多种革兰阳性和革
兰阴性细菌。有的放线菌用来生产维生素和酶制剂。此外放线菌在甾体转化、石油脱蜡、烃
类发酵、污水处理等方面也有所应用。

三、酵母菌

　　酵母菌（yeast）是单细胞真核微生物。酵母菌的形态多种多样，其菌体细胞以卵形为
主，其次有球形、椭圆形、柠檬形、腊肠形及荷藕形等，如图 2-6 所示。

　　酵母菌的繁殖方式分无性繁殖和有性繁殖两种，以无性繁殖为主。无性繁殖中最普遍的
繁殖方式是芽殖，即酵母细胞长到一定程度后能反复出
芽繁殖后代。酵母也可进行分裂，用裂殖方式繁殖。酵
母菌的有性繁殖是指两个相邻的细胞相互结合形成子囊
孢，子囊孢破裂后孢子散出，在适宜条件下，孢子萌发
形成新菌体。

　　酵母菌在自然界分布很广，主要生长在偏酸性的含
糖环境中，在水果、蔬菜、蜜饯的表面和在果园土壤中
最为常见。此外，在油田和炼油厂附近土层中也很容易

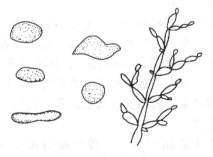

图 2-6　酵母菌形态

分离到能利用烃类的酵母菌。

酵母菌的菌落特征与细菌的相仿，但菌落较不透明，且颜色比较单调，多呈乳白色或矿烛色，少数为红色，个别为黑色。另外，酵母菌菌落一般会散发出悦人的酒香味。

酵母对发酵生产有着特别重要的地位。自从古代酿制含酒精的饮料开始，人们便不自觉地利用了酵母。后来，人们又利用酵母烤制面包，发馒头，进行酒精、甘油生产。近年来，又应用酵母进行石油发酵脱蜡，并生产各种有机酸，如柠檬酸、反丁烯二酸、脂肪酸等。由于酵母细胞内含有丰富的蛋白质、维生素和各种酶，所以，酵母细胞本身又是医药、化工和食品工业的重要原料。例如，利用酵母细胞本身，可生产单细胞蛋白（一种饲料蛋白）、酵母片、核糖核酸、核苷酸、细胞色素 C、凝血质、辅酶 A 及酶制剂等。

在发酵工业中常用的酵母菌主要有酿酒酵母菌属和假丝酵母菌属。酿酒酵母菌属可用于生产酒精、啤酒、白酒、葡萄酒和各种果子酒等。假丝酵母菌属中的产朊假丝酵母菌的蛋白质含量和维生素 B 含量均比酿酒酵母的高很多，故可用于生产供人畜食用的蛋白质；解脂假丝酵母则能使石油发酵脱蜡，并且生成柠檬酸和脂肪酸。异常汉逊酵母可产生乙酸乙酯。

四、霉菌

霉菌（mold）亦称丝状真菌，是真菌的主要代表。凡生长在营养基质上形成绒毛状、蛛丝网状或絮状菌丝体的，如根霉、毛霉、曲霉、青霉等真菌，统称为霉菌。

霉菌的营养体由菌丝组成，菌丝可以无限制地伸长和产生分枝，分枝的菌丝相互交错在一起，形成菌丝体，通常其大小肉眼可见。

霉菌的菌丝有两类：一类菌丝中无横隔，整个菌丝体就是一个单细胞，含有多个细胞核，例如毛霉、根霉及犁头霉等；另一类菌丝由多细胞构成，内有横隔，每段就是一个细胞，横隔中央有极细的孔，使细胞质与养料沟通，大多数霉菌均属这类菌丝体。

霉菌的繁殖主要依靠孢子进行。形成孢子的方式又分为无性和有性两类，但霉菌主要是用无性孢子进行繁殖的。图 2-7 即是工业上两种极为重要的霉菌——青霉菌属和曲霉菌属的无性孢子着生情况，前者粗大，后者细小成串。

霉菌的菌落特征与放线菌接近。霉菌的菌落形态较大，质地一般比放线菌疏松，外观干燥不透明，呈现或紧或松的蛛网状、绒毛状或棉絮状；菌落与培养基连接紧密，不易挑取，菌落正反面的颜色和边缘与中心的颜色常不一致。

霉菌在自然界分布很广，与工农业生产和人们日常生活关系密切。它分解一些复杂有机物（如纤维素、几丁质、蛋白质等）的能力较强，对自然界物质循环起着重要作用。除用于传统的酿酒、制酱和做其他发酵食品外，在近代发酵工业中，更是广泛利用霉菌来生产酒精、有机酸、抗生素、维生素、激素、酶制剂等多种有用物品。

霉菌也有不利的一面，它能引起农副产品、衣物、食品、原料、器材和产品等发霉变质；有的还能引起人类和动植物的疾病，特别是近年来发现黄曲霉寄生在谷物上，产生黄曲霉毒素，有明显的致癌作用，已引起人们的重视。

曲霉主要用于生产各种酶制剂和有机酸。青霉是青霉素和葡萄糖酸的产生菌。根

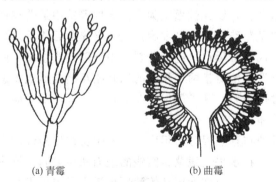

(a) 青霉　　　　　　　　(b) 曲霉

图 2-7　青霉菌与曲霉菌

霉可用于米酒、黄酒的生产，还广泛用作淀粉糖化菌、有机酸发酵以及甾体转化等方面。毛霉可用于生产蛋白酶。

五、蓝细菌

蓝细菌（cyanobacterium）是古老的生物，在 50 亿年前，地球本是无氧的环境，使地球由无氧环境转化为有氧环境就是由于蓝细菌出现并产氧所致。蓝细菌因其细胞直径大，含有光合色素——叶绿素 a，能进行产氧型光合作用，曾被归于藻类，称为蓝藻或蓝绿藻。但通过对其细胞结构研究发现，蓝细菌的细胞壁与细菌的相似，细胞核没有核膜，无丝分裂器，无叶绿体，细胞结构与革兰阴性菌极为相似，应归属于原核微生物。蓝细菌通过无性方式繁殖，以裂殖为主。

蓝细菌的细胞大小差别很大，其直径或宽度大多为 3～10μm，但有的小到与细菌相近，仅为 0.5～1μm，而大的则可达到 60μm。当许多个体聚集在一起时，可形成肉眼可见的群体 ［有些蓝细菌会在某一水域大量繁殖，形成"水华"（淡水水体）和赤潮（海水）］。

蓝细菌是光能自养型生物，能像绿色植物一样进行产氧光合作用，同化 CO_2 成为有机物质，直接利用无机氮源（硝酸盐或氨），只需空气、水分和少量无机盐便能生长繁殖。利用蓝细菌的这一特点，也许可以解决目前困扰人们的温室气体排放（CO_2 是主要的温室气体）和能源短缺的问题，将温室气体 CO_2 转化为能源，达到温室气体减排的目的。人们已发现了几种蓝细菌能自然产生链烷烃，也发现蓝细菌能产氢。因此，这些蓝细菌有潜力通过光合作用来直接获得生物燃料。

六、病毒

病毒是一类比细菌还小，没有细胞结构，不能独立生活的微生物。病毒虽然个体极小、结构简单，但是它们却能使人致病，如感冒、麻疹、脑炎等，也能引起家畜、家禽、农作物和树木等病害，如猪瘟、鸡瘟、烟草花叶病、苹果花叶病等。在发酵工业的生产过程中也常由于遭到细菌病毒的危害，造成很大的经济损失。另外也可利用病毒消灭有害菌类和农林害虫。在医药上制成疫苗，用于预防疾病，如用狂犬病疫苗预防狂犬病，用绿脓杆菌的病毒来治疗烧伤病人感染绿脓杆菌。由于病毒中的噬菌体的某些生物学特性，使其在人类的生产实践和生物学基础理论研究中都有一定的价值。

病毒个体极其微小，要用电子显微镜才能看到，尚构不成一个完整的细胞（非细胞微生物）。它具有一个核酸构成的"芯子"，外包一层蛋白质外壳，无独立生活能力，只能存活于别的生物的活细胞中，其寄生性具有高度的专一性，一种类型的病毒只能寄生在某一特定的细胞中，如流感病毒只能在呼吸道黏膜细胞中生活。根据病毒侵染的生物不同，可以把它们分为动物病毒、植物病毒和细菌病毒。细菌病毒侵染菌体后，常常把菌体中的物质"吃掉"，故又称为噬菌体。图 2-8 为大肠杆菌噬菌体的结构示意图。

当噬菌体与敏感菌的细胞相遇后，首先吸附于敏感菌的细胞壁上，然后噬菌体的尾部分泌出溶菌酶将敏感菌的细胞壁溶成孔洞，尾鞘收缩将噬菌体头部内的核酸压入宿主细胞，利用宿主细胞提供的原料、能量和合成场所，在噬菌体核酸的控制下进行噬

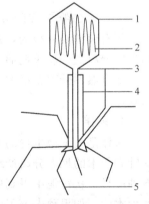

图 2-8　大肠杆菌噬菌体的
结构示意图

1—头部；2—DNA；3—尾髓；

4—尾鞘；5—尾丝

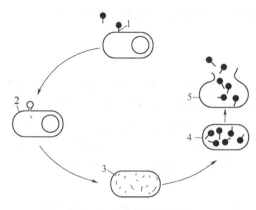

图 2-9　噬菌体的生活史
1—吸附；2—侵入；3—繁殖；4—成熟；5—释放

菌体核酸的复制及蛋白质的合成，并将复制的核酸与合成的蛋白质进行装配，从而形成许多新的噬菌体。新的噬菌体成熟后，宿主细胞破裂，释放出大量噬菌体（如图 2-9 所示）。如发酵液污染上噬菌体，轻者使发酵周期延长，发酵单位产量降低；重者则造成倒罐，造成巨大经济损失，已成为发酵工业的大敌。可以采取杜绝噬菌体赖以生存繁殖的环境条件、定期更换菌种、药物处理等方法进行防治。当然最有效的办法是选育抗噬菌体的突变株，使敏感菌转化为具抗性的新菌种。

病毒除了人们熟知的致病性外，随着人类对病毒的认识和了解的深入，对病毒的利用也日趋广泛。如柯萨奇病毒是一类常见的经呼吸道和消化道感染人体病毒，人感染后会出现发热、打喷嚏、咳嗽等感冒症状。但澳大利亚科学家的最新实验发现，利用柯萨奇病毒可以精准地杀死乳腺癌的癌细胞，而不伤害人体正常细胞（而用化疗和放疗治疗癌症的过程中，正常的人体细胞也会受到"株连"）。新加坡科学家曾发现，植物杆状病毒通过肠胃时不会被分解，它的这一特性可用作口服疫苗的载体。

在农业生产中，病毒可用作特效杀虫剂。如在大面积防治松毛虫、棉铃虫等害虫时，就可利用生物病毒制成生物杀虫剂"毒死"害虫，而这种生物杀虫剂对人体无害。

利用噬菌体以细菌为宿主、繁殖导致宿主细胞破裂的特性，可以杀菌，也可用来制成防治某些疾病的特效药；在基因工程中，病毒也可成为运输工具，装载不同的基因片段。

第三节　微生物菌种的分离、选育与保藏

微生物菌种是工业发酵生产的重要条件，优良菌种不仅能提高发酵产品的产量、发酵原料的利用率，而且还与增加品种、缩短生产周期、改进发酵和提炼工艺条件等密切相关。因此，必须充分重视优良菌种的选育、使用和保藏工作。

一、微生物菌种的分离

现有菌种是有限的，迄今工农业生产上使用的菌种，最初都是从自然界分离得到的，新菌种的分离是一项长期而又重要的任务。

从自然界分离新菌种一般包括下列几个步骤：采样→增殖培养→纯种分离→筛选→较优菌株。

1. 采样

采样是根据微生物的生态特点从自然界取样分离所需菌种的过程。例如，到堆积枯枝、落叶和朽木的地方分离产纤维素酶的菌种，从果皮上分离酒精酵母，从油田附近土壤中得到石油酵母，从污泥中得到甲烷产生菌，从海洋中可分离到耐盐和低温生产菌。土壤是微生物的大本营，如果预先不了解某种生产菌的具体来源，一般可从土壤中分离，采土方式一般是除去表土，取离地面 5～15cm 处的土样。

2. 增殖培养

采集到的样品，往往是所需菌类含量不多，而另一些微生物却大量存在，这就必须进行

增殖培养。所谓增殖培养就是给混合菌群提供一些有利于所需菌株生长或不利于其他菌型生长的条件以促使所需菌株大量繁殖，从而有利于分离它们。例如，碳源利用的控制，可选定糖、淀粉、纤维素或石油等，以其中的一种为唯一的碳源，那么只有能利用这一碳源的微生物才能大量正常生长，而其他微生物就可能死亡或被淘汰。又如控制增殖培养基的 pH 值，也有利于排除不需要的微生物，例如，在筛选碱性脂肪酶产生菌时，将增殖培养基的 pH 调至 9，可抑制嗜酸性或嗜中性菌的生长，提高分离效率。

添加一些专一性的抑制剂，可以提高分离效率。例如，在分离放线菌时，可先在土壤样品悬液中加 10% 的苯酚数滴，以抑制霉菌和细菌的生长。

控制增殖培养的温度，也是提高分离效率的一条途径。例如，要分离能分解硬脂酸的脂肪酶产生菌等好热性微生物时，可在 50～60℃ 的温度下进行培养，以除去大量好温性微生物的干扰。

3. 纯种分离

尽管通过增殖培养，但微生物仍处于混杂生长状态。必须分离纯化，才能获得纯种。分离方法很多，常用的有划线法和稀释法。划线法是将含菌样品在固体培养基表面做有规则的划线（如扇形划线法、方格划线法及平行划线法等），菌样经过多次从点到线的稀释，最后经培养得到单菌落。稀释法是将含菌样品经过多次充分稀释，使每一微生物都远离其他微生物而单独生长成为菌落，从而得到纯种。

4. 筛选

菌种的筛选方法很多，如筛选产霉菌时可在培养基上添加目的酶作用的底物，从观察底物的变化情况来确认菌种的产酶能力。如在筛选产 α-淀粉酶的菌种时，可在琼脂培养基中加 1% 的可溶性淀粉，再在培养基上涂布菌悬液，经一定时间后喷上稀的 I_2-KI 溶液，产生淀粉酶的菌周围就出现透明圈，无活力者呈蓝色，透明圈愈大，表示活力愈高。然后，再采用与生产相近的培养基和培养条件，通过三角瓶进行小型发酵试验，以求得到适合工业生产用的菌种。

也可以向菌种保藏机构购买有关的菌株，再从中筛选出所需菌株。世界上有许多菌种保藏中心，如中国工业微生物菌种保藏中心、中国典型培养物保藏中心、英国国家菌种保藏中心、美国典型微生物菌种保藏中心等。一些大型的发酵工厂也有其菌种保藏室。

二、诱变育种

按上述方法筛选出来的菌种，往往还不完全符合工业生产的要求，如产量低、副产物多、生产周期长等。在这种情况下，不能单独停留在选种上，还要进行育种。可遗传的变化称为变异，又称突变，它是微生物产生变种的根源，是育种的基础。根据突变发生的原因，又可分为自然突变和诱发突变。所谓自然突变是指在自然条件下发生的基因突变，自然突变频率很小，一般仅 $10^{-10}～10^{-8}$。而诱发突变是指用各种物理、化学因素人工诱发的基因突变。诱发突变的突变率要比自然突变的高得多。以诱发突变为基础的育种就是诱变育种。诱变育种是迄今为止国内外提高菌种产量、性能的主要手段之一。目前应用于工业的生产菌种几乎毫无例外地都是经过诱变的改良菌种。

诱变育种的理论根据是：生物的遗传物质是 DNA，一切诱变剂的作用机制都是引起 DNA 分子结构的改变，或者具体地说是引起负载在 DNA 上的遗传物质的基本单位——基因上的碱基对发生改变。这样形成的异常的遗传信息，必然造成某些蛋白质结构变异，而使细胞的功能发生改变。

　　能诱发基因突变并使突变率提高到超过自然突变水平的物理、化学因子都称之为诱变剂。诱变育种就是采用合适的诱变剂处理均匀分散的微生物细胞群，在引起多数细胞致死的同时，使存活个体中DNA结构变化频率大幅度提高，然后用合适的方法淘汰负变异株，选出极少数性能优良的正变异株，以达到培育优良菌株的目的。

　　物理诱变剂很多，如紫外线、X射线、γ射线、快中子和超声波等。其中以紫外线应用最广，它能使被照射的分子或原子中的内层电子提高能级，而没有电子的得失，即不产生电离，是一种非电离辐射能。紫外作用光谱正好与细胞内的DNA的吸收光谱相一致，因此，在紫外光的作用下能使DNA链断裂、DNA分子内和分子间发生交联等，从而导致菌体的遗传性状发生改变。化学诱变剂种类也很多，如碱基类似物、烷化剂等，使用最多、最有效的是烷化剂，如亚硝酸、亚硝基胍（NTG）、亚硝基甲基脲（NMU）等。它们作用于微生物细胞后，能够特异地与某些基团起作用即引起物质的原发损伤和细胞代谢方式的改变，失去亲株原有的特性，并建立起新的表型（表型是指生物个体能够被观察到的特殊性状）。突变一旦发生，突变细胞能够将突变的性状遗传给后代。

　　随着航空航天技术的发展，又出现了空间诱变育种，人们尝试利用太空独特的环境进行育种，寄希望在太空失重、高真空、强辐射的特殊环境下能诱发种子基因变异。目前主要用于农作物种子的诱变育种。

三、原生质体融合技术

　　通过人工的方法，使遗传性状不同的两细胞的原生质体（去壁后的细胞称为原生质体）发生融合，并进而发生基因重组以产生同时带有双亲性状的、遗传性稳定的杂种细胞的过程称为原生质体融合。

　　能进行原生质体融合的细胞是极其广泛的，不仅包括原核生物中的细菌和放线菌，而且还包括各种真核生物的细胞，例如属于真核微生物的酵母菌、霉菌以及高等动植物和人体的不同细胞。原生质体融合可以发生在不同种属，甚至亲缘关系较远的类属细胞之间。细胞融合有有性与无性之分，前者为发生于生殖细胞之间的融合现象，后者为在生物体细胞之间发生的融合现象。此处介绍的是微生物细胞之间的无性融合。

　　原生质体融合的主要步骤是：选择两个有特殊价值并带有选择性遗传标记的细胞作为亲本，在高渗溶液中，用适当的脱壁酶（如细菌或放线菌可用溶菌酶或青霉素处理，真菌可用蜗牛酶或其他相应的脱壁酶）去除细胞壁，剩下由细胞膜包裹的球体叫做原生质体。原生质体对溶液和培养基的渗透压很敏感，必须在高渗透压或等渗透压的溶液或培养基中才能维持其生存，在低渗透压溶液中细胞膜会破裂而死亡。两种不同的原生质体在高渗条件下混合，在助融剂聚乙二醇（PEG）和Ca^{2+}作用下，发生细胞膜的结合。PEG是一种脱水剂，由于脱水作用，使原生质体开始集聚收缩，相邻原生质体的大部分面积紧密接触。开始原生质体融合仅在接触部位的一小块区域，形成细小的原生质桥，继而逐渐变大导致两个原生质体融合。Ca^{2+}可提高融合频率。在融合时两亲本基因组由接触到交换，从而实现基因重组，在再生成的新细胞中就有可能带有两个亲本细胞的特性。如图2-10所示。

　　用原生质体融合进行基因重组有以下优点：①遗传物质的交换没有细胞壁的障碍，即使是相同结合型的真菌也能进行原生质体融合；②原生质体融合后两亲株的基因组之间有机会发生多次交换，产生各种各样的基因组合而得到多种类型的重组子，参与融合的亲株数并不

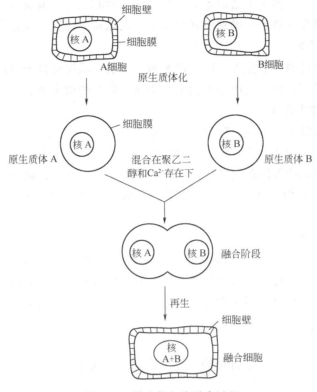

图 2-10　微生物细胞融合过程

限于 2 个，可以多至 3 个、4 个，这是一般常规杂交所达不到的；③可以用温度、药物、紫外线等处理，钝化亲株的一方或双方，然后使之融合，在再生菌落中筛选重组子。

人们已成功地培育了一些具有亲代有用特性的优良菌株。如用此技术使一种产量高但生长慢与另一种生长快但产量不够高的菌种细胞融合后得到的新菌种，在发酵中使氨基酸的产量提高了几十倍。此外还有生产药用的链霉素新菌种、发酵和糖化性能齐备的酵母新菌种等。

四、菌种保藏

微生物具有生命活动能力，其世代时间一般很短，在传代过程中易发生变异甚至死亡，因此，常常造成工业菌种的退化，并有可能使优良菌种丢失，所以必须做好菌种的保藏，使之达到不死、不衰、不乱，以便于研究、交换和使用。

菌种保藏主要是根据菌种的生理生化特点，人工创造条件，使孢子或菌体的生长代谢活动尽量降低，以减少其变异。一般可通过保持培养基营养成分在最低水平，并在缺氧、干燥、低温、避光下使菌种处于休眠状态，抑制其繁殖能力。保藏方法很多，究竟采用何种方法，要根据具体菌种和具体情况来定。工业上常用的保藏方法有如下五种。

1. 斜面冰箱保藏法

这是一种短期、过渡的保藏方法。将已长好的斜面菌种，置于 4℃左右的冰箱保存，一般保存期为 3～6 个月。

2. 砂土管保藏法

这是国内常采用的一种方法。适合于产孢子或芽孢的微生物。将洗净、烘干、过筛后的砂土分装在小试管内，经彻底灭菌后备用，然后将菌种制成悬浮液滴入砂土管中或将斜面孢子刮下直接与砂土混合，置于干燥器中真空抽干，放冰箱内保存，保存期可达数年。

3. 石蜡油封保藏法

向培养成熟的菌种斜面上注入一层灭过菌的石蜡油，油层应高于斜面1cm，然后封口保存，保存期可达数年。此法不能用于可利用石蜡作为碳源的微生物。

4. 真空干燥冷冻保藏法

这是目前常用的较为理想的一种方法，其基本原理是在较低温度下（-15℃），快速将细胞冻结，然后在真空中使水分升华。在这样的环境中，微生物的生长和代谢都暂时停止，不易发生变异，因此，菌种保存期较长，一般在5年以上。这种保藏方法虽然需要一定的设备，要求也比较严格，但由于该法保藏效果好，对各种微生物都适用，所以国内外应用广泛。

5. 液氮超低温保藏法

液氮温度可达-196℃，远低于细胞新陈代谢停止的温度（-130℃），所以此时菌种的代谢活动已停止。此法是近年来发展起来的，是适用范围最广的微生物保藏法，其保存期也最长，但保藏费用高，目前仅用于保存经济价值高、容易变异或其他方法不能长期保存的菌种。

第四节 微生物的营养

微生物与其他生物体一样，在其生长繁殖及生命活动过程中，都需要同周围环境进行物质交换。微生物从环境获得它们合成自身的细胞物质和提供机体进行各种生理活动所需的能量以及形成代谢产物所需的营养物质的全过程称为微生物的营养。

尽管微生物种类繁多，各种微生物对营养物质的需求有很大的差异，但从微生物的化学组成来看，微生物所需要的基本营养及其主要功能等方面仍具有许多共同规律。因此，在认识它们共性的基础上，掌握各类型微生物的营养特性，就可有效地培养、利用和控制微生物。

一、微生物的营养类型

根据微生物所需营养，特别是碳素营养来源的不同，可将它们分为自养微生物及异养微生物两大类；根据微生物所需能源的不同又可将其营养类型区分为光能营养型和化能营养型两类。

1. 自养型（又称无机营养型）

自养微生物合成能力较强，能在完全无机物的环境中生长繁殖。它具有完备的酶系统，能利用 CO_2 或碳酸盐作为碳源，以氨或硝酸盐为氮源，用以合成细胞的有机物质。

① 化能自养型 所需能源来自无机物氧化过程释放出的化学能。如硝化细菌能使土壤中的铵转变为硝酸（这有利于提高土壤肥力）。

$$NH_4^+ + O_2 \xrightarrow{\text{硝化细菌}} NO_3^- + 2H^+ + H_2O + Q$$

细菌把铵氧化过程中所放出的能量 Q 用于还原 CO_2 使其成为自身所需的细胞物质。

$$CO_2 + H_2O + Q \longrightarrow (CH_2O) + O_2$$

铁细菌、氢细菌等都属化能自养型细菌。化能自养菌目前已经开始被应用在细菌冶金、石油脱硫、废水处理等方面，对开发稀有金属、防止水域污染等具有重要作用。

② 光能自养型　其能源来自光，它们利用光能进行光合作用以获得能量，同化 CO_2 合成自身的细胞物质。它们的营养方式与绿色植物相似，它们的菌体内含有叶绿素等光合色素。藻类和大多数光合细菌属此类型。例如泥生绿硫细菌（常生存在含 H_2S 的污泥中）在有光环境下，以 H_2S 为供氢体，将 CO_2 同化成细胞有机物质（CH_2O），而放出氧，积累的是硫。

$$CO_2 + 2H_2S \xrightarrow{\text{光，泥生绿硫细菌}} (CH_2O) + H_2O + 2S$$

2. 异养型（又称有机营养型）

异养微生物的合成能力较差，至少需要一种有机物存在才能生长。主要以有机含碳化合物作为碳源，氮源可以是无机物或有机物，其能源除少数来源于光能外，大多数来自有机物分解（氧化、发酵等）产生的化学能。化能异养微生物种类和数量都很多，与人类的关系最为密切，研究最深入。目前工业发酵中使用的菌种（细菌、放线菌、霉菌、酵母菌、食用菌等）都是这种类型的微生物。

上述营养型的分类并非绝对的，在自养型与异养型之间，光能型与化能型之间都存在有中间过渡的类型，称为兼性营养型。例如，氢细菌可以在完全无机物的环境中利用氢的氧化获得能量，将 CO_2 还原成细胞物质而行自养生活，但若环境中存在有机物时，它便直接利用有机物而行异养生活。再者，异养微生物虽不能以 CO_2 作为唯一的碳源，但现已证明，绝大多数异养微生物都具有固定 CO_2 的能力，如将 CO_2 加至丙酮酸生成草酰乙酸，这是异养机体中普遍存在的反应。红螺菌是既可利用光能又可利用化能的典型例子，它在光及厌氧条件下，利用光能同化 CO_2；而在黑暗和好氧条件下，又可利用有机物的氧化所产生的化学能推动代谢作用。由此看来，微生物上述的分类虽较符合一般营养和能源的标准，但它们之间不能划出绝对的界限。

二、微生物的营养基质

从微生物细胞物质成分的分析可知，微生物细胞含有 80％ 左右的水分和 20％ 左右的干物质。在其干物质中，碳素含量约占 50％，氮素占 5％～13％，无机元素占 3％～10％。因此，一般来说，微生物的生长除水分外还需要碳源、氮源和各种无机元素，有些还需要维生素等生长辅助物。

1. 碳源

碳是构成菌体成分的主要元素，是产生各种代谢产物和细胞内碳架结构的重要来源；除此之外，碳元素同时又是供给微生物维持生命活动所需能量的主要能源。对后者来说含碳化合物在微生物代谢过程中被氧化降解，并释放出能量，该能量先被贮存在磷酸基化合物——腺苷三磷酸（ATP）中，然后在微生物需要时逐渐放出供微生物使用。

多数微生物在利用各种碳源（carbon source）时也有一定的选择性，对碳源的利用形式和程度不同，其代谢途径也不同。

碳源主要是碳水化合物。常用的碳源有葡萄糖、乳糖、蔗糖、糖蜜、淀粉等。葡萄糖是单糖，微生物可以直接吸收，吸收和利用都很快，可称为活性碳源，多用于菌种和种子培养。糖蜜是制糖生产的结晶母液，是糖厂的副产品。糖蜜含有较丰富的糖、氮素化合物、无机盐和维生素等，它是微生物工业价廉物美的原料。糖蜜含糖量可达 50％～75％，在酵母、丙酮、丁醇、抗生素、酒精等微生物工业中常用它作为碳源。淀粉、糊精等多糖都要经菌体产生的胞外酶水解形成单糖后再被吸收利用，因而其吸收代谢比较缓慢，故称惰性碳源。由于来源丰富、价格较低，故常用于主发酵。常用的淀粉有玉米、甘薯、土豆、野生植物淀粉以及麸皮、米糠等。

近年来，把醇类、简单的有机酸以及石油烷烃作为碳源也日益受到重视。

2. 氮源

氮源（nitrogen source）主要用来构成菌体细胞中的蛋白质、核酸、酶及各种代谢产物的含氮有机物。不同种类的微生物对各种氮源的利用能力是不同的。固氮微生物能利用自然界存在的分子态氮，但更多的微生物只能利用无机或有机含氮化合物作氮源。

常用的有机氮源有农副产品子实提油后的副产品如花生饼、豆饼、棉子饼、菜子饼以及玉米浆、酵母粉、鱼粉、蚕蛹粉、酒糟、米糠等。它们在微生物分泌的蛋白酶作用下，水解成氨基酸，被菌体吸收后再进一步分解代谢。有机氮源除含有丰富的蛋白质、多肽和游离氨基酸外，往往还含有少量的糖类、脂肪、无机盐、维生素及某些生长因子，因而有机氮源是培养微生物的理想基质。

常用的无机氮源有铵盐、硝酸盐、尿素和氨水等。微生物对它们的吸收利用一般比有机氮源快，所以也称之为迅速利用的氮源。在多数情况下，将有机氮源和无机氮源配合使用效果更佳。

3. 无机元素

无机盐是微生物生命活动所不可缺少的物质，它的主要功能是构成菌体的组成成分；作为酶活性基团的组成部分；调节微生物体内的 pH 值和氧化还原电位；有些元素如 S、Fe 等还同时作为某些自养菌的能源。

在微生物细胞中，以 C、H、O、N、P、S 六种元素为主，它们占细胞干重的 95% 以上。还有 K、Mg、Ca、Fe、Mn、Co、Mo、Zn 等，也是绝大多数微生物都需要的元素。

上述元素中，C、H、O、N、P、S、K、Mg、Ca、Fe 是微生物需要量大的元素，称大量元素。微生物对 Mn、Co、Cu、Zn、Mo、Ni 等元素的需要量极少，称为微量元素，它们一般混杂在培养基的大量元素或水中，因此在发酵生产中，除特殊需要外，一般无需另外加入。

4. 生长因子

在微生物生长发育过程中所不可缺少而需要量又极少的一类特殊营养物质，包括维生素、氨基酸、核苷酸等，一般称生长因子（growth factor）（或称生长辅助物）。它们以辅酶或辅基的形式参与菌体生长发育过程的酶促反应。

很多异养微生物及所有自养微生物都不必从外界吸收现成的生长辅助物，这是因为它们自己可以合成本身所需要的生长辅助物质。某些微生物甚至可以在自己的细胞中积累某种维生素，人们可以利用这些微生物来生产某些维生素，如利用棉病囊酶菌生产核黄素（维生素 B_2），利用酵母菌生产维生素 B_1、维生素 B_2。但有一些微生物自身不能合成某些生长因子，发酵时需另外补加。实际上许多作为碳源、氮源的天然成分如玉米浆、麦芽、马铃薯、麸皮、米糠等本身就含有丰富的生长辅助物。

三、微生物的培养基

人工配制适于微生物生长繁殖或累积代谢产物的营养基质称为培养基（culture medium）。由于微生物种类不同，它们所需要的培养基也有所不同。就是对同一菌种，由于使用目的不同，对培养基的要求也不完全一样。现将微生物培养基按不同特点归类如下。

1. 按培养基的物理状态

（1）固体培养基（solid medium）　固体培养基可分为两大类：一类是以麸皮、米糠、豆饼粉、花生饼粉等为原料，加入适量的无机盐和水分而进行固体培养用的培养基，如白酒厂、酿造厂等就常用这类培养基来培养微生物；另一类是在溶解的培养液中添加某种胶凝剂，如琼脂、明胶等，使之转为固体形式，这就是实验室中常用的固体斜面和固体平板培养基，这种培养基广泛用于微生物的分离、鉴定、保藏、计数及菌落特征的观察等。

（2）液体培养基（liquid medium）　把培养基成分溶解或悬浮在水中而进行液体培养的培养基称为液体培养基。由于液体培养基中营养物质分散均匀，又能与微生物表面充分接触，还能大量溶解微生物的代谢产物等优点，因而，液体培养基广泛用于微生物的培养、研究和大规模工业化生产。

2. 按营养物质的来源

（1）合成培养基（synthetic medium）　由已知化学成分及数量的化学药品配制而成，适合于定量的研究工作，但通常微生物在合成培养基上生长缓慢。

（2）天然培养基（complex medium）　动植物组织或微生物的浸出物、水解液等物质，如蛋白胨、牛肉膏、麦芽汁以及天然的含有丰富营养的有机物质如马铃薯、玉米粉、米糠、豆饼粉等制成的培养基，又称综合培养基。天然培养基配制方便，价格低廉，适合于各类异养微生物生长。

（3）半合成培养基（semi-synthetic medium）　在天然培养基的基础上，适当加入一些化学药品，以补充无机盐等物质的不足，使更能充分满足微生物对营养的需要。在生产和实验室中使用最多的是这种半合成培养基。

3. 按培养基的用途

（1）基础培养基（basic medium）　微生物所需要的物质，除少数外，大部分是相同的，因此，可先配制一种基础培养基，在使用时，根据某种微生物的特殊需要，在培养基中再加入所需要的物质。

（2）鉴别培养基（differential medium）　根据微生物能否利用培养基中某种营养成分，依靠指示剂的显色反应或其他某种明显的特征性变化，借以鉴别不同种类微生物的培养基，称为鉴别培养基。例如，伊红美蓝乳糖培养基（即 EMB 培养基）是最常见的鉴别培养基之一，它在饮用水、乳品检验及遗传学研究上有重要用途。经改良后的伊红美蓝乳糖培养基的成分是：

蛋白胨	10g	伊红 Y	0.4g
乳糖	5g	美蓝	0.065g
蔗糖	2g	蒸馏水	1000mL
K_2HPO_4	2g	最终 pH	7.2

其中的伊红和美蓝是两种苯胺染料。试样中的多种肠道菌会在 EMB 培养基上产生相互易于区分的特征菌落，因而易于辨认。尤其是大肠杆菌，因其强烈分解乳糖而产生大量混合酸，而使酸性染料伊红变红，又因伊红与美蓝结合，所以菌落被染上深紫色，从菌落表面的反射光中还可看到绿色金属闪光。

（3）加富培养基（enriched medium）　有利于某种微生物而不适于其他微生物生长而设计的培养基，称加富培养基，又称增殖培养基。通过这样培养达到从自然界分离出这种微生物的目的。如从自然界中分离石油酵母时，可用以下培养基：

石蜡	20g	NaCl	0.5g
$(NH_4)_2SO_4$	3g	酵母膏	0.5g
KH_2PO_4	4g	水	1000mL
$MgSO_4 \cdot 7H_2O$	1g	pH	5.1～5.4

在这种培养基中，由于石蜡含量占优势，因而能利用石蜡的微生物就能大量繁殖，而不能利用石蜡的微生物就会被淘汰。

（4）选择培养基（selected medium）　在培养基中加入某种化学物质以抑制不需要菌的生长而保证需要菌的生长，从而在混杂的微生物中选出需要的菌种。增殖培养基和鉴别培养基也可以是选择培养基，但选择培养基一般是指含有抑菌剂和杀菌剂的培养基。如在培养基中添加青霉素、四环素和链霉素，就可抑制细菌和放线菌的生长而分离到酵母菌和霉菌。

在配制培养基时，应注意培养目的、培养菌体的营养类型，合理选用各种营养物质及其配比，特别是碳氮比的关系。同时，还应调节适宜的酸碱度。另外，还应尽量利用容易获得的价格低廉的原料作培养基的成分，尤其是工业发酵生产上，培养基用量非常之大，顾及到这一点才有可能降低生产成本。

四、微生物对营养物质的吸收

微生物的细胞膜具有通透性，营养物质只有透过细胞膜，才有可能被细胞所吸收。细胞膜对各种营养物质的通透性与营养物质的性质及化学结构有很大的关系。水是最容易透过细胞膜的；大分子的化合物（如淀粉、蛋白质等）需要经过微生物所分泌的胞外酶水解成为小分子的可溶性物质后，才能被透过。

浓度高的营养物质，依靠浓度梯度的扩散力，通过细胞膜进入细胞内，细胞只是被动地接受透入的物质，这称为被动吸收。这是一种单纯的物理过程，也称单纯扩散。对于某些可溶性物质，如糖类、氨基酸、金属离子等都能克服细胞内外浓度差而透过细胞膜。一般来说，细胞内浓度要高于其所在环境许多倍，甚至上千倍。例如大肠杆菌在生长周期中体内外钾离子浓度可相差 3～4 倍。氨基酸产生菌的细胞内，氨基酸浓度要比胞外高出 10 倍或更多；核黄素甚至能在菌体细胞内形成结晶。这种现象称为细胞的主动吸收或主动运输。主动吸收的过程一般认为是外界的物质先与膜上特异的载体蛋白结合，依靠能量的消耗，以复合体的形式逆浓度梯度输送，载体蛋白经过结构调整和变化，将物质释放于胞内，载体蛋白再

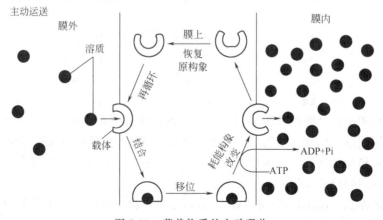

图 2-11　营养物质的主动吸收

恢复初始状态。这种特异载体蛋白又叫通透酶。不同物质用不同的通透酶来透过细胞膜，完成物质的传递任务。例如，大肠杆菌对乳糖的吸收，乳糖在膜外表面与 β-半乳糖通透酶结合，借助能量的作用和该酶构型变化使乳糖到达膜内表面，释放乳糖并使之进入胞内。营养物质的主动吸收见图 2-11。

第五节　影响微生物生长发育的因素

微生物在生命活动过程中，与周围环境有着密切的联系，影响其生长发育的因素，除培养基的组成外还有温度、pH 值、通气、搅拌等环境因素。

不同种类的微生物，对环境因素要求不同，同一种微生物在不同的生长阶段需要的环境因素也不同。因此，对一种微生物在生长过程中需要提供哪些环境条件，其最适量如何等问题，需要具体分析。

1. 温度

微生物的生长实际上是生物体的一系列生物化学反应、酶反应的有机组合，而温度是这些反应的必需条件。因此，温度对微生物生长具有极其重要的作用。

按适于生长的温度范围，微生物大致可分为低温菌、中温菌和高温菌，它们的生长温度如表 2-2 所示。

表 2-2　微生物生长温度范围

种类	最低温度/℃	最适温度/℃	最高温度/℃	存在环境
低温菌	0～10	10～20	25～30	水、冷藏物中
中温菌	10～20	20～40	40～45	大多数环境
高温菌	35～55	50～75	70～85	土壤、温泉、堆肥中

一般工业上常用的菌株属于中温菌，并在其生长的最适温度（20～40℃）进行反应。但在啤酒等酿造工业则在 20℃ 以下进行低温发酵。

随着温度的升高，细胞的生长速率随之增加，在一定温度范围内，符合阿伦尼乌斯定律。当温度超出一定范围时，由于蛋白质等细胞结构物质热变性而导致生长速率急剧下降。图 2-12 是三种典型微生物的生长比速率与温度的关系。

温度对细胞的酶结构与组成有较大的影响，它关系到代谢途径和代谢产物的生物合成。例如，用黑曲霉生产柠檬酸时随培养温度的升高，草酸产量增加，柠檬酸产量下降。在用链霉素发酵生产四环素时会同时产生金霉素，若培养温度在 30℃ 以上，随着温度的增加，四环素产量增加，当温度达到 35℃ 时，金霉素几乎完全停止产生而仅产生四环素。

最适温度是一个相对的概念，最适合于菌

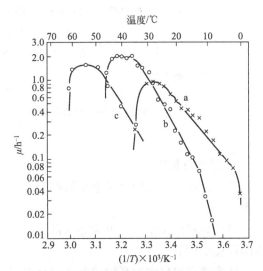

图 2-12　微生物生长比速率与温度的关系
a—低温菌（假单胞菌）；b—中温菌（大肠杆菌）；
c—高温菌（环状芽孢杆菌）

体的生长温度未必最适合于微生物的生物合成；反之亦然。因此，在工业发酵中，为取得高产发酵，要特别注意发酵过程中的菌体生长与代谢产物积累两个阶段的最适温度的控制。

2. pH 值

各种微生物需要在一定的 pH 环境方能正常生长繁殖。如果 pH 值不适，不但妨碍菌体的正常生长，而且还会改变微生物代谢途径和产物的性质。一般来说，细菌在中性或弱碱性条件下生长良好，酵母和霉菌喜欢酸性，而乳酸菌和醋酸菌则对低 pH 环境有很好的耐受性。

除了不同种类的微生物有其最适的 pH 外，同一微生物在其不同的生长阶段和不同的生理、生化过程中，也有不同的 pH 要求，这时发酵生产中的 pH 控制尤为重要。例如，黑曲霉在 pH2～2.5 范围内有利于产柠檬酸，在 pH2.5～6.5 范围内以菌体生长为主，而在 pH7 左右时则以合成草酸为主。又如丙酮-丁醇梭菌在 pH5.5～7.0 范围内，以菌体生长繁殖为主；而在 pH4.3～5.3 范围内才进行丙酮-丁醇发酵。

微生物在其生命活动过程中，会改变外界环境的 pH，这就是通常遇到的培养基的原始 pH 在微生物培养过程中会时时发生改变的原因。其中可能发生的反应有以下几种：

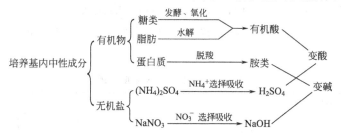

在一般培养过程中，上述变酸与变碱两种过程往往以前者占优势，因此，随着培养时间的延长，一般培养基会变得较酸。当然，上述过程与培养基的碳氮比也有很大的关系，对碳氮比低的培养基，经培养后，其 pH 值也可能会上升。

对发酵生产来说，pH 的这种变化往往对生产不利，因此，在微生物的培养过程中，及时调节合适的 pH 很有必要。pH 的调节措施可简要地归纳如下：

$$
\text{pH 调节措施}
\begin{cases}
\text{直接，快速}
\begin{cases}
\text{过酸时：加 NaOH、Na}_2\text{CO}_3\text{ 等} \\
\text{过碱时：加 H}_2\text{SO}_4\text{、HCl 等}
\end{cases} \\
\text{间接，缓慢，但效能持久}
\begin{cases}
\text{过酸时}
\begin{cases}
\text{加适当氮源，如尿素、NaNO}_3\text{、蛋白质等} \\
\text{提高通气量}
\end{cases} \\
\text{过碱时}
\begin{cases}
\text{加适当碳源，如糖、乳酸、油脂} \\
\text{降低通气量}
\end{cases}
\end{cases}
\end{cases}
$$

3. 通气与搅拌

通气程度对微生物生长繁殖影响很大，按照各种微生物对氧的要求不同，可将它们分成三类。

（1）好氧性微生物　也称好气微生物，此类微生物在生长繁殖过程中，需要不断地摄取周围环境中的氧。

微生物在发酵中能利用的氧必须是溶解于培养基中的溶解氧（DO）。从空气中的氧溶解到液体培养基中，再透过细胞膜进入细胞内的原生质中，最后才参与细胞的生化反应，这一过程，称为氧的传递。

不影响菌的呼吸所允许的最低氧浓度，称临界氧浓度，如酵母菌在 20℃时的临界氧浓度为 0.0037mmol/L。生物合成最适氧浓度与临界氧浓度是不同的，前者指溶氧浓度对生物合成有一最适范围，低了固然不好，但过高也未必有利，不仅造成浪费，甚至可能改变代谢途径。

（2）厌氧性微生物　此类微生物不需要分子态氧，分子态氧对它们有毒害作用，如丙酮-丁醇产生菌只能在无氧条件下生活。

（3）兼性厌氧性微生物　有些微生物既能在有氧条件下生长，又能在无氧条件下生活。如酵母在有氧条件下迅速生长繁殖，产生大量菌体；在无氧条件下则进行发酵，产生大量酒精。

目前工业上应用的微生物，除酒精、丙酮、丁醇及乳酸发酵外基本上都是好氧菌。菌种、培养时间、培养基和设备性能的不同，对通气量的要求也不同。其实，通气量的多少应根据培养基中所需的溶解氧而定。现在普遍采用自动测定和记录溶解氧的仪表。

一般来说，发酵初期，虽然幼细胞的呼吸强度大，耗氧多，但因菌体少，相对地通气量可少些；菌体繁殖旺盛时则耗氧多，通气量要求多些。通气除供给菌体发酵所需氧气外，还有驱除培养基中代谢废气的作用。

好氧性微生物在液体深层发酵中除不断通气外，还需搅拌。搅拌能打碎气泡，增加气液接触面积，加速氧的溶解速度，提高空气利用率，促进微生物的繁殖。但是过度剧烈的搅拌也会导致培养液大量涌泡，增加污染杂菌的机会。

4. 基质浓度

菌体生长速率是基质浓度的函数，Monod 用下式表示微生物的比生长速率与基质浓度的关系：

$$\mu = \mu_m \frac{c_S}{K_S + c_S} \tag{2-1}$$

式中　μ_m——最大比生长速率，h^{-1}；

c_S——限制性基质浓度，g/L；

K_S——饱和常数，其值等于比生长速率恰为最大比生长速率的一半时的限制性基质浓度，g/L。

细胞的比生长速率与限制性基质浓度的关系如图 2-13 所示，当 $c_S \gg K_S$ 时，μ 接近于 μ_m。微生物的 K_S 一般都很低，所以在分批培养时，尽管由于细胞的生长，基质浓度会不断下降，但在一段时间（对数期）内，比生长速率还是接近 μ_m，而保持恒定。

除了 Monod 方程外，还有不少方程描述细胞比生长速率与限制性基质浓度的关系。但由于 Monod 方程比较简单，在许多情况下都能得到满意的结果，所以得到很广泛的应用。

5. 影响微生物生长发育的其他因素

水是微生物细胞的重要组成部分，微生物的生长、繁殖都离不开水。自养型微生物直接利用水和 CO_2 形成细胞的有机物。微生物新陈代谢过程，营养物质的吸收、代谢产物的排泄都是通过水来完成的。由于适量水的存在，可有效控制微生物细胞的温度。

不同的微生物细胞中游离水的含量是不同的。细

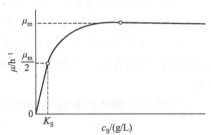

图 2-13　细胞的比生长速率与限制性基质浓度的关系

菌一般在 80%，酵母菌在 75%，霉菌是 85%。如果培养基中溶质含量过高，会导致微生物生长速率下降。细胞外溶液的溶质浓度高过细胞内溶质浓度很多时，细胞会脱水，发生质壁分离，甚至死亡（盐渍食品和蜜饯可以保存很长时间就是因为高盐、高糖溶液能抑制和杀死微生物）。细胞外溶液的溶质浓度低于细胞内溶质浓度时，水分将向细胞内转移，导致细胞膨胀，甚至涨破。

干燥环境下，多数微生物的代谢停止，处于休眠状态，严重时会引起细胞脱水，蛋白质变性，直至死亡。这也是为什么干燥条件下保存食品不易腐败和霉变的原理。

表面活性剂有抑制细菌生长繁殖的作用，尤其是阳离子型表面活性剂能杀死细菌。表面活性剂的存在还能改变微生物细胞膜的通透性，使细胞内的代谢产物能顺利排到细胞外，可用于胞内酶的提取。

各种辐射，如 X 射线、γ 射线、紫外线都能引起微生物的变异，甚至杀死细菌。

超声波能产生冲击波和局部高温，可使细胞破裂。超声波对不同种类微生物的作用效果不同。病毒对其抗性较强，细菌芽孢也具有较强的抗性。在实验室可利用超声波来破碎细胞，使内含物外溢。

第六节　微生物的培养

在工业上微生物培养过程主要有如下五个类别。

① 以微生物菌体为产品，如酵母、单细胞蛋白的生产。

② 以微生物酶为产品——酶制剂工业。

③ 为了除去某种物质，如废水的生化处理。

④ 以微生物的代谢产物为产品，如氨基酸、有机酸、抗生素、溶剂、疫苗以及各种生理活性物质的生产。

⑤ 特定的转化反应过程。微生物细胞能将一种化合物转化成化学结构相似，但更有价值的化合物。转化反应包括催化脱氢、氧化、羟化、缩合、脱羧、氨化、脱氨化、同分异构作用等。如乙醇用微生物转化为乙酸（即醋的生产过程）就是一例。

为了获得大量的微生物菌体或微生物的代谢产物，需要对分离到的纯种微生物进行人工培养。人工培养微生物的方法主要有固体培养、液体深层培养和载体培养等。按培养过程的操作方式又可分为分批培养、连续培养和半连续培养。

一、微生物的培养方法

1. 固体培养

固体培养法是将纯种微生物接种培养在固体培养基上。固体培养又可分为浅盘法与深层法，统称曲法培养。固体培养最大的特点是固体曲的酶活力高，培养基疏松，内部充满了空气，因此，既可静置培养，又可通风培养。缺点是劳动强度大。目前比较完善的深层固体通风制曲可以在曲房周围使用循环的冷却增湿的无菌空气来控制温度和湿度，曲层的翻动自动化。

工业生产上固体培养的一般程序是：

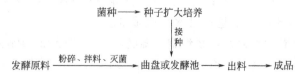

2. 液体深层培养

液体深层培养又叫液体通风培养。菌体在液体培养基中处于悬浮状态，导入培养基中的空气通过气液界面传质进入液相，再扩散进入细胞内部。

液体深层培养是在专门的发酵罐中进行的。它的优点是可以根据微生物在生长过程中对碳源、氮源、生长因子等营养物质及温度、pH 值、需氧量等条件的不同需要，合理配制，补加各种营养物质和随时调节 pH、温度及通风量，这就有可能把微生物培养过程的生长、代谢都控制在最佳状态而收到最好的培养效果。近年来采用微机代替人工对系统进行监测控制，收到较好效果。液体深层培养是一种比较科学的微生物工业化培养方法。

3. 载体培养

载体培养是近年发展起来兼备固体培养与液体深层培养特点的新的培养方法。其特征是以天然或人工合成的多孔材料代替麸皮之类的固体基质作为微生物生长的载体，营养成分可以严格控制。发酵结束后只须将菌体和培养液挤压出来进行抽提，载体又可重新使用。载体应经得起蒸汽加热和药物灭菌，具有多孔结构使有足够的表面积，又能允许空气流通，目前以脲烷泡沫塑料块用得较多。

二、微生物的分批培养

分批培养是一种间歇培养方式，在生物反应器中装入培养基，灭菌（或在灭过菌的生物反应器中加入经过灭菌的培养基），在适当温度下接种，维持一定条件进行培养。接种后，除了耗气培养过程需要通入无菌空气外，不再加入营养物料，待生物反应进行到一定程度后，将全部培养液放出进行后处理。

分批培养的操作和设备比较简单，是生产和研究中普遍使用的一种培养方式。为了提高生物反应器的生产效率，通常采用多级分批培养的方法，即在小型生物反应器中接入少量种子，经分批培养获得较大量的细胞作为种子，再转入大型生物反应器中。图 2-14 是一个二

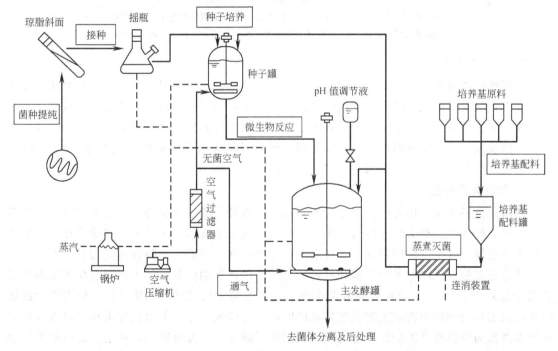

图 2-14 二级分批培养过程示意图

级分批培养过程的示意图。主要设备包括主培养罐（主发酵罐，简称发酵罐）与种菌培养罐（简称种子罐）。它们都是深层培养罐。这些设备都分别装有培养基配制、蒸煮灭菌、通气用空气压缩机、除菌、搅拌、消沫等附属装置及设备。种子罐培养的目的是为发酵罐准备培养用的菌体。目的代谢产物是在发酵罐中得到的。

（一）种子的扩大培养

种子扩大培养是指将保存在砂土管、冷冻干燥管中处于休眠状态的生产菌种接入试管斜面活化后，再经过扁瓶或摇瓶及种子罐逐级扩大培养而获得一定数量和质量的纯种过程。这些纯种培养物称为种子。

作为种子必须具备下列条件：生活旺盛有活力，移种至发酵罐后能迅速生长，缩短延滞期；菌体总量适宜，以保证在大发酵罐中有适当的接种量；生理状态稳定；无杂菌；保持稳定的生产能力。

1. 种子制备的工艺流程

种子制备的工艺流程如图 2-15 所示。步骤 1～6 为实验室种子制备阶段，包括琼脂斜面、固体培养基扩大培养或摇瓶液体培养；步骤 7～9 为生产车间种子制备阶段。

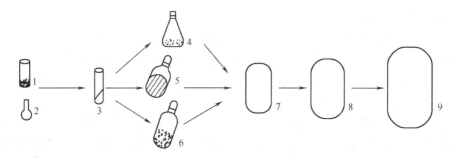

图 2-15　种子制备的工艺流程

1—砂土孢子；2—冷冻干燥孢子；3—斜面孢子；4—摇瓶液体培养（菌丝体）；

5—茄子瓶斜面培养；6—固体培养基培养；7，8—种子罐培养；9—发酵罐

2. 种子罐级数

种子罐级数是指制备种子需逐级扩大培养的次数，这一般是根据种子的生长繁殖速度而定。如谷氨酸及其他氨基酸发酵所用菌种是细菌，生长繁殖速度很快，常采用一级种子罐扩大培养，也称二级发酵，即将种子接入种子罐中扩大培养后移入发酵罐中。而在抗生素的生产中，放线菌的生长繁殖速度较慢，常采用二级种子扩大培养，也称三级发酵。一般 $50m^3$ 以上的发酵罐都采用三级甚至四级发酵。

3. 种龄与接种量

种龄是指种子罐中培养的菌丝体开始移入下一级种子罐或发酵罐时的培养时间。通常接种龄以菌丝处于生命极为旺盛的对数生长期为宜。过于年青的种子接入发酵罐后往往会出现前期生长缓慢，整个发酵周期延长；过老的种子会引起生产能力下降而菌丝过早自溶。

接种量是指移入的种子液体积和接种后培养液的体积的比例。如大多数抗生素发酵的最适接种量为 7%～15%，而由棒状杆菌生产谷氨酸发酵中的接种量只需 1%。采用较大的接种量可以缩短发酵罐中菌丝繁殖到达高峰的时间。近年来，生产上多以加大种子量及采用丰富培养基作为获得高产的措施。有的采用两只种子罐接一只发酵罐的双种法。也有的采用倒种法，即以适宜的发酵液倒出适量给另一发酵罐作种子。一般来说，接种量和培养物生长过

程的延滞期长短成反比。接种量过多也无必要，因种子培养费时，而且过多地移入代谢废物，反而会影响正常发酵。

（二）微生物群体的生长规律

在分批式微生物培养中，把握好微生物的生长规律，对于获得最大产量至关重要。分批培养过程中，细胞、营养物质和产物浓度均不断发生变化，即培养过程是在非定常态下进行的。细菌浓度随培养时间变化的规律如图 2-16 所示。图中曲线称为微生物分批培养时的生长

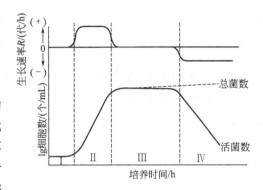

图 2-16　微生物典型生长曲线

曲线。它代表了微生物在新的适宜环境中生长繁殖直至衰老死亡全过程的动态变化。根据微生物生长繁殖速率的不同，可将生长曲线大致分为延滞期、对数生长期、稳定期和衰亡期四个阶段。

1. 延滞期

培养基接种后，细胞往往并不立即生长繁殖，其细胞数在一定时间内无明显增加，这一阶段称为延滞期（又称调整期或适应期）。

延滞期是细胞在环境改变后表现出来的一个适应阶段。例如，在新培养基中含有较丰富的某种营养物质，而在老环境中则缺乏这种物质，细胞在新环境中就须合成有关酶来利用该物质，从而表现出延滞期。

延滞期的长短与种子种龄、接种量及培养条件等因素有关，少的仅几分钟，多的达数小时甚至更长。时间越长，培养微生物的生产周期也会延长，发酵设备利用率也必然会降低。因此，发酵工程中常采用措施（使用处于对数生长期的微生物作为扩大培养的菌种；增大接种量以及在种子培养基中加入发酵培养基的某些成分）使菌种加快对发酵过程的适应等以缩短微生物生长的延滞期。

2. 对数生长期

细胞经过延滞期后适应了新环境，生理状态也较为活跃，细胞开始迅速繁殖。由于细菌以分裂方式繁殖，细胞数目呈几何级数增加，故称为对数生长期，也称为指数期。

在对数生长期，根据细胞增加的总数可以计算出细胞每分裂一次所需的时间（又称世代时间、倍增时间或代期，以 τ 表示）、单位时间内繁殖的代数——生长速率（以 R 表示）。

设对数生长期 t_1 时刻的菌数为 N_1，由于它是二等分裂殖，所以经过 n 次裂殖后，t_2 时刻的菌数 $N_2 = N_1 2^n$，即

$$\lg N_2 = \lg N_1 + n\lg 2 \tag{2-2}$$

故繁殖代数

$$n = \frac{\lg N_2 - \lg N_1}{\lg 2} \tag{2-3}$$

世代时间

$$\tau = \frac{t_2 - t_1}{n} \tag{2-4}$$

于是

$$\tau = \frac{(t_2 - t_1)\lg 2}{\lg N_2 - \lg N_1} \tag{2-5}$$

根据定义，生长速率

$$R = \frac{n}{t_2 - t_1} \tag{2-6}$$

故 $$n = R(t_2 - t_1) \tag{2-7}$$

于是 $$\tau = \frac{1}{R} \tag{2-8}$$

假定 t_1 时刻的细胞数为 10^5 个/mL，经 600min 培养后，t_2 时刻的细胞数达 10^{11} 个/mL，那么按上述公式可算出：

繁殖代数 $$n = \frac{\lg N_2 - \lg N_1}{\lg 2} = 20$$

世代时间 $$\tau = \frac{(t_2 - t_1)\lg 2}{\lg N_2 - \lg N_1} = 30 \ (\text{min}) = 0.5 \ (\text{h})$$

生长速率 $$R = \frac{n}{t_2 - t_1} = \frac{20}{600/60} = 2 \ (\text{代/h})$$

由于处于对数生长期内的细胞生长繁殖快，代谢功能十分活跃，在生产上如果将处在此时期的细胞接入新培养基中，则可大大缩短延滞期。

3. 稳定期

随着细胞的生长繁殖，培养基中营养物质渐趋耗尽，而代谢产物逐渐增多，以及细菌生长引起周围环境条件（如 pH、温度等）的变化，致使细胞的繁殖速度逐渐降低，当细胞的繁殖速率与死亡速率相等时进入稳定期（也称静止期），细胞浓度达到极大值。发酵工业中许多发酵产品主要在此阶段形成和积累。生产中常采用补充营养物质和调整 pH 值等措施，以延长微生物的稳定期来提高代谢产物的产量。

4. 衰亡期

培养基中营养成分耗尽，代谢产物大量积累，这时能够继续繁殖的细胞越来越少以致到零，而死亡的细胞数则越来越多，即活细胞数显著下降，故称此时期为衰亡期。大多数分批培养都在进入衰亡期前结束。

由此可见，微生物生长曲线是描述微生物在一定生活环境中生长繁殖和死亡规律的。这条生长曲线即可作为营养和环境因素影响的理论研究指标，又可作为控制微生物生长发育和发酵生产的重要依据。

三、微生物的连续培养

前已述及，微生物的生长分四个阶段，即延滞期、对数生长期、稳定期和衰亡期。分批培养就是在培养罐中完成以上四个阶段的培养过程，微生物在非旺盛生长时间相当长，整个培养过程都是处在不恒定的状态下进行的。如果在微生物培养中不断地放出培养液，同时补充等量的新鲜培养基，进行连续培养（又称连续发酵），这样就可以保持微生物恒定的培养条件，有效地延长对数生长期到稳定期的阶段，使微生物的生长速度、代谢活动都处于恒定状态，从而达到增加发酵产物产量，提高发酵指数的目的。

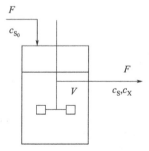

图 2-17 单级连续培养

（一）单级连续培养

1. 物料衡算

单级连续培养是连续培养中最简单的方式（见图 2-17）。以恒定流量供给底物，并排出等流量的培养液，假定混合充分，则在培养器中培养液各组分分布均匀，体积保持恒定，可近似认为是全混流反应过程。对于该系统可以通过物料衡算建立数学模型。

对菌体做物料衡算：

$$0 + \mu c_X V - F c_X = V \frac{dc_X}{dt} \tag{2-9}$$

$$\text{加入} \quad \text{生长} \quad \text{流出} \quad \text{积累}$$

式中 μ——菌体的比生长速率，h^{-1}；

$\quad c_X$——反应器中的菌体浓度，g/L；

$\quad V$——反应器中培养液体积，L；

$\quad F$——培养基流入流量或培养液流出流量，L/h。

由于在反应器中混合充分，培养基加入反应器后立即被分散均匀，流出液的组成与反应器中各处培养液的组成相同，连续培养达到稳定状态。

$$\frac{dc_X}{dt} = 0$$

代入式(2-1)，得

$$\mu = \frac{F}{V} = D \tag{2-10}$$

式中，D 为流量 F 与培养液体积之比，称为稀释率，表示单位体积培养液的流加量，量纲为 [时间]$^{-1}$，即培养液在反应器内平均停留时间的倒数。

式(2-10) 反映了单级连续培养的一个十分重要的特性：要使连续培养处于稳定状态，必须是表示生物性质的参数 μ 与系统操作状态参数 D 两者相等。比生长速率是微生物的特性，在分批培养中无法加以控制，但连续培养中则只要通过改变流量 F，就可以改变稀释率，从而改变菌体的比生长速率。也就是说，通过改变供给培养基流量 F 的设定值，即可将 μ 控制在任一水平。因此，这类反应器也称为外部控制方式的微生物反应器。

若进料中菌体浓度 $c_{X_0} \neq 0$，则

$$\mu = \frac{c_X - c_{X_0}}{c_X} D \tag{2-11}$$

若对限制性基质（即在所需的所有营养物中，只有一种组分是限制性的，其余组分均含量充足）进行物料衡算，则有

$$F c_{S_0} - F c_S - \frac{\mu c_X V}{Y_{X/S}} = V \frac{dc_S}{dt} \tag{2-12}$$

$$\text{流入} \quad \text{流出} \quad \text{生长消耗} \quad \text{积累}$$

式中 c_{S_0}——加料中限制性基质浓度，g/L；

$\quad c_S$——反应器中的限制性基质浓度，g/L；

$\quad Y_{X/S}$——对限制性基质的菌体得率系数，其定义为 $Y_{X/S} = \frac{\Delta c_X}{\Delta c_S}$。达到稳态时，培养液中限制性基质浓度不变，$\frac{dc_S}{dt} = 0$。

因此

$$D(c_{S_0} - c_S) = \frac{\mu c_X}{Y_{X/S}} \tag{2-13}$$

由于在稳态时 $D = \mu$，上式可简化为

$$c_X = Y_{X/S}(c_{S_0} - c_S) \tag{2-14}$$

2. 过程分析

为了对单级连续培养过程进行分析，必须找出系统内底物浓度、菌体浓度、产物浓度与系统操作参数的关系。

培养过程中，μ 与 c_S 的关系一般服从 Monod 方程。Monod 方程指出微生物的比生长速率与限制性基质浓度的关系可用下式表示：

$$\mu = \mu_m \frac{c_S}{K_S + c_S} \tag{2-15}$$

根据式(2-10) 和式(2-15) 可得到稀释率与流出液（即培养液）中限制性基质浓度有以下关系：

$$D = \mu_m \frac{c_S}{K_S + c_S} \tag{2-16}$$

变换后得

$$c_S = \frac{DK_S}{\mu_m - D} \tag{2-17}$$

将式(2-17) 代入式(2-14)，可以得到当稀释率为 D 时流出液中菌体浓度

$$c_X = Y_{X/S} \left(c_{S_0} - \frac{DK_S}{\mu_m - D} \right) \tag{2-18}$$

式(2-17) 和式(2-18) 说明了稳定状态下，反应器内菌体浓度 c_X、基质浓度 c_S 与进料流量（$D = F/V$）的关系。下面对上两式进行分析讨论。

① 当新鲜料液流加量很小时，$D \to 0$，则 $c_S \to 0$，即营养基质几乎全被细胞利用，此时出口菌体浓度最大，$c_X = Y_{X/S} c_{S_0}$。

② 当 D 较小或 $D \ll \mu_m$ 时，$\mu_m - D = \mu_m$，则 $c_S = DK_S/\mu_m$，即表明在这一阶段，随着 D 增加，c_S 线性增加，c_X 则线性递减。

③ 当 $D \to \mu_m$ 时，c_S 急剧增加，此时反应器内菌体浓度 c_X 将以相同函数快速递减。

④ 单级连续培养的稀释率有一定限制，当反应器内限制性基质浓度达到 c_{S_0} 时，细胞（菌体）能达到的临界比生长速率 μ_c 为

$$\mu_c = \mu_m \frac{c_{S_0}}{K_S + c_{S_0}} = D_c \tag{2-19}$$

通常 $c_{S_0} \gg K_S$，故 $D_c = \mu_m$。所以，单级连续培养的稀释率不可能大于临界稀释率 D_c（而 $D_c = \mu_c$）。如果 $D > D_c$，由于菌体的比生长速率低于稀释率，菌体不断地从反应器中被冲走，最终全部被洗出（这一点称为洗出点），培养液中的菌体浓度降到零，而限制性基质浓度升到 c_{S_0}。

图 2-18 表明了菌体浓度和限制性基质浓度随稀释率变化的情况。从图 2-18 还可以看出：在接近洗出点时，反应器操作对稀释率的变化很敏感，很小的 D 改变就会引起相当大的 c_X 及 c_S 的改变。

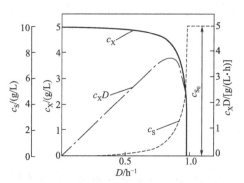

图 2-18 单级连续培养中 c_X、c_S 与 D 的关系

若以菌体生产为目的，图 2-18 还表明了菌体生产率 P 的变化情况。

$$P = Dc_X = DY_{X/S} \left(c_{S_0} - \frac{K_S D}{\mu_m - D} \right) \tag{2-20}$$

生产率 P 存在一个极大值，对应最大生产率的稀释率 D_m 称之为最适稀释率。实际生产可控制在略低于 D_m 的稀释率下进行。

对式(2-20) 求一阶导数，并令 $dP/dt = 0$，可解得

$$D_m = \mu_m \left[1 - \sqrt{\frac{K_S}{K_S + c_{S_0}}} \right] \tag{2-21}$$

将式(2-21)代入式(2-18)可得这时反应器中菌体浓度

$$c_{X_m} = Y_{X/S} \left[c_{S_0} + K_S - \sqrt{K_S c_{S_0} + K_S^2} \right] \tag{2-22}$$

联合式(2-21)和式(2-22)可得菌体的最大生产率

$$P_m = D_m c_{X_m} = Y_{X/S} \mu_m c_{S_0} \left[\sqrt{(K_S + c_{S_0})/c_{S_0}} - \sqrt{K_S/c_{S_0}} \right]^2 \tag{2-23}$$

若 $c_{S_0} \gg K_S$,上式可简化为

$$P_m = Y_{X/S} \mu_m c_{S_0} \tag{2-24}$$

(二)具有细胞循环的单级连续培养

发酵过程实际上是一个自催化反应过程,因此,增加菌体浓度,可以使发酵速度增加。在连续培养中,为了保持反应器内微生物的较高浓度,常采取将流出液中的微生物细胞部分回加到发酵罐内(相当于连续接种)形成再循环(如图2-19所示)。循环菌体的分离方式有离心分离法、沉降分离法和膜分离法等。

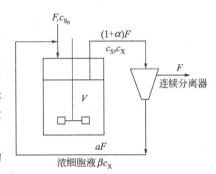

图 2-19 进行细胞循环的单级连续培养

如果引入循环比 α(返回料液与供给的新鲜料液的体积比)和菌体浓缩因子 β(循环液中菌体浓度与进入分离装置的培养液中菌体浓度之比,即菌体浓缩倍数)两个参数,再采用与前述类似的方法可以导出:

$$D = \frac{\mu}{1 - \alpha(\beta - 1)} \tag{2-25}$$

$$c_X = \frac{Y_{X/S}(c_{S_0} - c_S)}{1 - \alpha(\beta - 1)} \tag{2-26}$$

由此可见,在进行菌体回流的连续培养时,生物反应器中的菌体在稳态下的比生长速率与稀释率不再相等。由于菌体浓缩倍数 $\beta > 1$,因此 $D > \mu$,即稀释率恒大于比生长速率。这表明,在带有细胞循环的单级连续反应器中,有可能在更高的稀释率下操作,而细胞没有被"洗出"的危险。同时反应器中的菌体浓度也更大,是不循环时的 $1/[1 - \alpha(\beta - 1)]$ 倍。循环比 α 越大,D 和 c_X 也越大,因而 P 也越大。所以菌体的循环有利于提高菌体生产率。图2-20是细胞循环与不循环的单级连续培养的细胞浓度和细胞生产率的比较,可以看出进行菌体循环的连续培养,菌体的生产率比不循环时(图2-20中虚线所示)大大提高。D_m 增大,意味着加料流量 F 可以增大。如果加料流量不变,则可缩小反应器体积。菌体循环连续培养广泛用于废水的生化处理。

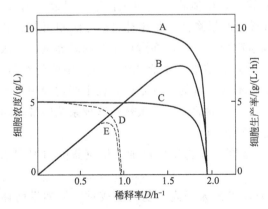

图 2-20 细胞循环(A、B、C)与不循环(D、E)的比较

(三)多级连续培养

多级连续培养系统是一个具有多个串联培养器(发酵罐)的连续反应系统。将灭菌的新鲜培养液不断流入第一只发酵罐,发酵液则以同样流量依次流入下一只发酵罐,并

从最后一只罐流出。多级培养可以在每个罐中控制不同的反应条件，以满足微生物生长各个阶段的不同要求。培养液中的营养成分也能得到较充分的利用。最后流出的发酵液中，细胞和产物的浓度较高，是一个较经济的连续培养方法。

以获取菌体或与菌体同步生产的代谢产物为目标时，只要用单级连续培养即可。若要获取与菌体生长不同步的次级代谢产物，就应根据菌体和产物的生产规律，采用与之适应的多级培养装置，第一级以培养菌体为主，后几级则以生产代谢产物为主。如丙酮-丁醇生产，一级 37℃、pH4.3、稀释率 $0.125h^{-1}$，二级 33℃、pH4.3、稀释率 $0.04h^{-1}$，这样的流程可连续运转一年。

（四）连续培养的优缺点

连续培养的优点：连续培养具有培养液浓度和代谢产物含量的相对稳定性，保证了产品质量和产量的稳定；减少了分批培养中每次清洗、装料、消毒、接种、卸料等操作时间，从而缩短培养周期，提高设备利用率；减轻劳动强度和便于自控等。连续培养法在工业上的应用范围正在日益扩大，主要用于面包酵母、单细胞蛋白、丙酮-丁醇、酒精、啤酒、果葡糖浆等生产过程以及废水的生化处理。

不过，工业上连续培养的应用目前还远不如分批培养普遍，这主要是因为连续培养延续的时间长，发生杂菌污染的机会就比较多；长期进行连续培养时细胞发生变异退化的可能性就比分批培养突出；细胞在反应器壁、搅拌轴、排液管等处生长，也增加了连续培养的困难。另外收率和产物浓度比分批式低，设备要求高，需要复杂的检测和控制系统。

四、微生物的补料分批培养

补料分批培养又称半分批培养或半连续培养，是指在分批培养中补加新鲜培养基，但不同时取出培养液的方法。它是一种介于分批培养和连续培养之间的操作方法。补料操作可以间歇进行，也可连续进行（流加）。补料分批培养的优点是可以对培养液中的基质浓度加以控制，提高产物的生产效率。它可以应用在以下几种情况。

① 发生底物抑制的过程。一些微生物能利用甲醇、乙醇、醋酸、某些芳香族化合物等，但这些物质在较高浓度下对细胞的生长会有抑制作用，采用补料培养法，使这些底物浓度保持在较低水平，解除它们的抑制作用。

② 发生快速利用碳源而产生阻遏效应的过程。例如在青霉素发酵中，如以很容易被菌体利用的葡萄糖为碳源时，只要葡萄糖浓度稍有偏高，菌体将大量生长而造成摄氧率增大，超出生物反应器的供氧能力时发生 pH 下降，青霉素产量降低。采用补料的方法则可使葡萄糖浓度维持在最适宜的水平，从而大大提高青霉素产量。又如，在酵母生产的培养基中，假如麦芽汁太多会导致生产过量，从而供氧不足，厌氧的结果会生成乙醇，减少菌体的产量。因此，采用降低麦芽汁初始浓度，让微生物生长在不太丰富的培养基中，在生产过程中再不断地补加营养物的方法，就可提高酵母的产量，阻止乙醇的产生，虽然在这种系统中酵母菌的生长速率比较低，但其细胞的得率几乎可以达到理论值。

③ 细胞的高密度培养。在培养过程中通过高浓度营养物质的流加，反应器中的细胞浓度可以达到相当高的程度。

④ 前体的补充。在某些生产过程中，加入前体可大大提高产物的生成量，但如果前体对细胞有毒性，就不能在培养基中大量加入前体，而要采取补加的办法。例如苯乙酸是青霉素发酵的前体，但苯乙酸对青霉素有毒性，可采用补料的方法使苯乙酸维持在低浓度，既可

满足青霉素合成的需要，又大大减少了苯乙酸的抑制作用。

第七节 微生物反应器

微生物反应器主要是为微生物提供一个适宜的生长环境，让它们快速繁殖并且产生有用的物质或对某种物质进行转化，以达到提供某种产品或为社会服务的目的。

从菌体是否需要氧的角度，可将微生物反应器分为需氧和厌氧两大类。除了某些溶剂（如乙醇、丙酮、丁醇等）以及乳酸等少数产品是厌氧发酵外，多数发酵产品都是通过微生物好氧培养得到的。氧在培养基中的溶解度很小，因此，微生物反应器必须不断地进行通气和搅拌，使培养液中有一定的溶解氧浓度，来满足微生物的需要。此外，搅拌还具有使培养液保持均匀的悬浮状态，促使发酵热散失等作用。

进行微生物深层培养的反应器又统称发酵罐。这类反应器搅拌方式大致有三种：机械搅拌、压缩空气鼓泡、利用泵使液体循环。下面介绍工业上常用的几种微生物反应器（发酵罐）。

一、机械搅拌通气式发酵罐

机械搅拌通气式发酵罐又称通用式发酵罐，是工厂中最常用的一种微生物反应器，图2-21为其结构图。这类发酵罐既有机械搅拌装置又有压缩空气分布装置。搅拌器的主要作用是打碎空气气泡，增加气液接触界面，以提高气液间的传质速率，同时也是为了使发酵液充分混合，液体中的固形物料保持悬浮状态。通用式发酵罐大多采用涡轮式搅拌器。为了避免气泡在阻力较小的搅拌器中心部位沿着轴周边上升逸出，在搅拌器中央常带有圆盘。常用

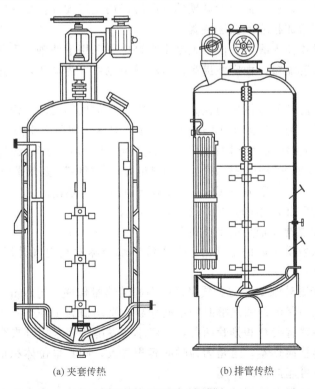

(a) 夹套传热　　　　　(b) 排管传热

图 2-21　通用式发酵罐

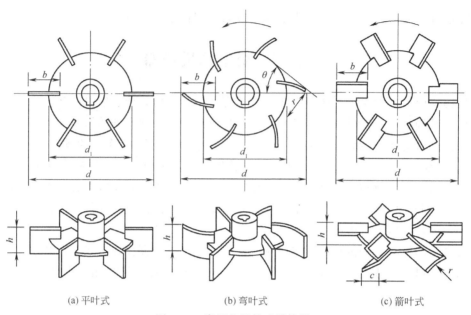

(a) 平叶式　　　　　　　　(b) 弯叶式　　　　　　　　(c) 箭叶式

图 2-22　常用的涡轮式搅拌器

的涡轮式搅拌器有平叶式、弯叶式和箭叶式三种，如图 2-22 所示。在相同的搅拌功率下粉碎气泡的能力是平叶式搅拌器大于弯叶式搅拌器，弯叶式搅拌器大于箭叶式搅拌器；但其翻动流体的能力则与上述情况相反。由于发酵罐的高径比一般在 2～3 之间，为了使发酵液充分地被搅动，应根据发酵罐的容积，在同一搅拌轴上配置多个（通常为两三个）搅拌器。搅拌器直径与罐径之比为 1/3～1/2，搅拌器宜用不锈钢制成。目前国内大多数生产规模的发酵罐采用不变速搅拌，也有少数生产规模的发酵罐采用变速搅拌。变速搅拌更能适应发酵工艺的控制要求，但需增加相应的变速装置。

　　搅拌轴一般从罐顶伸入罐内，但对大型发酵罐也可采用下伸轴。下伸轴式装置可使发酵罐重心降低，轴的长度缩短，稳定性提高，传动噪声也可大为减弱，不过下伸轴的轴封装置要比上伸轴要求严格得多。

　　为了使沿壁旋转流动的液体折向轴心，以消除轴心部位形成的旋涡，在器壁设有几块垂直挡板，挡板宽度通常为罐径的 1/12～1/8。挡板与器壁之间留有空隙，防止积存渣垢。

　　在发酵过程中，由生物氧化产生的热量和机械搅拌产生的热量必须及时移去，才能保证发酵的正常进行。通常称发酵过程中发酵液产生的净热量为"发酵热"。其热平衡方程可表示如下：

$$Q_{发酵} = Q_{生物} + Q_{搅拌} - Q_{空气} - Q_{辐射}$$

式中　$Q_{生物}$——生物氧化产生的热量，kJ/(m³·h)；

　　　$Q_{搅拌}$——搅拌器搅动液体时产生的热量，kJ/(m³·h)；

　　　$Q_{空气}$——通入发酵罐内的空气由于发酵液中水分蒸发及空气升温所带走的热量，kJ/(m³·h)；

　　　$Q_{辐射}$——由于罐外壁壁温与大气温差而引起的热量传递，kJ/(m³·h)。

　　一般发酵热的大小因菌种和发酵时间不同而异，平均值为 10000～34000kJ/(m³·h)。

　　发酵用的传热装置有夹套和排管两种，一般小型发酵罐多采用外夹套作为传热装置，而大中型罐则多采用排管换热器，这是因为罐的容积愈大，则其单位体积培养液具有的周壁表面愈小，排管还同时可起挡板的作用。

　　发酵液中含有大量蛋白质等发泡物质，在强烈的通气搅拌下将会产生大量的泡沫，大量的泡沫将导致发酵液外溢和增加染菌机会。消除发酵液泡沫除了可加入消泡剂外,在泡沫量较少时可采用机械消沫装置来破碎泡沫。最简单的消泡装置为耙式消泡浆,装于搅拌轴上,齿面略高于液面,当少量泡沫上升时,转动的耙齿就可把泡沫打碎。也可制成半封闭式涡轮消沫器,泡沫可直接被涡轮打碎或被涡轮抛出撞击到罐壁而破碎。

机械搅拌反应器的优点是:pH 和温度易于控制;工业放大方法已规范化;适合连续培养。但也有以下缺点:驱动功率大;因内部结构复杂,难于彻底洗净,易造成污染;在丝状菌的培养中由于搅拌器的剪切作用,细胞易受损伤。

二、自吸式发酵罐

这种反应器的研究始于 20 世纪 50 年代,最初应用于醋酸发酵,如今已应用于抗生素、维生素、有机酸、酶制剂、酵母等行业。这种发酵罐不需空气压缩机供应压缩空气,而是利用搅拌器旋转时产生的抽吸力吸入空气。搅拌器是一空心叶轮,叶轮快速旋转时液体被甩出,在叶轮中心形成负压,从而将罐外空气吸到罐内(如图 2-23)。自吸式发酵罐的优点是利用机械搅拌的抽吸作用将空气自吸入反应器内,达到既通风又搅拌的目的,从而省去了压缩机。缺点是吸程一般不高,必须采用低阻力高效空气除菌装置。而空气直接进入反应器对大多数无菌要求较高的发酵生产是不适宜的。

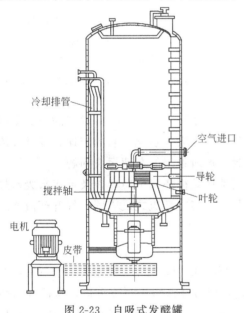

图 2-23　自吸式发酵罐

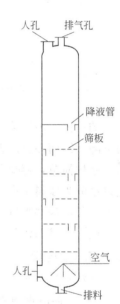

图 2-24　鼓泡式发酵罐示意图

三、鼓泡式发酵罐

鼓泡式发酵罐是借鼓入空气而提供混合与传质所需功率,又称空气搅拌高位反应器。其最初形式是从简单的圆筒状的器底吹入空气,空气以分散相在连续的液相中上升通过,结构十分简单,如今已有很多变化。

图 2-24 为一种带有多层筛板的鼓泡式发酵罐示意图,其高径比大〔一般在(6~10):1〕。空气进入培养液后有较长的停留时间。多孔筛板的作用在于阻截气泡,使之在多孔板下聚集而形成气层,气体通过多孔板时,又被重新分散为小气泡,这样空气在反应器内经多次聚并与分散,一方面延长了空气与培养液的接触时间,另一方面不断形成新的气液界面,减小了液膜阻力,提高了氧的利用率。这种发酵罐结构简单,造价较低,动力消耗少,避免了

机械搅拌反应器中轴封不严造成的杂菌污染。鼓泡式发酵罐较适用于培养液黏度低、含固量少、需氧量较低的发酵过程。

四、环流式发酵罐

这是一类塔式反应器，高径比较大。其中相际的混合与传质是借各种方式诱导的环流来实现的。根据诱导的方式最常见的有气升环流式和喷射环流式两类。

1. 气升环流式发酵罐

与鼓泡式发酵罐相似，气升环流式发酵罐也不设机械搅拌装置，但在罐外设体外循环管，或在罐内设导流筒（拉力筒）或垂直隔板，如图 2-25 所示。

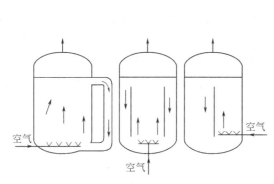

图 2-25　气升环流式发酵罐示意图

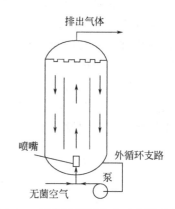

图 2-26　液体喷射环流式反应器示意图

通入空气的一侧，因液体的平均密度下降（气含率高）而上升，不通气的一侧则因液体密度较大而下降，因而在反应器内形成液体的环流，这大大强化了氧的传递。气升环流式反应器能耗低，结构简单，避免了机械搅拌中轴封不严所带来的杂菌污染问题。

工业上以甲醇为原料生产单细胞蛋白用的所谓压差循环式反应器以及近年来废水好氧生物处理中出现的所谓深井曝气反应器实质上都是这类气升环流式反应器。气升环流式反应器不适于高黏度或含大量固体的培养液。

2. 喷射环流式发酵罐

用机械泵喷嘴引射压缩空气，在喷嘴出口处形成强的剪切力场，将射入的空气在液相中分散为小气泡。在反应器内重新聚并起来的大气泡，通过环流得以再度分散，从而加快传质速率。与机械搅拌式发酵罐相比，在同样的能耗下，喷射环流式发酵罐的氧传递速率要高得多。液体喷射环流式反应器示意图见图 2-26。

五、连续管道发酵器

连续管道发酵器所用的管道多种多样，可以是直管也可以是蛇管，培养液和种子罐的种子液不断流入管道发酵器内进行发酵。这种发酵方法主要用于厌氧发酵。如果在管道中用隔板加以分隔，则每一分隔板相当于一台发酵罐，从而形成多罐串联的连续发酵。图 2-27 是连续管道发酵器的示意图。

工业上应用最广的仍然是机械搅拌通气式发酵罐，尽管这类发酵罐结构复杂，制造费用高，运行能耗高，但是对黏度高、需氧量大且呈非牛顿流体流动特性的培养液发酵过程更为适用。

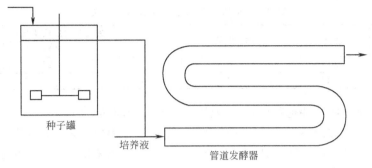

图 2-27　连续管道发酵器的示意图

第八节　灭 菌 技 术

生物反应系统中通常含有丰富的营养物质，因而易受杂菌污染，进而产生各种不良后果。

① 由于杂菌的污染，使生物反应的基质或产物因杂菌消耗而损失，造成生产能力下降。

② 由于杂菌所产生的一些代谢产物或发酵液在染菌后改变了某些理化性质，使产物的提取变得困难，造成收得率降低或使产品质量下降。

③ 污染的杂菌大量繁殖，会改变反应介质的 pH，从而使生物反应发生异常变化。

④ 发生噬菌体污染，使生产菌细胞裂解，而使生产失败。

为了保证纯种发酵，必须保证菌体无杂菌、培养基及有关设备管路彻底灭菌、设备严密、空气灭菌。

一、灭菌方法

所谓灭菌就是指用物理或化学方法杀灭或去除物料或设备中一切有生命物质的过程。常用的灭菌方法有热杀菌和冷杀菌（也称为非热杀菌）两种。

（1）干热灭菌　微生物的生物功能完全依赖于蛋白质、核酸等生物大分子，高温可引起这些大分子氧化、分解或变性、失活。最简单的干热灭菌是将金属或其他耐热材料制成的器物在火焰上灼烧，称为灼烧灭菌法，在接种操作时常用这种方法。大多数干热灭菌是烘箱热空气法，利用电热或红外线在某设备内加热到一定温度并保持一定时间（例如 160℃，1h）将微生物杀死。干热时微生物细胞成分氧化、蛋白质变性等导致微生物死亡。由于微生物对干热的耐受能力比湿热强得多，因此，干热灭菌不如湿热灭菌有效。一些要求保持干燥的实验器皿和材料（如培养皿、接种针、固定化细胞用的载体等）可以进行干热灭菌。表 2-3 是干热与湿热空气对不同细菌的致死时间比较。

（2）湿热灭菌　即利用饱和蒸汽灭菌。由于蒸汽有很大的穿透力（见表 2-4），而且在冷凝时放出大量的冷凝热，很容易使蛋白质凝固而杀灭各种微生物，蒸汽价格低廉、来源方便、灭菌效果可靠，为发酵工业最基本的方法。通常用蒸汽灭菌的条件是在 120℃（约 $1×10^5$ Pa）维持 20～30min。还有一种是巴氏杀菌，也称低温消毒法，在 62℃ 下加热 30min，

表 2-3　干热与湿热空气对不同细菌的致死时间比较

加热方式　细菌种类	干热 90℃	90℃	
		相对湿度 20%	相对湿度 80%
白喉棒杆菌	24h	2h	2min
痢疾杆菌	3h	2h	2min
伤寒杆菌	3h	2h	2min
葡萄球菌	8h	3h	2min

表 2-4　干热和湿热空气穿透力的比较

加热方式	温度 / ℃	加热时间/h	透过布的层数及温度 / ℃		
			20 层	40 层	100 层
干热	130~140	4	86	72	<70
湿热	105	4	101	101	101

以杀死物品中的微生物（芽孢除外），一般用于牛奶、啤酒的杀菌。

上述的干热灭菌和湿热灭菌都属于热杀菌，杀菌过程温度升高。冷杀菌过程中温度并不升高或温度升高不多。冷杀菌包括超高静压杀菌、脉冲电场杀菌、振荡磁场杀菌、脉冲强光杀菌、微波杀菌、放射线杀菌、紫外线杀菌、化学与生物杀菌剂杀菌、超声波杀菌、高能射线杀菌、过滤及膜分离除菌等。

过滤及膜分离除菌是利用过滤介质或膜阻留微生物，达到除菌的目的。工业上利用过滤及膜分离方法大量制备无菌空气。

其他的冷杀菌方法如化学药剂杀菌、放射线杀菌等方法，在发酵工业中应用不多。

二、微生物的死亡速率

微生物受热死亡的主要原因是高热能使蛋白质变性。这种反应属于单分子反应，死亡速率可视为一级反应，即与残存的微生物数量成正比，即

$$-\frac{\mathrm{d}N}{\mathrm{d}t}=kN \tag{2-27}$$

式中　N——存在的活微生物数；

　　　t——时间，s；

　　　k——速率常数或比死亡速率常数，s^{-1}。

若开始灭菌（$t=0$）时，培养基中活微生物数为 N_0，将式（2-27）积分则可得

$$\ln\frac{N}{N_0}=-kt \tag{2-28}$$

或

$$N=N_0\exp(-kt) \tag{2-29}$$

式中，N 为经过时间 t 后残留的活微生物数。若要求灭菌后绝对无菌，即 $N=0$，则从式（2-28）中可以看出灭菌时间将等于无穷大，这是不可能的。故培养基灭菌后，以在培养基中还残留一定活菌数进行计算。工程上，通常采用 $N=0.001$，即 1000 次灭菌中有一次失败，此数已能满足生产要求。将残存率 N/N_0 对时间在半对数坐标上标绘，可得一直线，其斜率的绝对值即比死亡速率常数 k。图 2-28 即为微生物在不同温度下的残存曲线。这一死亡规律称为对数死亡律，也称对数残存律，是普通营养细胞死亡行为的典型代表。图 2-28 中直线的斜率，在数值上等于比死亡速率常数 k，它的绝对值反映了微生物耐热性的强弱，k 越大，表明微生物越易死亡。

死亡速率与温度的关系符合阿伦尼乌斯定律：

$$k=A\exp\left(-\frac{E}{RT}\right) \tag{2-30}$$

或

$$\ln k=\ln A-\frac{E}{RT} \tag{2-31}$$

$$\ln\frac{k_2}{k_1}=\frac{E}{R}\left(\frac{1}{T_1}-\frac{1}{T_2}\right) \tag{2-32}$$

式中　A——频率因子，s^{-1}；

　　　E——死亡活化能，J/mol；

　　　E/R——微生物受热死亡时对温度的敏感性的量度，此值越大，表明微生物死亡速率随

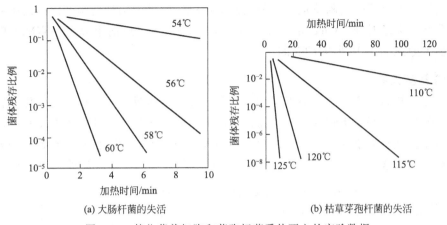

(a) 大肠杆菌的失活　　　　　　　　(b) 枯草芽孢杆菌的失活

图 2-28　某些营养细胞和芽孢杆菌受热死亡的实验数据

温度变化越敏感。

还必须指出，在对培养基进行热灭菌时，培养基中一些不太稳定的成分也会因受热而破坏。例如，糖溶液焦化变色、蛋白质变性、维生素失活、一些化合物发生水解等。培养基受热破坏也可看作一级反应，即

$$-\frac{\mathrm{d}c}{\mathrm{d}t}=k_{\mathrm{d}}c \tag{2-33}$$

式中　c——对热不稳物质的浓度，mol/L；

　　　k_{d}——分解速率常数，s^{-1}。

温度对 k_{d} 的影响也遵循阿伦尼乌斯定律。表 2-5 列出了某些细菌芽孢受热死亡和培养基中营养成分受热分解的活化能数据，可见前者比后者大得多。这就意味着前者对温度的敏感性远较后者为大。也就是说，当温度升高时，微生物死亡速率的增加，要比营养成分的分解速率的增加大得多。因而在较高温度下可以缩短灭菌时间而减少营养成分的损失，这就是高温瞬时灭菌法——HTST 的理论基础。

表 2-5　细菌芽孢和热敏性营养物的活化能

细菌芽孢和营养物	$E/(\mathrm{J/mol})$	细菌芽孢和营养物	$E/(\mathrm{J/mol})$
叶酸	70340	葡萄糖	100488
维生素 B_{12}	96300	嗜热脂肪芽孢杆菌	283460
维生素 B_1	92114	枯草芽孢杆菌	318210
维生素 B_2	98813		

表 2-6 是嗜热脂肪芽孢杆菌孢子在灭菌要求达到 $N/N_0 = 10^{-16}$ 时，灭菌温度对维生素 B_1 的影响，可以清楚地看出在高的灭菌温度下，短时间就可达到好的灭菌效果，而营养物的损失可控制到很小。

表 2-6　不同温度灭菌时间及营养物破坏情况

灭菌温度/℃	达到灭菌程度的时间/min	维生素 B_1 损失/%
100	843	99.99
110	75	89
120	7.6	27
130	0.851	10
140	0.107	3
150	0.015	1

在灭菌操作中除了使用阿伦尼乌斯公式来关联微生物的耐热性与温度之间的关系外，尚可用"十分之一衰减时间"（decimal reaction time）来表示。所谓十分之一衰减时间，是指活菌数减少为原来的1/10所需的时间。

三、培养基灭菌

微生物在受热后均会死亡，但不同微生物受热死亡的难易却不一样。有些微生物受热后很易死亡；但另有一些微生物则十分顽强，它们有极强的耐热性，往往需要用较高的温度和较长的时间才能把它们杀死。一般来说营养细胞容易被杀死，而芽孢则因有致密的外皮和干燥的内含物而极难致死。表2-7所示为各种微生物在湿加热时所呈现出的相对耐热性。

表 2-7　各种微生物在湿加热时所呈现的相对耐热性

生物体种类	相对耐热性	生物体种类	相对耐热性
营养细胞及酵母	1.0	霉菌孢子	2～10
细菌芽孢	3×10^6	噬菌体和病毒	1～5

细菌芽孢对湿热的耐热性远大于其他任何一种杂菌的耐热性。所以，设计灭菌操作必须以细菌芽孢作为杀灭对象，因为只要杀灭了芽孢，其他杂菌一定也都被杀灭。这一点，既是食品灭菌的依据，同时，也是发酵培养基灭菌操作的基础。

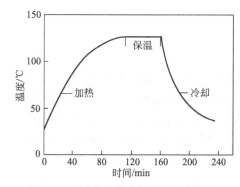

图 2-29　间歇灭菌时典型的温度变化

1. 培养基间歇灭菌

间歇灭菌又称分批灭菌。方法是将配制好的培养基和所用设备一起进行灭菌操作，也称实罐灭菌。间歇灭菌不需专门的灭菌设备，投资少，设备简单，灭菌效果可靠，但加热和冷却时间长，这就延长了发酵罐的使用周期，使培养基养分也受到破坏。间歇灭菌的蒸汽压力一般在（3～4）×10^5Pa（表压）就可满足要求。间歇灭菌是中小型发酵罐经常采用的一种培养基灭菌方法。整个灭菌操作由加热、保温和冷却三个阶段组成（见图2-29），灭菌主要是在保温过程实现，但在升温的后期和冷却的初期，培养基的温度高，因而也有一定的灭菌效果。

2. 培养基连续灭菌

连续灭菌的加热、保温和冷却三个阶段是分别在不同的专有设备中进行的。由于培养基能在短时间内加热到保温温度，并能很快被冷却，因此，可在比分批灭菌更高的灭菌温度下灭菌，灭菌时间缩短，这有利于减少营养物质的破坏。连续灭菌所用蒸汽压力一般高于5×10^5Pa（表压）。连续灭菌设备比较复杂，投资较大。

图2-30和图2-31为两种基本的连续灭菌装置。图2-30由板式热交换器把培养基间接加热和冷却；图2-31则用蒸汽把培养基直接加热至灭菌温度，经保温后，再进行闪急冷却。其中第一种方式，即用板式热交换器对介质进行间接加热和冷却的特点是，单位体积的热交换器具有高的传热面积，且可根据生产需要，改变换热面积的大小。第二种方式是由蒸汽直接喷射物料，被加热后的物料继而通过保温段，最后用闪急膨胀法冷却。这一流程的特点是，加热、冷却过程极为短暂，有利于实现HTST灭菌法；但缺点是培养基将被蒸汽的冷凝水稀释。

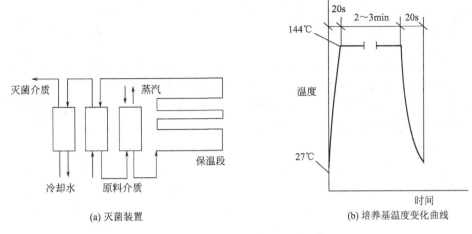

图 2-30　板式热交换器连续灭菌

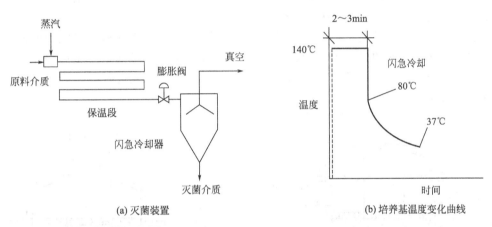

图 2-31　蒸汽喷射连续灭菌

四、空气除菌

好氧微生物在发酵过程中所需要的氧气是从空气中取得的，但是，空气中夹带有大量的各种各样杂菌。这些杂菌如果随空气一起进入发酵系统后，在适当的条件下就会大量繁殖，并与发酵生产中的生产菌竞争消耗营养物质，产生各种无用的代谢产物，以致干扰破坏预定发酵的正常进行，甚至造成发酵生产的彻底失败。因此，空气的除菌是发酵生产中的必要环节。空气除菌方法很多，如辐射灭菌、化学灭菌、静电除尘、热灭菌法、过滤除菌法等。

（1）辐射灭菌　波长 $200\sim270nm$ 的紫外线直接照射空气，可使细菌的 DNA 损伤达到杀灭空气中的细菌目的。但空气中的尘埃和水分都会影响紫外线的穿透力，进而影响其杀菌效力，含尘率和湿度越高，杀菌效果越差。辐射灭菌在发酵工业中很少应用。

（2）化学灭菌　使空气通过杀菌剂溶液或将杀菌剂溶液喷洒于空气中，再除去空气中带杀菌剂的水汽和液滴。

（3）静电除尘　利用静电场吸附各种带电颗粒以达到除菌目的。

（4）热灭菌法　空气被压缩时温度会升高，可利用空气压缩所产生的热来杀灭空气中的细菌。室温下的空气（21℃）经空压机压缩到 0.7MPa 后，出口空气的温度可达到 $187\sim198℃$，如果在压缩空气出口管包裹保温层，使压缩后的空气维持高温足够长时间，就可达

表 2-8　杀菌温度与所需时间的对应关系

温度/℃	所需杀菌时间/s	温度/℃	所需杀菌时间/s
200	15.1	300	2.1
250	5.1	350	1.05

到良好的杀菌效果。在不同的温度下所需的时间如表 2-8 所示。

（5）过滤除菌法　是发酵工业中广泛使用的空气除菌法。含菌空气通过过滤介质时，空气中的微生物被过滤介质阻截，从而获得无菌空气。按除菌机制不同，可分为深层介质过滤和绝对过滤两类。

深层介质过滤所用介质的孔隙一般大于微生物细胞，为了达到所需的除菌效果，介质必须有一定的厚度。这种介质的除菌机理比较复杂，主要是依靠气流通过滤层时，基于滤层纤维网格的层层阻碍，迫使气体在流动过程中出现无数次改变气速大小和方向的绕流运动，而菌体微粒由于具有一定的质量，在以一定速度运动时具有惯性，碰到介质时，由于惯性作用而离开气流，在摩擦、黏附作用下被滞留在介质表面上，这种捕集微粒的作用叫做惯性撞击截留作用。其他尚有拦截、布朗扩散等作用。

深层过滤介质又分两类。第一类有棉花、玻璃纤维、合成纤维和颗粒状活性炭等。图 2-32 是用这类介质填充的过滤器。第二类是将过滤材料制成纤维滤纸、金属烧结板等。图 2-33 是旋风式滤纸过滤器示意。这些材料除菌效率高，无需填充得很厚，如用超细玻璃纤维纸只需几张即可。

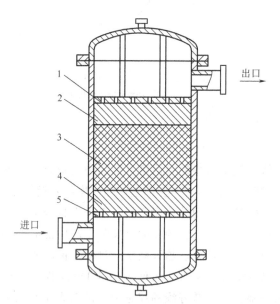

图 2-32　纤维介质-活性炭过滤器示意

1—上花板；2—纤维介质；3—活性炭颗粒；
4—纤维介质；5—下花板

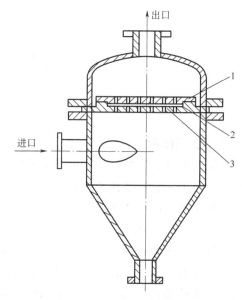

图 2-33　旋风式滤纸过滤器示意

1—上花板；2—滤纸；3—下花板

绝对过滤所用过滤介质的滤孔小于细胞和孢子，从而能将微生物阻留在介质的一侧，称为膜过滤器。例如将多孔的聚乙烯醇缩甲醛树脂（PVF）经过热处理制成孔径小于 $0.3\mu m$ 的滤膜。悬浮于空气中的菌体大小一般为 $0.5\sim5\mu m$，因而这种材料有很好的除菌效果。其他如纤维素、硅酸硼纤维、聚四氟乙烯等都可作为过滤介质，由于孔隙小于微生物，因此，空气中即使有液滴也不会影响其除菌效果。还有用金属微粉烧制的金属膜管、陶瓷粉烧结而成的陶瓷膜管组装的膜过滤器都有很好的除菌效果。为了延长膜过滤器的使用寿命，一般要求空气在进行膜过滤前，先经过纸质、泡沫塑料或折叠式无纺布粗滤器除去较大的颗粒。

一般的空气过滤除菌流程如下。

① 高空采风，离地面近的空气中所含细菌量比离地面高的空气多，空气吸风口设置在工厂高处，可减少吸入空气的细菌含量。

② 粗过滤，在空压机空气入口处安装前置粗过滤器，主要拦截空气中较大粒径的灰尘，保护空压机，也有一定的除菌作用，可以减轻总过滤器的负荷。

③ 空气压缩机，采用无油润滑压缩机，减少压缩后空气中的油雾污染。

④ 空气冷却器，空压机出口的温度高，利用列管式换热器降低空气的温度，同时除去部分润滑油。

⑤ 分水器，除去空气中水分。

⑥ 空气贮罐。

⑦ 旋风分离器，除去空气中 $20\mu m$ 以上液滴。

⑧ 丝网除沫器，除去空气中 $1\mu m$ 以上的雾滴。

⑨ 空气加热器，用蒸汽加热器将空气加热至约50℃，使空气的相对湿度低于60％，再进入总过滤器，以保证总过滤器保持干燥状态。

⑩ 总过滤器，空气经总过滤器去除空气中的细菌。

⑪ 分过滤器，进一步除菌，获得符合后续工艺要求除菌率的无菌空气。

图 2-34 是一个典型的空气过滤除菌流程。

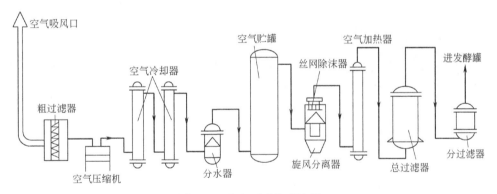

图 2-34　空气过滤除菌流程

思　考　题

1. 什么是微生物？微生物可粗分为哪几类？试举例说明之。

2. 试分析微生物四大共性对人类的利弊，其中最基本的是哪一共性？为什么？

3. 工业生产中常见的微生物有哪些？它们的主要特征是什么？

4. 什么是芽孢？为何它具有极强的抗逆性？尤其是抗热性？

5. 什么是病毒？什么是噬菌体？简述噬菌体侵噬菌体的过程，在发酵工业中如何防治？

6. 什么是菌种筛选？从含菌样品中分离菌种一般要通过哪几个环节？

7. 什么是自然突变和诱发突变？诱变育种的实质是什么？

8. 什么是原生质体融合？它的基本操作要点是什么？原生质体融合技术的优越性何在？

9. 菌体保藏的目的和手段如何？

10. 什么叫营养？什么叫自养微生物？什么叫异养微生物？

11. 什么叫能源？试以能源为主，碳源为辅对微生物营养类型进行分类。

12. 营养基质和配制培养基时某营养物是否为同一概念，试举例比较之。

13. 什么是生长因子？是否任何微生物都需要从外界吸收生长因子？

14. 什么是培养基？设计培养基时应遵循的基本原则是什么？

15. 营养物进入细胞的方式是什么？主动吸收是逆浓度梯度进行的，它是否违背热力学原理？

16. 在间歇培养中，微生物的生长曲线分为几期？其划分的依据是什么？各期的基本特点是什么？

17. 最佳种龄和最佳代谢产物收获期分别在生长曲线的哪个阶段？繁殖代数、代时和生长速率如何计算？

18. 影响微生物生长发育的主要因素有哪些？在发酵生产中是否要求整个培养过程始终保持着同样的温度、通气量、pH？为什么？

19. 从对分子氧的需求来看，微生物可分为哪几种类型？它们各有什么特点？举例说明。

20. 什么叫连续培养？提出连续培养的根据是什么？连续培养有何缺点？

21. 连续发酵的稀释率 D 是如何定义的？

22. 在单级连续培养中 D 意味着什么？

23. 为什么在单级连续培养中有菌体循环比无菌体循环的发酵效率高？

24. 补料分批培养主要应用在哪些情况中？

25. 常见的微生物反应器有哪些？它们有哪些基本特征？

26. 灭菌方法主要有哪几种？其灭菌原理何在？发酵工业中为何应用最广泛的是湿热灭菌？HTST 灭菌的理论基础是什么？

27. 工业上空气除菌所用过滤介质的滤孔远大于菌体，为什么也能达到除菌的目的？

第三章 代谢作用与发酵

第一节 概　　述

代谢或称新陈代谢是生物的基本特征之一。它包括生物在生命活动过程中所进行的一切分解反应与合成反应。生物体内一切物质的分解作用总称为分解代谢；一切物质的合成作用总称为合成代谢。生物一方面从环境中摄取营养物质，在体内通过一系列化学反应，使之转化成自己的组成物质，或是分解成能被吸收的营养物质，从中获得生命过程中必需的能量；另一方面组成生物体的物质又不断地分解、更新。分解代谢与合成代谢相辅相成，有机地联系在一起，构成代谢的统一整体。生物体内的代谢作用一旦停止，生命活动也就终止了。

代谢过程包括物质的吸收、消化、中间代谢和排泄等作用过程。所谓中间代谢一般是指在细胞中的合成和分解过程，是代谢活动的主体，许多有价值的化工产品就来自中间代谢的代谢产物。

生物体内错综复杂的合成与分解作用，体现为生物体的各种生理现象，例如，呼吸作用主要是糖类物质在氧参与下进行分解并放出能量；生长主要是核酸、蛋白质等物质合成的结果；运动时肌肉收缩使得化学能（ATP）转变为动能；光合作用是将光能转变为化学能（合成糖类物质）的过程。

物质代谢和能量代谢是密切联系在一起的：生物细胞从环境中获得生物小分子氨基酸，在体内合成大分子蛋白质，这是需要能量的物质代谢；大分子糖原在生物机体内分解为小分子葡萄糖，最后分解为丙酮酸，进一步分解为 CO_2 和 H_2O，这是释放能量的物质代谢。生物体内新陈代谢各个方面的相互关系如下所示：

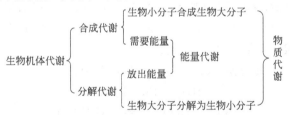

新陈代谢要通过大量的化学反应才得以实现，所有这些代谢反应都是在酶的催化作用下进行的。酶的强有力的催化功能和高度的专一性是新陈代谢能够高速度、有条不紊地进行的基本保证。参与新陈代谢的化学反应多种多样，它们相互依赖、协同制约地组成一条条代谢途径，这些途径再纵横交错组成复杂的代谢网络。

物质代谢均伴随有能量的吸收与放出，在讨论代谢作用之前，对生物能量代谢的有关问题作一简单介绍。

第二节　生物的能量代谢

自然界能量代谢的方式是：自养型生物利用太阳光，从简单成分合成糖等有机物质，而后自养型生物和异养型生物再分解有机物质，从中摄取能量以从事各种生命活动。

一、能量代谢的热力学原理

化学反应的推动力与参与化学反应的各物质的反应能力有关，化学反应将会沿着从反应能力高的物质向反应能力低的物质的方向进行。物质的这种反应能力称之为自由能，用符号 G 表示。像温度差 ΔT、压力差 Δp 是热传递、流体流动的推动力一样，自由能差 ΔG 则是化学反应的推动力（也是反应物变为产物时系统可能做的最大有效功），它是产物总自由能与各反应物总自由能之差。

$$\Delta G = \sum G_{产物} - \sum G_{反应物}$$

化学反应总是向着自由能降低的方向进行的。

由热力学可知，自由能定义的基本公式是

$$\Delta G = \Delta H - T \Delta S$$

式中　ΔG——变化过程中体系自由能差，kJ/mol；

　　　ΔH——体系焓的变化，kJ/mol；

　　　ΔS——体系熵值的变化，kJ/(mol·K)。

当 $\Delta G < 0$ 时，反应可以自发进行。

当 $\Delta G = 0$ 时，体系处于平衡状态。

当 $\Delta G > 0$ 时，反应不能自发进行，若要反应进行，则需从外界输入自由能。

自由能 G 是状态函数，ΔG 取决于体系的始态与终态，与反应途径无关。比如葡萄糖，无论是通过生化途径还是被燃烧氧化成 CO_2 和 H_2O，只要两种途径的始态和终态相同，ΔG 值即相同的。此外，ΔG 是个热力学函数它与反应速率无关，负的 ΔG 值只表明某一转变可以自发进行，即在热力学上是可行的，至于反应速率有多快则与此无关。

自由能是生化研究中最常用的热力学函数。它的值表明了生化反应的方向及趋势的强弱，同时，在研究中也用 ΔG 定量计算生化反应中的能量转换。

反应体系的总自由能差等于体系中各单独反应自由能差的代数和。这样一来，一个热力学上不能进行的反应（$\Delta G > 0$）可以被另一个热力学上可以进行的反应（$\Delta G < 0$）所驱动，只要它们自由能差的代数和小于零。在生化反应中，许多反应是被 ATP 的水解反应所驱动的，例如葡萄糖的磷酸化就是被 ATP 水解反应所驱动。

$$葡萄糖 + Pi \rightleftharpoons 6\text{-}磷酸葡萄糖 + H_2O$$
$$\Delta G = +13.8 \text{ kJ/mol}$$
$$ATP + H_2O \rightleftharpoons ADP + Pi$$
$$\Delta G = -30.5 \text{kJ/mol}$$

两式相加得

$$葡萄糖 + ATP \rightleftharpoons 6\text{-}磷酸葡萄糖 + ADP$$
$$\Delta G = -16.7 \text{kJ/mol}$$

由于 ATP 的水解提供了自由能，使原来热力学上不可能的反应转变成为可能的了。

二、能量传递媒介

在细胞中，分解代谢与合成代谢总是同时并存并偶联地进行，分解代谢为合成代谢提供了原料和能量，而合成代谢又为分解代谢提供了物质基础。

在一般情况下，分解代谢释放的能量并不能直接被利用，而是通过一些能量传递物质来传递能量。这些传递物质在细胞内起着能量转运站的作用，既可传递能量，又可暂时贮藏能量。在代谢中起着这种能量传递媒介作用的物质主要有腺苷三磷酸（ATP）、乙酰辅酶 A、烟酰胺辅酶（NAD、NADP）等。

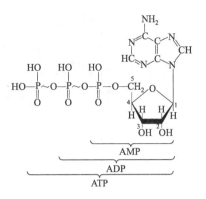

图 3-1　ATP 的分子结构

1. 腺苷三磷酸（ATP）

ATP 是 adenosine triphosphate 的缩写，中文名称为腺嘌呤核苷三磷酸，简称腺三磷。其分子结构如图 3-1 所示。

在 ATP 中的磷酸基团可依次移去，生成腺二磷（ADP）、腺一磷（AMP）。ATP 含有两个高能磷酸键（以～表示）。每个高能磷酸键水解可产生 30.5kJ/mol 的能量。反过来，在形成这种高能磷酸键时又可将反应过程中释放的能量贮藏于其中。ATP 是生物能量的主要传递者，是能够被生物细胞直接利用的能量形式。一般能量形式都不能为生物细胞直接利用，光能需要通过光合作用转变成 ATP（光合磷酸化），化学能需要通过生物氧化作用转变成 ATP（氧化磷酸化）。光合磷酸化和氧化磷酸化是生物体将光能和化学能转变成生物能（ATP）最基本的反应形式。化能微生物分解有机物所释放的化学能、光能微生物利用光合色素所捕获的太阳辐射能，都得转换成 ATP 形式的能量贮存起来，当需要这些能量时再水解 ATP 成为 ADP 而让能量释放出来。这样，通过 ATP 就把吸能反应与放能反应偶联起来了。ATP-ADP 循环是自然界生物赖以生存的基础。ATP-ADP 循环速率非常快，例如正常人每天要消耗和合成约 40kg ATP；而在剧烈运动时，则每分钟生成和消耗的 ATP 高达 0.5kg。

放能反应

$$ADP + Pi \longrightarrow ATP \longrightarrow ADP + Pi$$

吸能反应

ATP 在能量代谢中的作用犹如货币在商品流通领域中的作用一样，可以称之为"能量货币"。

除磷酸基团可以贮藏较多能量外，还有其他一些高能基团，例如含硫基的辅酶 A 也能以酰基辅酶 A 的形式贮藏能量，如乙酰辅酶 A（$CH_3CO \sim SCoA$）中的硫代酯键便是高能键。

能量的转移效率不会是 100%，也就是说放能反应放出的能量，一部分暂时贮藏于能量中间媒介 ATP 中，以备在需要时用于耗能反应外，另一部分则以热能的形式散失。而热能除了维持体温之外不能用来做任何生物功。例如葡萄糖分子在细胞内彻底氧化时只有约 40% 的能量贮存在 ATP 中，其余的以热能形式散失。图 3-2 表示了 ATP 贮存并转化能量的作用。

2. 烟酰胺辅酶（NAD、NADP）

烟酰胺辅酶是生物氧化过程中最重要的氢载体。它有两种结构形式：烟酰胺腺嘌呤二核苷酸（nicotinamide adenine dinucleotide，NAD），烟酰胺腺嘌呤二核苷酸磷酸（nicotinamide adenine dinucleotide phosphate，NADP）。它们又分别称为辅酶Ⅰ（CoⅠ，"Co"代表辅

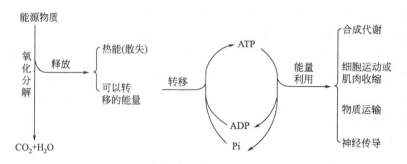

图 3-2　能量的释放、转移和利用

酶 "coenzyme"）和辅酶 II。这两种辅酶都有氧化型和还原型两种类型，氧化型可用 NAD$^+$ 及 NADP$^+$ 表示，还原型可用 NADH 及 NADPH 或 NADH$_2$ 及 NADPH$_2$ 表示。

NAD 和 NADP 都能接受来自基质的电子及质子而被还原成 NADH$_2$ 和 NADPH$_2$。如乙醇在脱氢酶作用下，脱下两个氢变为乙醛，而使 NAD 还原为 NADH$_2$。

$$CH_3CH_2OH + NAD \underset{醇脱氢酶}{\rightleftharpoons} CH_3CHO + NADH_2$$

被还原成的 NADH$_2$ 和 NADPH$_2$ 又可将质子和电子传递给其他能接受质子和电子的受体。从能量角度来说，一个 NAD 或 NADP 分子相当于三个 ATP 分子，因为它们所接受的电子和质子，再经呼吸链传递给氧生成水时，可以产生三个 ATP 分子。

第三节　糖　化　学

糖类是生物界最重要的化合物之一，是为生物体提供碳源和能源的主要物质。糖类物质是含多羟基的醛类或酮类化合物。它主要由 C、H 和 O 三种元素组成，其分子式通常以 $C_n(H_2O)_n$ 表示。旧称碳水化合物。

糖类广布于自然界中，尤以植物界含量最为丰富，约占其干重的 80%。按其结构特点可将糖分为四类：单糖、寡糖、多糖和结合糖。

一、单糖

单糖是构成各种糖分子的基本单位，不能再水解为更简单的糖。重要的单糖有：丙糖，如甘油醛、二羟丙酮等；戊糖，如核糖、脱氧核糖等；己糖，如葡萄糖、果糖、半乳糖等。

甘油醛是最简单的单糖，分子中 2-碳是不对称碳原子，2-碳原子键合的 4 个取代基各不相同，可以形成互为镜像不能重叠的异构体。一为 D 型，一为 L 型，书写 D 型结构式时把羟基放在右边，L 型的羟基放在左边。

CHO
H—C—OH
CH$_2$OH
D-甘油醛

CHO
HO—C—H
CH$_2$OH
L-甘油醛

其他单糖可以看作是由甘油醛的碳链延伸衍生而成。

葡萄糖是最重要的单糖，广泛分布于自然界，是许多种多糖的组成成分。葡萄糖的分子式为 $C_6H_{12}O_6$，其链状结构式为：

$$
\begin{array}{c}
\text{CHO} \\
\text{HCOH} \\
\text{HOCH} \\
\text{HCOH} \\
\text{HCOH} \\
\text{CH}_2\text{OH}
\end{array}
\qquad
\begin{array}{c}
\text{CHO} \\
\text{HOCH} \\
\text{HCOH} \\
\text{HOCH} \\
\text{HOCH} \\
\text{CH}_2\text{OH}
\end{array}
$$

D-葡萄糖   L-葡萄糖

葡萄糖分子的 D、L 构型决定于与伯醇基相连的不对称碳原子上的羟基（C5—OH）的方位，羟基在右边的为 D 型，在左边的为 L 型。自然界的葡萄糖都是 D 型结构。

实验还发现，葡萄糖不仅以链状结构存在，还以环状结构存在。链状式中单糖分子的醛基与分子内的羟基形成半缩醛时，分子成环状结构。环状结构与链状结构之间互为平衡，且平衡主要倾向于前者。形成环状结构后，C1 原子也随之变成了不对称碳原子。根据 C1 上的羟基与 C2 上的羟基是否处于同一平面，葡萄糖还可区分为 α 和 β 两种类型（在六角形的环状结构式中，有时用粗线表示环平面的视近边）。

α-葡萄糖 β-葡萄糖

类似地半乳糖、果糖和核糖的结构式表示如下：

β-半乳糖 β-果糖 β-核糖

所有单糖都是白色晶体，易溶于水，多数具有甜味。由于单糖上醛基、酮基或半缩醛上的羟基具有还原性，故单糖都是还原糖。单糖的所有醇羟基都可与酸成酯，生物体内常见的酯有磷酸酯和硫酸酯。

二、寡糖

寡糖是由 2～10 个单糖组成的聚糖，其中以二糖最重要，常见的二糖有麦芽糖、乳糖、蔗糖。

单糖的半缩醛羟基与另一配体（可以是糖，也可以是非糖）的羟基缩合所成的 C—O—C 键称为 O-糖苷键（除 O-糖苷键外，尚有 N-糖苷键等）。由两个单糖通过糖苷键连接成二糖。

（1）麦芽糖　大量存在于发芽谷粒中，特别是麦芽中。工业上通过酶促水解淀粉大量生产麦芽糖。麦芽糖是由两分子 α-葡萄糖通过 α-1,4 糖苷键相连而成，其结构式如下：

麦芽糖

（2）乳糖　乳汁含乳糖 5%～7%。乳酸杆菌能使乳糖转变为乳酸，使牛奶发酸。乳糖由半乳糖与葡萄糖通过 β-1,4 糖苷键连接而成，结构式如下：

乳糖

（3）蔗糖　主要存在于甘蔗和甜菜中。蔗糖是由 α-葡萄糖的 C1 和 β-果糖的 C2 上的半缩醛羟基之间通过糖苷键连接而成的二糖，蔗糖是非还原糖。蔗糖的结构式如下：

蔗糖

三、多糖

多糖是由多个单糖分子缩合而成的多聚糖。根据分子组成的特点，可将多糖分为均质多糖和非均质多糖。均质多糖又称为同型多糖，是由同一种单糖分子构成，如淀粉、糖原、纤维素等。非均质多糖又称为异型多糖，是由两种或两种以上的单糖或单糖衍生物构成，如果胶、透明质酸、黄原胶等。根据来源不同，自然界的多糖又有植物多糖、动物多糖和微生物多糖。微生物多糖是微生物利用现成的碳水化合物进行二次代谢，在细胞内合成，分泌到胞外的多糖产物。由于有生产周期短、成本低等优点，一些微生物多糖如葡聚糖、黄原胶、透明质酸等在国内已工业生产，成为发酵工业的一个新领域。目前工业上广为应用的还是淀粉、纤维素等植物多糖。

（1）淀粉　植物借光合作用合成葡萄糖并将其输送到淀粉贮存器官转化为淀粉。谷物种子、薯类块根和各种坚果是贮存淀粉最多的器官，通常可达 $50\% \sim 80\%$。淀粉有直链和支链之分。直链淀粉由 $250 \sim 500$ 个葡萄糖分子以 α-1,4 糖苷键连接，分子一端有游离半缩醛羟基，称为还原性末端，另一端为非还原性末端。支链淀粉也以同样方式连接，但带有大量分支，分支点则由 α-1,6 糖苷键连接。结构式如下：

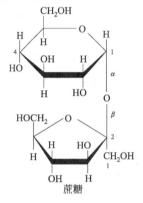

淀粉

粮食淀粉中，直链淀粉占 20%～30%，而糯性谷物淀粉几乎全部为支链淀粉，豆类淀粉则大部分为直链淀粉。淀粉用酸或酶水解可以得到葡萄糖。

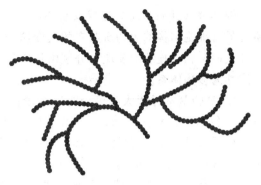

(2) 糖原　在动物肝等脏器中存在的糖原，俗称动物淀粉，具有类似支链淀粉的结构，但糖原分子更大，而支链更短。糖原有一个还原性末端和很多非还原性末端。每一个非还原性末端都是收贮和支取葡萄糖的"窗口"。糖原作为理想的贮备多糖，对调节

图 3-3　糖原支链分子的结构示意

葡萄糖的供求平衡，缓冲与稳定血糖浓度有重要意义。糖原支链分子的结构示意见图 3-3。

(3) 纤维素　是自然界最丰富的有机物。植物界中的糖类物质约有一半以上是以纤维素的形式存在。纤维素是贮藏量最大的植物多糖资源。纤维素是由 β-D-葡萄糖以 β-1,4 糖苷键相连而成，没有分支。一般纤维素分子量很大，约由 40000 个葡萄糖残基构成，结构式为：

纤维二糖基
β-1,4糖苷键
纤维素

四、结合糖

结合糖是糖和非糖物质结合而成的复合物，如糖蛋白、糖脂等，存在于生物的细胞壁、细胞质、质膜、分泌物和体液中，具有多种生物功能，是机体不可缺少的组分。

第四节　糖酵解与厌氧发酵

动物、植物和绝大多数微生物都能利用糖作为能源和碳源，生物所需能量主要由糖的分解代谢提供，同时糖分解的中间产物又为生物体合成其他类型的生物分子（如氨基酸、核苷酸和脂肪等）提供碳源式碳链骨架。因此，糖的分解代谢、能量转化和物质转化规律，具有生物学的普遍意义。另外，糖的代谢途径及调节机理，还涉及许多重要化工产品的发酵生产，因此，糖分解代谢的研究有重要的实践意义。

一、糖酵解途径

多糖分子太大不能直接进入细胞，动物或微生物在利用多糖作为碳源和能源时，需先分泌出降解酶类，将多糖分子在胞外降解（即消化）成为单糖才能被吸收进入糖酵解过程。

糖酵解（glycolysis）途径又称 Embden-Meyerhof 途径，简称 EMP 或 EM 途径。这是所有具有细胞结构的生物所共有的代谢途径。在无氧和有氧条件下都能进行。EMP 包括 10 个独立而又相互连续的反应，分别由特定的 10 种酶催化，这些酶全部在细胞液中，组成了可溶性的多酶体系。

EMP 的基本过程大致可分为三个阶段（如图 3-4 所示）。第一阶段：葡萄糖分子活化阶段。包括图 3-4 中 1、2、3 三步反应，是需能过程，共消耗 2 分子 ATP，将葡萄糖分子磷酸化后转化成高度活化的 1,6-二磷酸果糖形式。第二阶段：六碳糖降解为三碳糖阶段。包括图 3-4 中 4、5 两步反应，1,6-二磷酸果糖裂解为两个可以相互转换的三碳糖。第三阶段：氧化产能阶段（或 3-磷酸甘油醛生产丙酮酸阶段）。包括图 3-4 中 6、7、8、9、10 五步反应，3-磷酸甘油醛经过一系列脱氢、异构、脱水和能量转换等反应，最后生成丙酮酸。

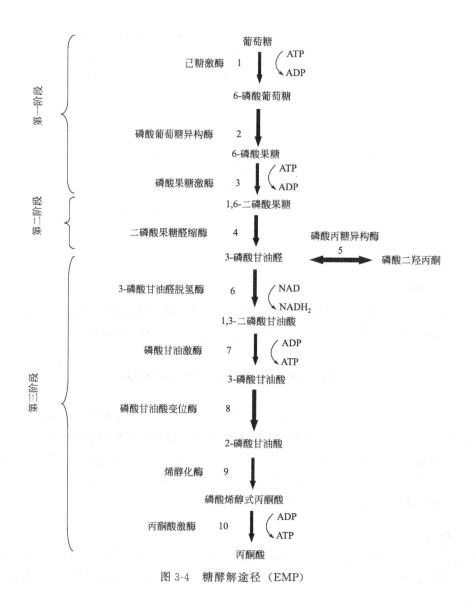

图 3-4　糖酵解途径（EMP）

$$\text{葡萄糖} \xrightarrow[\text{ATP ADP}]{} \text{6-磷酸葡萄糖} \leftrightarrow \text{6-磷酸果糖} \xrightarrow[\text{ATP ADP}]{} \text{1,6-二磷酸果糖}$$

3-磷酸甘油醛   磷酸二羟丙酮

丙酮酸   磷酸烯醇式丙酮酸   3-磷酸甘油酸

葡萄糖经 EMP 降解为丙酮酸的总反应为：

$$C_6H_{12}O_6 \xrightarrow[\text{2NAD} \quad \text{2NADH}_2]{\text{2ADP} \quad \text{2ATP}} 2CH_3COCOOH$$

从总反应式可以看出，1 分子葡萄糖生成了 2 分子丙酮酸及 2 分子 ATP，并使 2 分子 NAD 还原成 $NADH_2$。

由于酵解和 ATP 的形成直接相关，因此酵解进行的速度受体内 ATP 水平的控制，酵解的律速环节都是和 ATP 有关的激酶催化的反应。以磷酸果糖激酶为例，它催化反应

$$\text{6-磷酸果糖} + ATP \xrightarrow{\text{磷酸果糖激酶}} \text{1,6-二磷酸果糖}$$

这是酵解中最重要的律速环节。ATP 在反应中是底物，随着 ATP 浓度的增加，反应速率应该增大，但 ATP 又是磷酸果糖激酶的别构抑制剂，当 ATP 浓度继续升高，它能和激酶的别构部位（非活性部位）结合，引起酶分子构象发生变化，从而导致活性部位的构象改变，降低其活性。通过这种调节就能使体内酵解和其他相继的反应得到控制，使 ATP 生成保持在适当水平，即在细胞内能量富足时，糖酵解的速度减慢；在能量不足时，酵解速度加快。

二、厌氧发酵（EMP 型发酵）

糖酵解所得的三种物质为 ATP、丙酮酸和 $NADH_2$。ATP 分子可以作为产能代谢相对稳定的产物存在于细胞中。丙酮酸无论在无氧或有氧条件下，都要继续转变。在有氧条件下，丙酮酸将继续分解为 CO_2 和 H_2O，进一步释放它的化学能；在无氧条件下，根据微生物和生产条件的不同，丙酮酸将进一步转化为乙醇、乙酸、丙酸、乳酸、丙酮、丁醇、甘油等。因此，可以说丙酮酸是处于不同代谢途径的分支点上。

$NADH_2$ 负载了 EMP 过程中脱下的氢，但 NAD 是辅酶，不能作为氢的最终受体。辅酶是酶的组分，酶是催化剂，在反应中不被消耗，也就是说 $NADH_2$ 必将把所负载的氢转交给其他受氢体，自身再以 NAD 的形式投入催化循环。何种物质作为 $NADH_2$ 的受氢体呢？有氧条件下，最终的受氢体是氧，产物是水。

$$NADH_2 + \frac{1}{2}O_2 \xrightarrow[\quad]{\text{3ADP} \quad \text{3ATP}} NAD + H_2O$$

无氧条件下，将由丙酮酸或丙酮酸的进一步代谢物或 EMP 中的某些中间代谢物作为受氢体，因而得到不同的还原产物。这就是狭义的发酵作用。无氧条件下，究竟以何种物质作

为受氢体，产生何种发酵产物，是因不同微生物细胞内的不同酶系而异的。它们总称为 EMP 类型发酵。因为这种发酵必须发生在无氧条件下（否则将以氧为受氢体而得到水），所以又称为厌氧发酵。

1. 酒精发酵

酵母细胞能产生酵解途径的全部酶系，还能产生丙酮酸脱羧酶和醇脱氢酶。丙酮酸在丙酮酸脱羧酶的作用下催化脱羧生成乙醛。

$$CH_3COCOOH \xrightarrow{\text{丙酮酸脱羧酶}} CH_3CHO + CO_2$$

乙醛在醇脱氢酶作用下被 $NADH_2$ 还原成乙醇。这个过程在微生物的无氧发酵中保证了辅酶 NAD 的催化循环。

$$CH_3CHO \xrightarrow[\text{醇脱氢酶}]{NADH_2 \quad NAD} CH_3CH_2OH$$

葡萄糖酒精发酵的总反应式为

$$C_6H_{12}O_6 + Pi \xrightarrow{2ADP \quad 2ATP} 2CH_3CH_2OH + 2CO_2$$

2. 甘油发酵

在酵母酒精发酵时加入亚硫酸氢钠，后者能与乙醛起加成反应，生成难溶的结晶状加成物乙醛亚硫酸钠。

$$\underset{CH_3}{\overset{O}{HC}} + NaHSO_3 \longrightarrow \underset{CH_3}{\overset{OH}{HCOSO_2Na}}$$

致使乙醛不能作为受氢体，而迫使酵解过程的中间物磷酸二羟丙酮代替乙醛作为受氢体，生成甘油。

葡萄糖甘油发酵的总反应式为

$$\underset{CH_2OH}{\overset{CH_2OP}{C=O}} + H_2O \xrightarrow[\text{磷酸甘油脱氢酶}]{NADH_2 \quad NAD} \underset{CH_2OH}{\overset{CH_2OH}{HCOH}} + H_3PO_4$$

甘油是炸药硝酸甘油的原料，第一次世界大战时由于生产甘油的原料脂肪酸缺乏，曾利用此法生产甘油。该法缺点是 1 分子葡萄糖只得到 1 分子甘油。

生产甘油的另一种方法是碱法甘油发酵。将酵母酒精发酵液的 pH 值调至碱性，保持 pH7.6 以上，则 2 分子乙醛之间发生歧化反应，生成等量的乙醇和乙酸。

$$2CH_3CHO \xrightarrow{NaOH} CH_3CH_2OH + CH_3COOH$$

乙醛失去了作为受氢体的作用，这时磷酸二羟丙酮又成了受氢体，并生成甘油。该过程总反应式为

$$2C_6H_{12}O_6 \longrightarrow \underset{CH_2OH}{\overset{CH_2OH}{HCOH}} + 2CH_3CH_2OH + CH_3COOH + CO_2$$

3. 乳酸发酵

丙酮酸在乳酸菌的乳酸脱氢酶的催化下，作为受氢体被还原成乳酸。

$$CH_3COCOOH \xrightarrow{\quad NADH_2 \quad NAD \quad} CH_3CHOHCOOH$$

人体细胞也有乳酸脱氢酶，人在剧烈运动时能量消耗大，糖分解速度加快，机体摄入氧满足不了糖完全氧化分解时所需的量，机体处于暂时缺氧状态，在细胞内进行无氧酵解产生能量，同时生成乳酸（肌肉感到酸痛）。

厌氧发酵还能生产丙酮、丁酸、丁醇、异丙醇、异丁醇等多种化工产品。

第五节　三羧酸循环与好氧发酵

以上讨论的 EMP 为糖的无氧分解代谢。实际上，生物体内大部分的物质代谢是在有氧条件下进行的。在有氧的情况下，糖可以彻底氧化分解成 CO_2 和 H_2O，同时释放出大量能量。有氧氧化与无氧酵解有一段共同途径，即葡萄糖氧化分解成丙酮酸的过程。所不同的是无氧酵解时，丙酮酸在胞液内接受 H 还原成乳酸，而有氧氧化时丙酮酸进入线粒体，氧化脱羧生成乙酰辅酶 A，然后乙酰辅酶 A 进入三羧酸循环，氧化分解成 CO_2 和 H_2O。糖的无氧酵解和有氧氧化的关系如下所示：

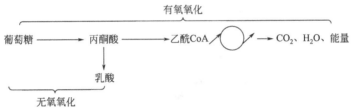

糖的有氧氧化过程可称之为 EMP-TCA 途径。这一途径可以分为如下三个阶段：第一阶段葡萄糖转化为丙酮酸（EMP）；第二阶段丙酮酸转化为乙酰辅酶 A；第三阶段乙酰辅酶 A 进入三羧酸（TCA）循环进行彻底分解。反应中脱下的氢通过 NAD（或 FAD）经呼吸链最终氧化成水并放出大量能量。

第一阶段即糖酵解（EMP）过程，本章第四节已讨论过了，此处仅讨论有氧氧化的第二、三阶段。

一、EMP-TCA 之间的桥梁

在胞液中进行的 EMP 产生的丙酮酸，在有氧条件下透过线粒体膜进入线粒体后，在丙酮酸脱氢酶系（为一复合酶系，包含有丙酮酸脱羧酶等在内）的催化下进行氧化脱羧，并与辅酶 A（以 HS-CoA 表示）结合生成乙酰辅酶 A，反应如下

$$CH_3COCOOH + HS\text{—}CoA \xrightarrow[\text{丙酮酸脱氢酶系}]{\quad NAD \quad NADH_2 \quad} CH_3CO\sim SCoA + CO_2$$

丙酮酸氧化脱羧生成乙酰辅酶 A 的反应，是处于代谢途径分支点上的关键步骤，对控制糖的有氧分解代谢有重要作用。反应产物乙酰 CoA、$NADH_2$ 及 ATP 对丙酮酸脱氢酶系有反馈抑制作用。这些产物在细胞中的浓度高时，对该酶系发生变构抑制，停止丙酮酸的氧化分解。

在 $CH_3CO\sim SCoA$ 中，乙酰基与辅酶之间以高能硫酯键结合（键能为 34.3kJ/mol），其活性提高，通过它丙酮酸才能进入 TCA 进行进一步分解。因而，可以把上述反应视为 EMP 和 TCA 之间的连接桥梁。

二、三羧酸循环途径

三羧酸（tricarboxylic acid，TCA）循环又名柠檬酸循环，是因为循环中有柠檬酸等几个含有三个羧基的有机酸而得名。

TCA 过程分三个阶段进行：第一阶段，接受酵解及丙酮酸脱氢酶产生的乙酰 CoA，形成六碳三羧酸；第二阶段，连续两步脱羧，使六碳三羧酸变为五碳二羧酸、四碳二羧酸；第三阶段，草酰乙酸再生。循环一周后，草酰乙酸得以再生，而乙酰辅酶 A 中的乙酰基被氧化成 CO_2 和 H_2O，并产生大量能量。TCA 反应途径如图 3-5 所示。

总反应为

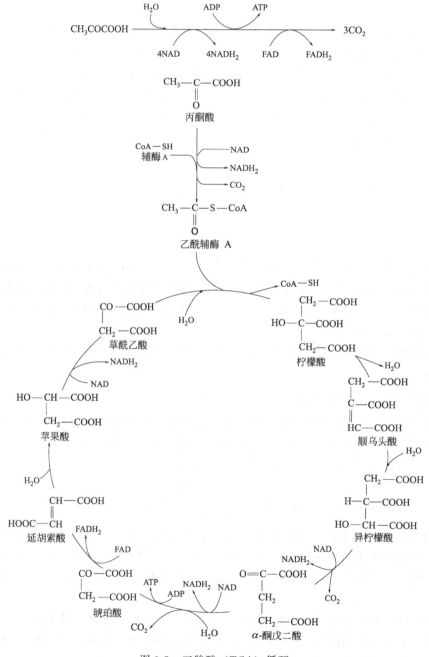

图 3-5　三羧酸（TCA）循环

在三羧酸循环中看不到氧分子的直接参与，只是反应中有还原型辅酶辅基 $NADH_2$、$FADH_2$ 形成，在有氧条件下，它们将把所携带的氢交给氢的最终受体氧形成水，并放出大量能量。这种氧化作用叫做生物氧化或氧化呼吸或细胞呼吸。

$NADH_2$、$NADPH_2$ 交出氢时形成 3 个 ATP；$FADH_2$ 交出氢时形成 2 个 ATP。

$$NADH_2 + \frac{1}{2}O_2 \xrightarrow[\quad 3ADP \quad\quad 3ATP \quad]{} NAD + H_2O$$

$$FADH_2 + \frac{1}{2}O_2 \xrightarrow[\quad 2ADP \quad\quad 2ATP \quad]{} FAD + H_2O$$

若从葡萄糖开始经酵解、三羧酸循环到氧化呼吸进行完全氧化，则总反应为

$$C_6H_{12}O_6 + 6O_2 \xrightarrow[\quad 38ADP \quad\quad 38ATP \quad]{} 6CO_2 + 6H_2O$$

可见葡萄糖蕴藏的绝大部分能量只有通过彻底氧化才能释放，而三羧酸循环是其重要的一步，即三羟酸循环比酵解提供的能量大得多。

TCA 的任务还不仅限于供能上，这条途径起着中间代谢的枢纽作用。许多物质可转变成 TCA 中的某一代谢中间物进入 TCA 代谢循环，如天冬氨酸可转变成草酰乙酸、谷氨酸可转变成 α-酮戊二酸进入 TCA 代谢循环。同样，TCA 循环中的代谢产物可被抽调出去用于合成其他物质，如由草酰乙酸合成天冬氨酸、赖氨酸，由 α-酮戊二酸合成谷氨酸等。TCA 是两用代谢途径。许多重要的化工产品就是 TCA 的中间代谢产物或以其中间代谢产物为前身物合成而得。这就是一般所说的好氧发酵。

三、好氧发酵

三羧酸循环过程中的许多中间物是重要的化工产品。但在正常的三羧酸循环中，各种中间产物是不会大量积累的。为使循环的中间产物作为微生物的发酵产物而大量积累，必须用某种方法阻止三羧酸循环某一步骤的进行，从而可大量积累反应阻断前的某些中间产物，同时还必须具有不断补充被阻断反应以后的中间产物的机制，这样才能使所需的中间产物得以大量积累。目前，已经能用某些微生物在一定条件下发酵生产柠檬酸、α-酮戊二酸、延胡索酸（反丁烯二酸）、苹果酸、赖氨酸、谷氨酸等。现以柠檬酸和味精生产为例加以说明。

1. 柠檬酸发酵生产

柠檬酸发酵所用的主要微生物为黑曲霉（含有三羧酸循环的酶系），代谢形成的柠檬酸在正常的三羧酸循环中，在顺乌头酸酶的作用下进一步转化为顺乌头酸，柠檬酸不会积累，要获得产物柠檬酸，就要阻止代谢形成的柠檬酸进一步反应转化为顺乌头酸，这就需要用一定的方法使顺乌头酸酶失活，阻断代谢循环，采用的方法主要有如下两种。

方法之一是，根据柠檬酸进一步反应的顺乌头酸酶需要 Fe^{2+} 激活，因此可用无铁培养基或在菌体生长繁殖到一定阶段时，适量加入亚铁氰化钾，使之与 Fe^{2+} 生成配合物，则顺乌头酸酶失活或活力大大降低，从而使柠檬酸积累。

方法之二是，通过诱变或基因工程手段使黑曲霉的变异菌株的顺乌头酸酶缺损或活力很低，于是使柠檬酸积累。

然而柠檬酸的积累还必须不断地供应乙酰辅酶 A 和草酰乙酸。其中乙酰辅酶 A 可由丙酮酸氧化脱羧供应，而草酰乙酸是三羧酸循环的产物，前面阻止了柠檬酸的进一步代谢，草酰乙酸就不能通过三羧酸循环得到。但实践发现在黑曲霉菌体内，有丙酮酸羧化酶存在，草

酰乙酸可以通过丙酮酸羧化支路得到，即由丙酮酸羧化酶催化丙酮酸与 CO_2 反应生成草酰乙酸，反应需 ATP 提供能量，反应式如下

$$
\begin{array}{c}
COOH \\
| \\
C=O \\
| \\
CH_3
\end{array}
+ CO_2
\xrightarrow[\text{丙酮酸羧化酶}]{ATP \quad ADP}
\begin{array}{c}
O=CCOOH \\
| \\
CH_2COOH \\
\text{草酰乙酸}
\end{array}
$$

这类反应称为回补反应。所谓回补反应是指能补充兼用代谢途径中因合成代谢而消耗的中间代谢物的反应。

柠檬酸发酵途径归结于下

$$
\begin{array}{c}
C_6H_{12}O_6 \\
\downarrow EMP \\
CH_3COCOOH \\
\end{array}
$$

OCCOOH
|
CH₂COOH

CH₃CO~SCoA

TCA   阻断

CH₂COOH
|
HOCCOOH
|
CH₂COOH
（柠檬酸）

顺乌头酸

黑曲霉能分泌淀粉酶，所以可用淀粉质原料直接发酵生产柠檬酸。

2. 味精发酵生产

味精即谷氨酸单钠盐，学名为 α-氨基戊二酸一钠，是由三羧酸循环的中间物 α-酮戊二酸衍生而来。由于谷氨酸生产菌的 α-酮戊二酸脱氢酶的活力极弱，使糖代谢流进入 TCA 后受阻在 α-酮戊二酸处，在 NH_4^+ 存在下经谷氨酸脱氢酶作用还原氨基化反应生成谷氨酸，后者再用 Na_2CO_3 中和即得到谷氨酸单钠盐。

$$
\begin{array}{c}
OCCOOH \\
| \\
CH_2 \\
| \\
CH_2COOH
\end{array}
+ NH_3
\xrightarrow[H_2O]{NADPH_2 \quad NADP}
\begin{array}{c}
NH_2 \\
| \\
HCCOOH \\
| \\
CH_2 \\
| \\
CH_2COOH
\end{array}
\xrightarrow{Na_2CO_3}
\begin{array}{c}
NH_2 \\
| \\
HCCOOH \\
| \\
CH_2 \\
| \\
CH_2COONa
\end{array}
$$

（α-酮戊二酸）　　　　　　　（谷氨酸）　　　　　（味精）

草酰乙酸的补充也是通过固定 CO_2 的回补反应完成的。

第六节　糖类、脂类和蛋白质代谢的相互关系

前面主要讨论了糖的代谢，但生物体内的新陈代谢是一个完整的统一的过程，虽然在细胞的不同部位进行不同的物质代谢：糖酵解和脂肪合成在细胞质中进行，蛋白质的合成在内质膜上进行，核酸的合成在细胞核中进行，TCA 循环则在线粒体中进行。但各种物质的代

谢是相互联系、相互影响和相互转化的，当某一种代谢失调时，立即会影响其他的代谢。

　　各种代谢有其独特的代谢规律，也有许多共同的方面。例如，各物质的代谢具有趋同性。这些代谢都包含着类似的三个分解阶段。在第一阶段中，千差万别的生物大分子经水解产生各自的构件分子；在第二阶段中各构件分子氧化分解成共同的中间代谢活性物乙酰CoA；在第三阶段中乙酰CoA进入三羧酸循环，乙酰基被氧化为CO_2和H_2O，并放出大量能量。

　　从图3-6可见，糖类、脂肪类、蛋白质类等生物大分子的分解代谢产物都可在三羧酸循环中彻底分解成CO_2和H_2O。生物体内大约2/3的有机物是通过三羧酸循环分解的。

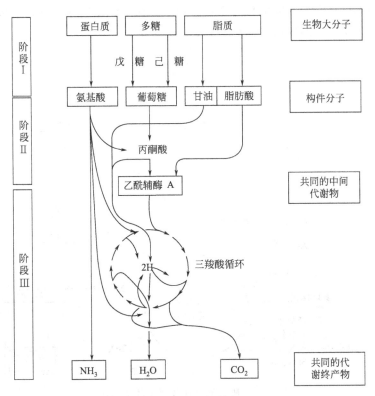

图 3-6　糖、脂肪、蛋白质分解代谢的同一性

　　从合成代谢的角度考虑，糖、脂肪、蛋白质分解代谢的中间物又是合成这些生物大分子的原料，因而，它们可以通过三羧酸循环相互转化。

1. 糖与脂肪的代谢互变

　　生物体内糖转变为脂肪很普遍。糖经过降解生成磷酸二羟丙酮及乙酰CoA，然后分别形成甘油和脂肪酸，再合成脂肪。反之脂肪分解生成甘油，可经磷酸化生成磷酸甘油，再转变为磷酸二羟丙酮，沿酵解途径逆行即可生成糖（非糖物质沿糖酵解途径逆行产生糖的作用称为糖异生作用）。脂肪分解生成的脂肪酸，在β-氧化作用中分解产生乙酰CoA，经糖异生作用可生成糖。

2. 糖与蛋白质的代谢互变

　　蛋白质水解产生氨基酸，如丙氨酸、谷氨酸、天冬氨酸等经脱氨后产生丙酮酸、α-酮戊二酸、草酰乙酸等，它们可经丙酮酸羧化支路生成磷酸烯醇式丙酮酸，再沿酵解途径逆行而生成糖。反之，糖代谢的中间物丙酮酸、α-酮戊二酸、草酰乙酸等经还原氨基化作用或转氨作用合成各种氨基酸作为蛋白质合成的原料。

3. 蛋白质与脂肪的代谢互变

蛋白质分解产生的酮氨基酸，脱氨后产生酮酸，酮酸在代谢过程中分解为乙酰乙酸，乙酰乙酸可以转化为乙酰 CoA 再合成脂肪。乙酰 CoA 也可以转化为糖，再由糖变为脂肪。脂肪酸代谢产生的乙酰 CoA 进入三羧酸循环，产生 α 酮戊二酸、草酰乙酸，经氨转化后生成谷氨酸和天冬氨酸，这两种氨基酸可以进一步转化为其他氨基酸，从而合成相应的蛋白质。脂肪还可以先转化为糖，再由糖转化为氨基酸去合成蛋白质。

总之，糖、脂类、蛋白质等物质，在代谢过程中都是彼此影响、相互制约、相互转化的。三羧酸循环不仅是它们共同的代谢途径，而且也是它们之间相互联系和转化的枢纽。现将糖、脂肪、蛋白质之间的代谢关系总结如图 3-7 所示。

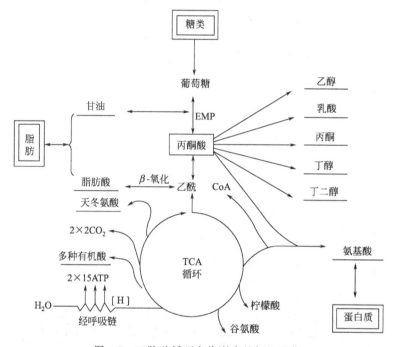

图 3-7　三羧酸循环在代谢中的枢纽地位

思 考 题

1. 如何从一个分子的结构判断它是否糖类？

2. 在糖的名称前常有符号"D"或"L"，以及"α"或"β"，它们的含义是什么？

3. 麦芽糖、乳糖、蔗糖的结构式有何不同？其连接键有何不同？

4. 淀粉、糖原和纤维素的化学组成如何？其结构和性质有何异同？

5. 放能反应和吸能反应是如何偶联的？

6. 生命机体中最重要的高能化合物是什么？

7. 图解说明糖酵解作用的三个阶段（从能量角度考虑及总结）。

8. NAD 不是氢的最终受体，在有氧和无氧条件下，哪些化合物可作为最终受氢体？其对应的产物是什么？

9. 哪些发酵是以 EMP 为基础的？

10. 为什么不同微生物发酵葡萄糖产生的产物不一样？

11. 用什么方法可以使酵母发酵葡萄糖积累甘油？

12. TCA 循环在微生物产能和发酵生产中的重要性是什么？

13. 什么是 TCA 回补反应？有何重要性？

14. 以淀粉为原料发酵生产柠檬酸的生化过程如何？在生产过程中柠檬酸大量积累的生化机制是什么？

15. 写出葡萄糖经 EMP-TCA 循环途径氧化分解的总反应式，计算 1mol 葡萄糖有氧分解成 CO_2、H_2O 能产生多少摩尔 ATP？

16. 了解糖、脂肪、蛋白质代谢的相互关系。

第四章　遗传的分子基础与基因工程

基因工程（gene engineering）旧称遗传工程，是 20 世纪 70 年代才发展起来的生物学高新技术。它的出现给社会发展带来了极其深远的影响，使得工业、农业、医药卫生事业等面临一场空前的变革。基因工程的创立和发展是建立在基因研究的理论基础之上的。现阶段的基因研究主要是从 DNA 的分子水平上进行。

第一节　遗传变异的物质基础

遗传（heredity）和变异（variation）是生物的基本属性。遗传性是指亲代具有把它的性状（如形态、结构、大小、颜色、营养、生理、代谢、耐药性等）传给子代的特性，而变异性则是指子代具有改变亲代遗传性状的特性。由于遗传性和变异性的存在，就使得子代既有与亲代相同的一面，又有与亲代不同的一面。

遗传性的存在可使亲代的优良性状在子代中保留并继续传给后代，而变异性又使子代不受亲代原有性状的束缚，并在后代中不断地产生能适应新环境的优良性状。

一、遗传物质的确定

证明主要的遗传物质是脱氧核糖核酸（deoxyribonucleic acid，DNA）的两个著名实验是肺炎双球菌转化实验和噬菌体感染实验。

1. 肺炎双球菌转化实验

肺炎双球菌有两种不同的类型：光滑有荚膜的 S 型菌，有毒，能使小鼠很快死亡；粗糙无荚膜的 R 型菌，无毒，不能致病。以加热杀死的 S 型菌和活的 R 型菌分别注射，小鼠未死亡，混合注射后小鼠死亡。从死亡小鼠血液中可分离到活的 S 型菌，这说明了 R 型菌株产生了 S 型菌株的遗传性状。科学家们从 S 型菌中提取出纯的蛋白质、核酸、糖等各种成分，并分别与 R 型菌一起培养，结果发现只有与 S 型菌的脱氧核糖核酸（DNA）共同培养的 R 型菌中才出现 S 型菌的菌落。显然 S 型菌的 DNA 进入到 R 型菌中去了，导致一部分 R 型菌变成 S 型菌。肺炎双球菌转化实验如图 4-1 所示，这一实验证实了使细菌发生转化的遗传因子是 DNA。

2. 噬菌体感染实验

噬菌体具有由蛋白质外壳包裹着 DNA 的简单结构。当它感染菌体时，注入寄主细胞的仅仅是 DNA，而蛋白质外壳仍留在菌体外。结果在寄主细胞内繁殖出大量既有头部 DNA 又有蛋白质外壳的完整结构的子代噬菌体。这个实验可以说明，注入菌体内的噬菌体的 DNA 包含着产生子代噬菌体结构和功能的全部遗传信息。

通过以上以及其他一系列研究，科学家最终得出结论：决定生物特性的全部信息存在于 DNA 分子中，通过 DNA 的传递，将遗传信息交给子代。需要说明的是有极少数的病毒是以核酸 RNA 为遗传物质，如天花病毒、流感病毒等。

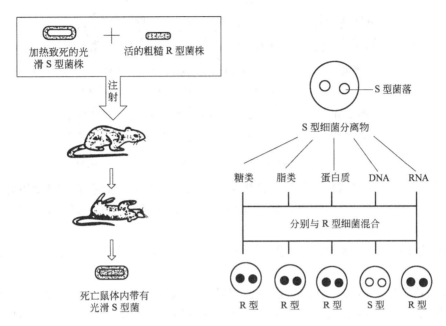

图 4-1　肺炎双球菌转化实验

二、脱氧核糖核酸的化学组成

脱氧核糖核酸（DNA）是分子量很大的高聚物，它的基本单位是核苷酸，是由成千上万甚至几百万个单核苷酸按一定的排列顺序组成的多聚核苷酸长链。单核苷酸是由一个磷酸分子、一个脱氧核糖和一个碱基（bases）构成。核酸逐渐水解的产物可归纳如图 4-2 所示。

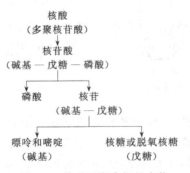

图 4-2　核酸逐渐水解的产物

构成单核苷酸的磷酸和脱氧核糖（或核糖）都是相同的，只有碱基不同。在核酸中常见的碱基有嘌呤碱（腺嘌呤、鸟嘌呤）和嘧啶碱（胞嘧啶、尿嘧啶、胸腺嘧啶）。核糖、脱氧核糖、嘌呤碱和嘧啶碱的结构式如下：

核糖　　　　　　　脱氧核糖

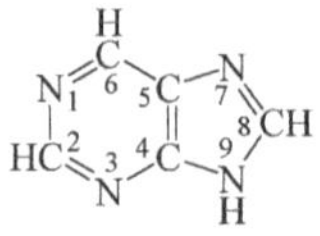

嘌呤 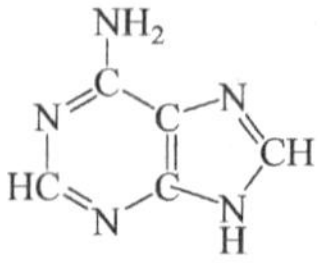　　　　　　　　腺嘌呤 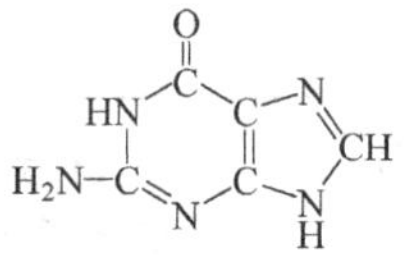　　　　　　　　鸟嘌呤

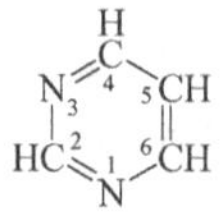

嘧啶 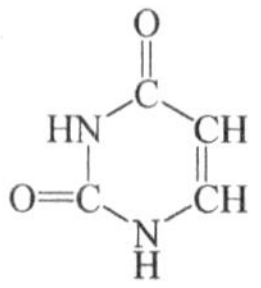　　　　　尿嘧啶 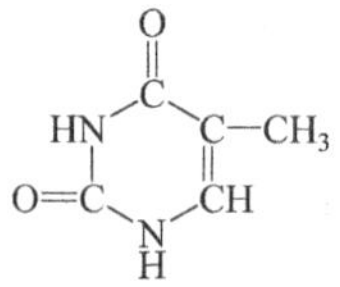　　　　胸腺嘧啶 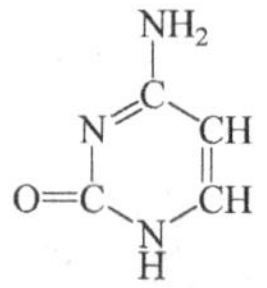　　　　胞嘧啶

核苷是脱氧核糖（或核糖）的第 1 位碳原子与嘧啶的第 1 位氮原子或嘌呤的第 9 位氮原子通过 N—C 键缩合而成。为避免混淆，把糖环上的碳原子标为 1′、2′、3′、4′、5′。这些核苷中的 N—C 糖苷键都是 β-型的。

核苷酸是核糖羟基被磷酸化而形成的核苷磷酸酯。自然界存在的游离核苷酸为 5′-核苷酸。

DNA 的核苷酸单体有 4 种，它们是：腺嘌呤脱氧核糖核苷酸，简称腺苷酸（AMP）；鸟嘌呤脱氧核糖核苷酸，简称鸟苷酸（GMP）；胞嘧啶脱氧核糖核苷酸，简称胞苷酸（CMP）；胸腺嘧啶脱氧核糖核苷酸，简称胸苷酸（TMP），其上的碱基则分别为腺嘌呤（A）、鸟嘌呤（G）、胞嘧啶（C）、胸腺嘧啶（T）。A、G、C、T 有时也用来表示相应的核苷。核苷和核苷酸单体的结构式以腺苷和腺苷酸为例表示如下：

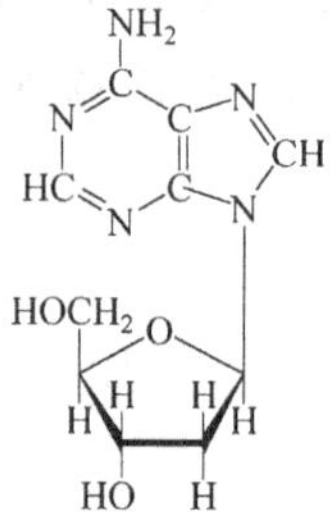

腺苷（A） 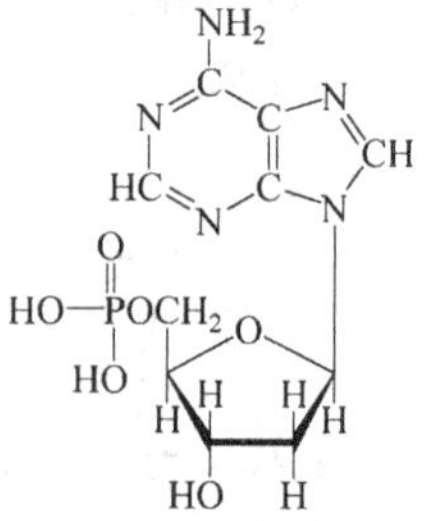　　　　　　　　腺苷酸

多核苷酸链中每个核苷酸的 5′-磷酸和相邻核苷酸戊糖上的 3′-羟基相连，因此，核苷酸间的连接键是 3′,5′-磷酸二酯键。图 4-3 表示的是 DNA 多核苷酸链中的一个小片段。

由于 DNA 的主链骨架结构由相同的结构单元构成，所以对各种 DNA 一级结构（表示核苷酸的组成和排列顺序）而言，彼此之间的差别仅在于所含碱基的组成、数量及排列顺序上。因此，在描述 DNA 的一级结构时，总是以其所含碱基的序列为准，可用文字缩写成如 5′···pApCpTpG···3′ 或 5′···ACTG···3′ 的形式，表示许多脱氧核苷酸组成的一条"多核苷酸链"。

三、DNA 的双螺旋结构

根据 DNA 组成定量测定的结果及 X 射线衍射数据，沃森（Watson）和克里克（Crick）于 1953 年提出了 DNA 双螺旋结构模型（见图 4-4，彩图 4-5）。这个模型是 DNA 结构与功能的分子基础。该模型已被公认为 20 世纪自然科学发展中最重大的成果之一，其要点如下。

① DNA 分子由两条反平行的多核苷酸链组成，它们以一个共同轴为中心，盘绕成右手

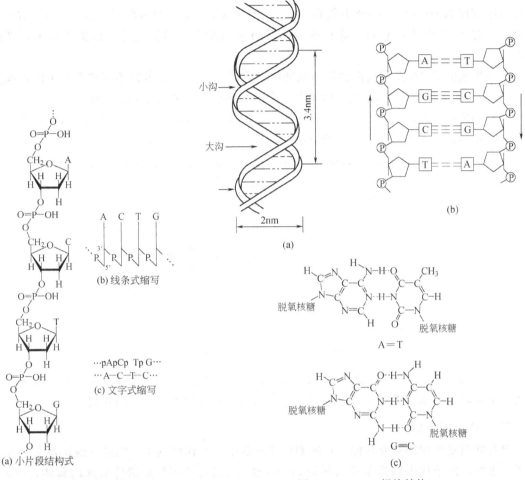

图 4-3　DNA 中多核苷酸链的一个
小片段及缩写符号

(a) 小片段结构式
(b) 线条式缩写
(c) 文字式缩写
…pApCp Tp G…
…A—C—T—C…

图 4-4　DNA 双螺旋结构
(a) 双螺旋结构示意图；(b) 互补链碱基示意图；(c) 碱基对结构

双螺旋结构。

② 两股链之间的距离为 2nm，刚好容纳一个嘧啶碱和一个嘌呤碱。一条链上的嘧啶碱必须与另一条链上的嘌呤碱匹配。但由于氢键配对的关系，只能是 A 对 T，其间形成两个氢键 A═T ；G 对 C，其间形成三个氢键 G≡C （所以 G、C 之间的连接更为稳定）。这种只有在 A 与 T、G 与 C 之间配对的规律称为碱基互补原则。

③ 磷酸与核糖以 3′,5′-磷酸二酯键连接，成为 DNA 的主链骨架，主链处于螺旋的外侧，碱基位于内侧。

④ 每个碱基对的两个碱基处于同一平面，此平面与螺旋中心轴垂直。相邻的碱基平面之间有范德华引力作用。碱基对之间的氢键及碱基平面之间的范德华引力是双螺旋结构稳定的主要因素。

⑤ DNA 分子中的碱基序列是高度有序的，这种碱基序列精确地蕴藏了生物的遗传信息。

尽管 4 种碱基只能配成两种碱基对，核苷酸也只有 4 种，但是，由于核苷酸的数量及碱基的排列顺序不相同，构成的 DNA 的种类就各不相同。例如，一个由 1000 个核苷酸对组成的 DNA 分子，它的碱基对就可能有 4^{1000} 种排列方式。实际上组成生物的 DNA 分子所含的核苷酸对远非 1000 个。一个小鼠的 DNA 大约含有 1.2 万个核苷酸对；人的 1 个 DNA 分子大约含有 30 亿个核苷酸对。这种碱基排列顺序的无穷无尽的变化，便是物种多样性的原因。

不同生物的 DNA 具有自己独特的碱基序列。同一种生物体各种不同器官、不同组织的 DNA 具有相同的碱基序列。DNA 的碱基序列不受环境、营养和年龄的影响。

双链 DNA 多数为线形，有些细菌中的 DNA 却为双链环形，这些环形 DNA 在细胞内还会进一步扭曲成"超螺旋"的三级结构，如图 4-6 所示。

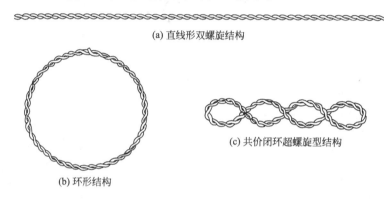

(a) 直线形双螺旋结构

(c) 共价闭环超螺旋型结构

(b) 环形结构

图 4-6　DNA 三级结构模式图

DNA 双螺旋结构模型的建立具有划时代的意义。它是 DNA 复制、RNA 转录和反向转录的分子基础，关系到遗传信息的表达，通常把它看成是分子生物学的开端。

四、DNA 的复制

自我增殖是生物的重要功能。在细胞分裂过程中，亲代细胞所含的遗传信息要全部传递给子代细胞，使子代细胞携带亲代细胞的一切遗传信息。DNA 是遗传信息的载体，因此，DNA 必须准确地进行自我复制，复制出与亲代 DNA 分子核苷酸顺序完全相同的子代 DNA 分子，并传递到子代细胞中去。

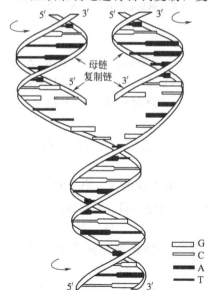

图 4-7　DNA 的半保留复制

由于 DNA 双螺旋结构中两条核苷酸链中的碱基对应互补，所以根据 DNA 的一条链的核苷酸排列顺序就可确定对应的另一条链的核苷酸排列顺序。也就是说，DNA 分子的每一条链都包含有合成与之对应互补链的全部信息。DNA 的两条链之间的碱基以氢键连接，而氢键并不十分牢固，这为 DNA 复制时的解链提供了方便。当 DNA 进行复制时，在解链酶作用下松开配对碱基之间的氢键，形成两条单链。再以每条单链为模板，在 DNA 聚合酶的作用下，按照碱基互补原则，从周围环境中吸引带有互补碱基的核苷酸，合成一条新链。由此产生的两个子代 DNA 分子与亲代分子的碱基顺序完全一样，并且在每个子代分子的双链中都保留有一条亲代的 DNA 链（旧链），因此，人们把这种复制方式叫做半保留复制，如图 4-7 所示。

　　DNA 存在于染色体中，因此，上述过程是与一对亲代染色体复制成两对子代染色体同时发生的。这样的过程也是与一个亲代细胞分裂成两个子代细胞的过程同时发生的。DNA 半保留复制方式保证了生物遗传的稳定性。从上代得到的遗传信息能够随着遗传分子的不断复制、分裂而传递给每个子细胞，使形形色色的生物将自身的特有性状准确无误地相传下去。

第二节　遗传的功能单位——基因

　　根据大量的实验结果，孟德尔（G. Mendel）在 19 世纪 70 年代推想出：生物的各种性状都是由遗传因子控制的，这些因子从亲代到子代，代代相传；在体细胞中，遗传因子是成对存在的，其中一个来自父本，一个来自母本；在形成配子时，成对的遗传因子彼此分开，因此，在性细胞中则是成单存在的。孟德尔的遗传因子概念，首次把遗传现象与生物本身的组成物质联系起来，提出遗传因子蕴藏于组成生物的细胞中。

　　20 世纪 50 年代证实了遗传的物质是 DNA 分子。DNA 中的遗传信息编码于核苷酸的序列中。DNA 具有特定的核苷酸排列顺序。人们把 DNA 中能表现出遗传功能的最小单位称为基因。因此，基因是 DNA 分子中的一个小片段，DNA 分子是基因的载体。可以形象地把基因看成"串珠"似的一个挨一个地排列在 DNA 分子上，串珠之间由非遗传的物质连接起来。

　　DNA 是十分庞大的生物分子。原核生物的 DNA 分子平均有 10^6 个碱基对，真核生物的 DNA 分子可达 10^9 个碱基对，按每个基因平均为 1500 个碱基对进行粗略估算，病毒的 DNA 只有 4~5 个基因，大肠杆菌有 3000~4000 个基因，而人类细胞的 DNA 所包含的基因数目大约 30000 个，科学家们已经测定并绘出人类基因组图。人类基因组测序工作从 1990 年 10 月 1 日正式实施，到 2001 年 2 月 15 日、16 日《自然》、《科学》杂志分别公布人类基因组计划国际协作组和塞莱拉公司的测序草图，整个测序历经十余年，一共有 6 个国家的 16 所实验室约 1100 多名生物学家和计算机专家参与了这一人类有史以来最为庞大的科学研究工作。人类基因组的测定是一项跨世纪、跨国界的生命科学最伟大的科学工程，该计划的完成将对整个生命科学与人类健康产生重大影响。

　　基因具有特定的碱基排列顺序，特定的遗传信息就是以这种碱基排列顺序的方式贮存。如果把某生物具有的某一遗传特性的基因提取出来，并把它送到不能产生该遗传特性的另一生物细胞中，则可使得后者具备产生这一遗传特性的功能。例如，将牛的胰岛素基因引入大肠杆菌的质粒 DNA 中，则从大肠杆菌中可以获得牛胰岛素。这就是 DNA 重组技术的基本思路。

第三节　基因的表达功能

　　基本生命物质是核酸与蛋白质（protein）。这两类生物大分子在生命活动中是相互联系并有明确分工的。蛋白质的主要功能是进行新陈代谢及作为细胞结构的组成物质，是生命活动的体现者；而核酸则专司贮存和传递遗传信息，指导和控制蛋白质的合成。

　　事实上，遗传信息的传递是在两种意义上完成的，即纵向的 DNA 复制和横向的基因表达（gene expression）。前面已经介绍了 DNA 的复制原理，此处着重讨论基因的表达。基因表达指的是，遗传物质把遗传信息转变为特定氨基酸顺序构成的蛋白质多肽（包括酶），从而决定生物体表型的过程。

基因表达包括 RNA 的转录与蛋白质的生物合成两个过程。

一、RNA 的转录

RNA（ribonucbic acid）即核糖核酸，也是生物大分子。它的化学结构与 DNA 基本相同，其差异有两点：一是用核糖代替了脱氧核糖；二是尿嘧啶（U）代替了胸腺嘧啶（T）。碱基配对时，C 仍与 G 互补（C≡G），但 A 则与 U(A＝U) 而不是与 T 互补。每个 RNA 分子是数十至上百个核苷酸组成的一条单链，其特性也决定于核苷酸（或碱基）的排列顺序。

DNA 是遗传信息的贮存者，而蛋白质才是遗传信息的体现者。DNA 存在于细胞核中，而蛋白质的合成则在细胞质中进行，这就需要有一种中间物把遗传信息从细胞核带到细胞质中去。这一中间传递者就是 RNA。RNA 可以带上 DNA 的指令，从细胞核中出来，到细胞质中去操纵蛋白质的合成，因而，这种 RNA 具有信使的作用，叫做信使 RNA（简写为 mRNA）。

生物体的遗传信息是从 DNA 流向 RNA，再由 RNA 流向蛋白质，这也是基因表达的基本步骤：

这种描述 DNA、RNA 和蛋白质三者关系的过程被称为遗传信息的中心法则。中心法则的发现，揭示了生物的遗传、发育和进化的内在联系。需要说明的是，一些病毒的情况有所例外。这些病毒中存在逆转录酶，可以实现以 RNA 为模板合成 DNA 的逆转录路线。

转录产物 RNA 有三类：信使 RNA（mRNA）、转运 RNA（tRNA）和核糖体 RNA（rRNA）。

转录时，随着结合到 DNA 上的 RNA 聚合酶（又称转录酶）的向前移动，使 DNA 双链渐渐解开，以其中具有转录活性的一条链（称为编码链）为模板，将游离的核苷酸单体 A、G、C、U 按碱基互补原则（G 与 C、A 与 U）合成 RNA 分子链。转录过的 DNA 区域又重新形成双螺旋结构。这样在转录部分同时存在着两种结构：DNA-RNA 和 DNA-DNA，相比之下，前者不如后者稳定，因此，趋于 DNA-DNA 双螺旋的重组，将排挤新生的 RNA 链，使之逐步与模板分开（见图 4-8）。通过这种转录，就把 DNA 携带的遗传信息转交给 RNA。例如一段 DNA 分子碱基的排列顺序是……AAAGGTCCA……，那么，以这一模板配对合成的 RNA 的碱基排列顺序就必然是……UUUCCAGGU……。

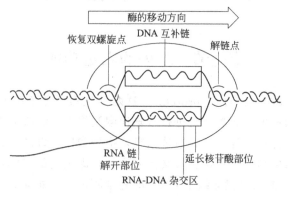

图 4-8　RNA 的转录

DNA 上带有生物体的全部遗传信息，但生物体各种不同功能的细胞和组织是极其复杂的，转录时只需转录那些分化细胞所需要的信息。如对红细胞来说，它需要有血红蛋白才能起到运送氧气的作用，因此，必须从 DNA 上转录下血红蛋白基因；而对胰岛细胞来说，需要转录的是指导合成胰岛素的遗传信息（即胰岛素基因），转录血红蛋白基因就没有意义了。

二、蛋白质的生物合成

虽然 DNA 贮藏了生物全部遗传信息，但其自身并不直接指导蛋白质的合成，而是通过转录将遗传信息传递给 mRNA，再由 mRNA 将信息通过转译（翻译）体现于蛋白质的氨基酸的顺序上，即核酸分子中核苷酸（或碱基）序列控制着蛋白质分子中氨基酸的排列顺序。

1. 遗传密码

已知蛋白质都是由 20 种氨基酸（amino acids）组成，而构成核酸（DNA、RNA）的核苷酸（或碱基）仅仅 4 种，因此，就有一个如何编码的问题。显然不可能一种核苷酸决定一种氨基酸，同样也不可能是核酸链上相邻 2 个核苷酸决定一种氨基酸，因为这样只能有 $4^2 = 16$ 种排列组合方式，仍不能满足 20 种氨基酸编码的需要。如果以核苷酸链上相邻 3 个核苷酸决定一种氨基酸，那么形成的编码数就可达到 $4^3 = 64$，足以解决编码 20 种氨基酸的需要。现已证明，自然界的确采用 3 个核苷酸作为一个密码子（codon）来编码一种氨基酸。这种密码又称为三联密码（triplet code）。4 种核苷酸组成的"语言"，就是通过这种遗传密码将之翻译成 20 种氨基酸组成的另一种"语言"。全套 64 个三联体密码（见表 4-1）是在 20 世纪 60 年代被破译的。当时破译密码的方法之一是人工合成多核苷酸作为 mRNA，然后，观察这样结构的 mRNA 可以指导合成怎样的多肽。如人工合成多聚尿嘧啶核苷酸（简称聚尿）作为 mRNA，加到放射性同位素标记的 20 种氨基酸的无细胞体系中，最后获得的蛋白状物质是多聚苯丙氨酸，说明苯丙氨酸的密码子是 UUU。全套遗传密码的破译，是生物化学的杰出成就，它不但解决了核酸与蛋白质之间的信息传递关系，而且为通过测定核酸的一级结构来测定蛋白质的一级结构打下了基础。

表 4-1　遗传密码表

第一位碱基 （5′端）	第二位碱基(中间)				第三位碱基(3′端)
	U	C	A	G	
U	UUU 苯丙 UUC 苯丙 UUA 亮 UUG 亮	UCU 丝 UCC 丝 UCA 丝 UCG 丝	UAU 酪 UAC 酪 UAA 终止信号 UAG 终止信号	UGU 半胱 UGC 半胱 UGA 终止信号 UGG 色	U C A G
C	CUU 亮 CUC 亮 CUA 亮 CUG 亮	CCU 脯 CCC 脯 CCA 脯 CCG 脯	CAU 组 CAC 组 CAA 谷氨酰胺 CAG 谷氨酰胺	CGU 精 CGC 精 CGA 精 CGG 精	U C A G
A	AUU 异亮 AUC 异亮 AUA 异亮 ①AUG 蛋	ACU 苏 ACC 苏 ACA 苏 ACG 苏	AAU 天冬酰胺 AAC 天冬酰胺 AAA 赖 AAG 赖	AGU 丝 AGC 丝 AGA 精 AGG 精	U C A G
G	GUU 缬 GUC 缬 GUA 缬 GUG 缬	GCU 丙 GCC 丙 GCA 丙 GCG 丙	GAU 天冬 GAC 天冬 GAA 谷 GAG 谷	GGU 甘 GGC 甘 GGA 甘 GGG 甘	U C A G

① 兼作起始密码子。

遗传密码有三个基本特点。

（1）通用性 从原核生物到真核生物，从细菌到人，都共同采用这一套密码。

（2）简并性 在 64 组密码中，UAA、UAG 和 UGA 三组密码是肽链合成的终止信号，由于它们不代表任何氨基酸，故又称为"无意义密码子"。AUG 是密码肽链的起始信号，同时又编码蛋氨酸（又称甲硫氨酸）。其余的密码子都对应相应的氨基酸。故大多数氨基酸由几组密码共同编码，这种现象称为简并。简并的密码子称为同义密码。例如，亮氨酸的密码子就有 6 种：UUA、UUG、CUU、CUC、CUA 和 CUG。对于各种氨基酸的密码子来说，不同生物可能有不同选择。

（3）读码的连续性 每三个碱基编码一个氨基酸，碱基的使用不发生重复，同时两个相邻密码子之间无空位。要正确阅读密码，需从一个正确的起点开始，一个碱基不漏地读下去，直至碰到终止信号为止。中间若插入或删去一个碱基就会使这以后的读码发生错误，称为移码。由移码引起的突变称移码突变。

2. 蛋白质的生物合成

以 DNA 为模板转录的三种 RNA 都直接参与了蛋白质的合成。信使 RNA 携带了 DNA 上的全部遗传信息，是蛋白质合成的模板。核糖体 RNA 是合成蛋白质的"装配机"。转运 RNA 是氨基酸分子的"搬运工"。

DNA 将这三种 RNA 一起由细胞核送到细胞质中后，rRNA 沿着 mRNA 逐步向前移动时，不断接收 mRNA 的密码指令，选择吸引带有相应氨基酸的 tRNA 到"装配机"上来。tRNA 是氨基酸的特异运载工具，一种 tRNA 只能转运一种特定的氨基酸。tRNA 的结构较简单，一端是能与氨基酸连接的接受臂（氨基酸连接后形成氨基酰-tRNA 而被活化），另一端上有一反密码环，环的顶端有三个碱基，称为反密码子。反密码子能从相反的方向和 mRNA 上的密码子互补配对。例如，丙氨酰-tRNA 上的反密码子为 CGC，就可和 mRNA 的 GCG 密码子配对，这就保证了氨基酸能严格按照 mRNA 上的遗传信息的规定，准确无误地送到"装配机"内安装在肽链上。当一种 tRNA 把某一特定的氨基酸运到核糖体内，安放在相应的位置上之后，接着再去搬运下一个相同的氨基酸。经过多种 tRNA 多次转运，使各种需要的氨基酸全部按 mRNA 携带的指令，排列到相应的位置上，这些氨基酸分子在

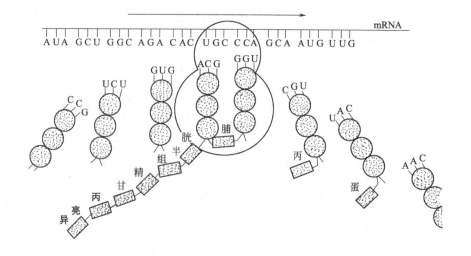

图 4-9 蛋白质合成过程

连接酶的作用下彼此相接形成长链，就生成了一个按 DNA 遗传信息合成的蛋白质分子。这种按细胞核中的 DNA 指令，以 mRNA 为模板，用 tRNA 为工具，在 rRNA 内把细胞质中的氨基酸有序地排列起来的过程就是蛋白质的生物合成过程（见图 4-9），遗传学上又叫"转译"或"翻译"。

上述的基因表达过程类似打电报的过程：人们把语言文字变成数字编码之后，从一地发送到另一地之后将数字编码转译成语言文字。由此也可以看到生命的基本现象——遗传密码的转录和转译现象的奥妙之处。

根据中心法则的转录和转译示例如下：

```
DNA    …TAT  CGA  CCG  TCT  GTG  ACG  GGT  CGT…
RNA  │ …AUA  GCU  GGC  AGA  CAC  UGC  CCA  GCA…

蛋白质 │ …异亮   丙    甘    精    组   半胱   脯    丙…
```

基因是遗传信息的携带者，而生物功能的执行者却是蛋白质，因而仅仅从基因的角度来研究生命现象是远远不够的，还必须研究由基因转录和翻译出蛋白质的过程，才能揭示生命的活动规律。正式启动于 2002 年底的人类蛋白质组计划的目标是通过对蛋白质组的研究，用大约 20 年左右的时间实现对人类基因组序列图的"解码"。蛋白质组研究作为功能基因组学的重要支柱，是当今生命科学领域的前沿。蛋白质组研究不仅可实现与基因组的连接与确认，直接揭示生命活动的规律和本质，发现人类重大疾病与病原体致病的物质基础以及发生与发展的病理机制，而且还可广泛推动生命科学基础学科以及分析、信息、材料等应用科学的发展，对提高人类生物医学原始创新能力、重大疾病防治水平具有重要意义。

三、基因突变

DNA 在复制、转录中，由于受到内外因素的影响，不可避免地会出现某些差错。多数情况下这些差错能被自身的 DNA 修复系统修复，个别未经修复的改变，通过复制传给后代即引起突变。基因突变包括 DNA 碱基对的增加、缺失和改变。因受自然影响发生的基因突变，叫自发突变；由人为条件导致的突变，则叫诱发突变。突变对生物进化有积极意义。没有突变就不会发生供自然选择的材料，也就没有生物进化。

突变对生物个体来说多数是有害的。从医学角度来讲，基因突变危及人类生命与健康。一切致病基因都是因突变而产生的。生殖细胞的突变能导致后代发生分子遗传病；体细胞突变能导致肿瘤发生。如镰刀型贫血病就是由于 DNA 序列中一个碱基的错误造成的分子遗传病。正常血红蛋白分子的一条多肽链上第 6 个氨基酸的三联体密码为 GAA，代表谷氨酸，发生突变后，其中一个碱基由腺嘌呤（A）变为尿嘧啶（U），如此形成的 GUA 就编码出缬氨酸。由于这个氨基酸的改变，导致整个血红蛋白分子功能异常，造成贫血。人的色盲、白化病、糖尿病等都属于基因突变的遗传病。对这种遗传病的根治，只有对 DNA 进行"手术"，即基因疗法。

自然条件下，生物基因的突变率是很低的，所以，在人工培育新品种时，常常要采用诱变的方法使物种发生基因突变，从中选出具有某些有用性状的基因突变品种。

第四节　DNA 重组技术的基本过程

DNA 重组技术是基因工程的核心，因此也有人把基因工程称为重组 DNA 技术。基因工程是 20 世纪 70 年代发展起来的一项生物学高新技术，它采用了类似工程技术的方法，在离体条件下将特定的基因或 DNA 序列插入运载体 DNA 中，构成重组 DNA，再把它导入特定的生物细胞中，使外源基因在其中复制、表达，制造出大量基因和基因产物，并改变受体生物的性状。利用基因工程这一高新技术可以生产出用传统技术难以得到或不可能得到的许多产品，如珍贵药物、肽类激素、酶类等；打破生物种属界限，定向改造生物基因组结构，按照需要培育和创造新物种；用于分子病的治疗等。所以，基因工程对医学、工农业生产等人类社会经济发展都有着重大意义。基因工程的出现使人类开始进入一个按照自己需要改造和创造新的蛋白质分子和新的物种的时代。基因工程正以新的势头迅猛发展，成为当今生物科学研究领域中最有生命力、最引人注目的前沿科学之一。

DNA 重组技术的基本过程包括以下四个方面。

一、目的基因的制取

基因的载体是 DNA，一般可从供体细胞的 DNA 大分子中将所需的基因切割下来，切割所用的"手术刀"是限制性内切酶，简称内切酶。内切酶是存在于微生物体内具有特异功能的酶类。这些酶是微生物作为区别自己与非己的 DNA，进而降解非己 DNA 分子的一种防卫工具，人们将之提取出来作为基因操作工具。内切酶种类很多，已知的在 500 种以上，实际应用的有百余种。每一种内切酶都有极强的特异性。多数内切酶能在特定的碱基顺序位点对称地切断双股 DNA，使产生的 DNA 片段两端有一段顺序互补的单股，称之为黏性末端。例如，大肠杆菌的一个品系产生的内切酶为 $EcoR1$（"Eco"意为大肠杆菌，"R1"代表一个品系），其切割点如下所示：

$$5'\cdots G\overset{\downarrow}{A}ATTC\cdots 3' \quad 5'\cdots G \qquad AATTC\cdots 3'$$
$$3'\cdots CTTA\underset{\uparrow}{A}G\cdots 5' \quad 3'\cdots CTTAA \quad G\cdots 5'$$

也有的内切酶是在识别碱基顺序位点上同时切断两股链，形成齐平末端。无论使用哪种内切酶，其切点应位于目的基因的外侧，否则，目的基因将被切断而失活。因此，需选用合适的内切酶。

制取目的基因还有其他方法，如人工化学合成法和以 mRNA 为模板的反转录法等。

二、基因载体的选取

外源基因不易直接进入宿主细胞，即使进入也难以进行复制和表达，往往会被宿主细胞的内切酶系统降解掉。所以，必须寻找合适的载体，将外源目的基因重组到载体 DNA 上，构成重组体，再利用载体的生物学特性导入宿主，并完成复制和表达。

最常用的载体是质粒（plasmid）。质粒广泛存在于原核生物的细胞质中，是细菌染色体以外的遗传单位。通常染色体上带有细菌生长必需的所有基因，而质粒上所带的基因对细菌来说不是必需的。但质粒往往可以携带某些基因，而使宿主细胞产生一些附加的遗传特性，如耐药性等。

质粒多以环状双链 DNA 的形式存在，并可稳定地遗传。质粒对多种限制性内切酶各有其专一性切口，理想的质粒，对同一限制性内切酶只有一个切口。质粒可以通过转化、转导和结合从一个菌体转移到另一个菌体。它也可以和外来基因连接成重组 DNA，再转化进入细菌，所以可作为基因的载体。基因工程中所使用的质粒有多种，既有天然的，也有人工制造的。除质粒外，λ噬菌体和病毒也可用作基因载体。

三、DNA 的体外重组

目的基因和载体的体外连接方法有很多种，在此仅简单介绍黏性末端法。不同的 DNA 片段若能被同一种内切酶切割，所产生的黏性末端一定是互补的，即可以互补配对连接。在 DNA 重组技术中用同一内切酶来制取目的基因和处理质粒，则它们会露出两个相同的黏性末端，而能互补连接在一起（如图 4-10 所示）。

目的基因 DNA 的黏性末端与载体 DNA 的黏性末端之间的连接还需要一种工具酶——

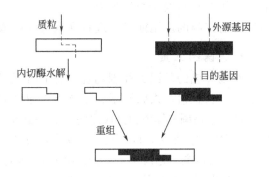

图 4-10 DNA 的黏性末端连接法

连接酶的帮助才能实现。连接酶也是从细菌中提取出来的。如果说内切酶是基因操作的"手术刀"，那么，连接酶就是"黏接剂"。经这样黏合后的 DNA 完全封闭起来，重新形成一个完整的 DNA 杂交分子——DNA 重组体。

四、DNA 重组体导入受体细胞

重组之后的外源 DNA 还必须回到细胞（生物体内）中去才能复制、表达，显示出其生物活性来。基因工程中常用大肠杆菌、枯草杆菌或酵母菌为受体菌（宿主）。重组体的导入方式有转化、转导、杂交、细胞融合、显微注射等。例如，以大肠杆菌为宿主进行转化操作时，先将宿主细胞在适当的培养基中培养至对数生长期，离心收集菌体，再以 $CaCl_2$ 溶液处理以提高宿主细胞膜的通透性，使加入的 DNA 重组体容易进入细胞。最后经筛选、鉴定得到含有重组 DNA 的细菌。DNA 重组过程示意于图 4-11。

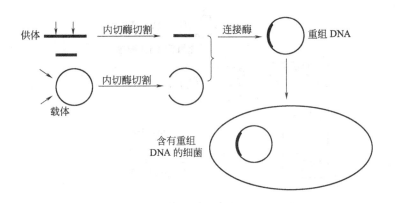

图 4-11 基因重组过程

第五节 基因工程菌的应用

遗传密码是所有生物共有的，也就是说，从病毒、细菌、植物、动物到人，所有遗传密码都是通用的。这就可以打破物种界限，通过基因工程把亲缘关系很远的一种生物的基因引入到另一种生物的细胞里，实现 DNA 分子的结合，并表达其功能。由于微生物结构简单、繁殖速度极快，容易从其体内取出或导入基因，因而微生物就成了基因工程最早的突破口。随着 DNA 重组技术的发展，人们已能将某一目的基因定向转移到微生物中并表达其功能，制备出了具有超级能力的工程菌。基因工程菌在医药、食品、化工、环保、能源、农业等各方面均有广阔的应用前景。现将在这方面已取得的成果，择要介绍如下。

一、医药工业

目前形成的基因工程制药业已生产出许多用传统技术难以获得的贵重药物，如人胰岛素、人生长激素、人脑激素、干扰素、尿激酶、乙肝疫苗等。

胰岛素是调节体内糖分代谢的激素，是治疗糖尿病的特效药。原来市售胰岛素是从猪、牛胰腺中提取的，产量低，成本高，且动物胰岛素有别于人胰岛素，含有异性蛋白，会对患者产生副作用。1980 年美国已应用 DNA 重组技术规模化生产出了人胰岛素，这是世界上第一个基因工程药物。其生产过程如下：首先，从人胰脏细胞分离得到胰岛素基因（也可用化学合成法或反转录法获得），将此目的基因的 DNA 片段重组到载体（质粒）内，然后再把重组质粒导入大肠杆菌内，得到能生产胰岛素的大肠杆菌（工程菌），进而用发酵法生产胰岛素。其流程如图 4-12 所示。

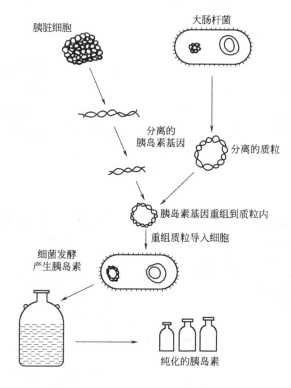

图 4-12 用基因工程生产胰岛素过程图

人生长激素是治疗侏儒的唯一有效药物。但这种激素需从人的脑下垂体提取，治疗一名患儿一年所需的剂量约需 50 具新鲜尸体提供。现在运用基因工程技术，把人生长激素基因移入大肠杆菌而获得的工程菌，其 1~2L 的发酵液即可提取到同样数量的生长激素。

干扰素是病毒侵入动物或人体后，机体产生的一种可以抑制病毒复制、繁殖的蛋白质。干扰素具有抗病毒、免疫调节和抗肿瘤等多种生物学性能，一般只能从感染病毒的人血液中的白细胞或成纤维细胞中提取，量少价昂，难以应用于临床。1980 年，美国基因技术公司把人体白细胞干扰素基因转移到大肠杆菌或酵母菌中，从这种工程菌 1L 培养液中获得的干扰素相当于 100L 人血的获取量。我国 1989 年也开始应用基因工程菌生产干扰素，它是我国自己创造的第一个进入商品化的基因工程药物。

除此之外，国际上尚有红细胞生成素（治疗慢性肾功能衰竭引起的贫血和癌症化疗引起的贫血）、人粒细胞集落刺激因子（治疗化疗后中性白细胞减少症）和人白细胞介素（治疗肾细胞肿瘤）等数十种通过基因工程菌产生的工程药物投放市场，形成了一种新兴的基因工程药物产业。

在预防疾病的各种疫苗的生产中，基因工程菌也正发挥出越来越大的作用。基因工程菌疫苗产量大，成本低，现已成功地生产出了乙型肝炎疫苗、流感疫苗、狂犬病疫苗、疟疾疫苗、口蹄疫疫苗和幼畜腹泻疫苗等多种基因工程疫苗。现正研究新一代的多价疫苗，例如，将疱疹、肝炎和流感病毒引入现有的天花疫苗中，只要对人注射一次这种疫苗，就能提供上述几种疾病的免疫力，即达到一针可预防多种传染病的目的。

二、食品与化学工业

在奶酪工业中需用大量的凝乳酶，以往凝乳酶主要来源于小牛的胃，现已将小牛凝乳酶基因引入酵母细胞构建了基因工程菌，并已实现了工业化生产，为奶酪工业提供了廉价而充足的凝乳酶。类似地，α-淀粉酶、葡聚糖酶、色氨酸、苏氨酸、脯氨酸及高丝氨酸等多种工程菌也已商品化。

纤维素是自然界最丰富的生物量，是食品、轻工、化工、能源工业的重要原料，但是迄今为止，自然界所发现的微生物对纤维素尚不能有效地降解。目前正对细菌及丝状真菌等多种微生物纤维素酶基因进行克隆研究，力图构建既分解纤维素又发酵酒精的基因工程酵母，实现酒精发酵一步法，改造传统的酒精发酵工艺。

靛蓝是从植物蓼蓝叶中提取的天然食品色素，也是纺织工业中大规模应用的染料。由于天然资源有限，后来采用化学合成法生产。近年采用基因工程菌技术，将萘双加氧酶基因移入大肠杆菌构建成基因工程菌，后者以吲哚为原料合成靛蓝，反应如下：

与化学合成法比较，基因工程菌技术简化了工艺流程，减少了设备投资，提高了产品收率，降低了生产成本，减轻了对环境的污染。

三、环境保护

基因工程菌已成为环境污染治理的有效手段。美国科学家用基因工程的方法，把降解 4 类有机化合物（烷烃、芳烃、多环芳烃、萜烃）的基因移植到一个菌株内，使新的细菌成为能够分解多种有毒物质的工程菌。据统计，这种工程菌几小时吃掉水里浮油的数量，自然菌需要 1 年以上的时间。日本等国将嗜油酸单胞杆菌的耐汞基因移入腐臭假单胞菌中，使后者的耐汞能力大大提高，这种菌种能够把剧毒的汞化物吸收到细胞内，还原成金属汞，然后人们再将金属汞加以回收。又如将产生抗农药 DDT 药性的害虫的基因转移到某种细菌中去，培养出一种专吃 DDT 的工程菌，把这种菌放到土壤中去，残留在土壤中的农药 DDT 就会被它们分解掉。

四、材料合成

由于材料的生物合成过程具有安全、环保、反应条件温和、原料廉价等特点，因此生物合成技术已经广泛应用于材料工业当中。但采用天然菌种往往表达效率很低，因此人们往往应用转基因技术，将有关生物合成材料的基因转入生长快、表达效率高的菌种内，构建了基因工程菌，应用于工业材料的合成过程中。

　　例如，由于普通塑料很难在自然界中降解，因而废塑料造成了较大的环境污染。人们希望找到一种可以在自然界中能够发生生物降解的塑料。聚羟基脂肪酸酯（PHB）是微生物合成型降解材料中的典型代表，具有良好的生物降解性，分解产物可全部为生物利用，对环境无任何污染。但是由于天然菌种的 PHB 生物合成往往产量低，原料贵，大大限制了它的使用范围，因此人们开始用基因工程的方法来构建优良的基因工程菌菌种。来自不同微生物的涉及 PHB 合成的许多基因和操纵子已被克隆和鉴定，其中有些菌种的基因、编码蛋白及其功能已经研究得比较清楚，在了解基因的作用机制以后，运用转基因技术，成功地将相关的基因转入某些具有生长快、能利用廉价原料的菌种内进行表达。目前采用基因工程菌合成 PHB 的研究已经取得了初步成效。

　　工程菌的出现标志着人类改造微生物进入了一个崭新的时期。它是人们在分子生物学理论指导下的一种自觉的、能像工程一样可事先设计的育种新技术，是人工的、离体的、分子水平上的一种遗传重组的新技术，是一种可完成超远缘杂交的育种新技术，因而也必然是一种最新、最有前途的定向育种新技术。尽管目前还有许多基础和应用的问题需要解决，但工程菌的应用前景是无限美好的。工程菌在现代科学技术中占有极为重要的地位。随着工程菌的应用，在人类的生活、生产等各个方面必将出现深刻的巨大变革。

第六节　克　隆　技　术

一、克隆含义

　　"克隆"即英文 clone 的音译。原意是无性系或无性繁殖系，是指从一个共同祖先无性繁殖下来的一群遗传上同一的 DNA 分子、细胞或个体所组成的特殊的生命群体；或是指从一个共同祖先产生这一特殊生命群体的过程。现在主要指一种人工诱导的无性繁殖方式。在基因工程中，将体外构成的重组 DNA 引入宿主细胞予以扩增，这门生物技术叫克隆技术。在基因工程中，将体外构成的重组 DNA 引入宿主细胞予以扩增，成为无性繁殖系，所以，基因工程也叫分子克隆（molecular cloning）技术。广义而言，农业、林业上的压条、嫁接等也是克隆。目前广为议论的"克隆"，则更多的是指人工遗传操作动物进行无性繁殖的过程，本节将主要介绍这方面的基础知识。

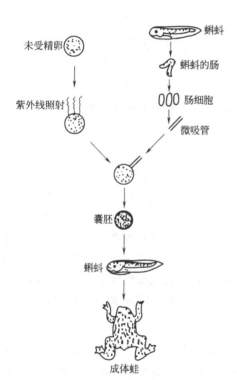

图 4-13　爪蟾克隆

二、国内外克隆研究概况

1. 国外研究概况

　　1968 年格登（J. B. Gurdon）用蝌蚪的小肠上皮细胞核注入爪蟾去核的未受精卵中，完成了胚胎发育，长成完整的爪蟾个体。如图 4-13 所示。

　　哺乳动物的核移植研究始于 1969 年，

但直至 1986 年维拉特森（S. Willadson）才从羊的未成熟的胚胎细胞克隆出一只活产羊。1996 年 7 月英国罗斯林研究所取自一只 6 岁成年雌性绵羊的乳腺细胞培育成功一只克隆羊"多莉"，这是世界上首例用体细胞克隆出的哺乳动物（如彩图 4-14 所示）。克隆羊"多莉"与普通公羊自然交配后于 1998 年 4 月产下了绵羊"邦尼"，邦尼的诞生表明，克隆羊可以受孕并能足月怀胎，产出一只正常的健康羊羔（如彩图 4-15 所示）。

1997 年 7 月英国罗斯林研究所克隆出带有人类基因的绵羊"波利"。

1998 年 1 月 19 日美国威斯康星大学宣布，把不同哺乳动物的基因植入牛的卵细胞中，并使其发育成初期胚胎（后均流产）。

1998 年 7 月 5 日日本利用牛体细胞（输卵管细胞）克隆出两头牛犊，取名为能都与加贺。

1998 年 7 月 23 日在美国夏威夷大学工作的日本、英国、美国、意大利等国科学家宣布三代克隆鼠（卡缪丽娜）诞生，即用克隆动物克隆出克隆动物（如图 4-16 所示）。

1999 年 5 月美国夏威夷大学宣布一只雄性鼠克隆成功（见图 4-17），这是世界上用体细胞克隆出的第一只雄性哺乳动物（右侧），克隆所用的体细胞取自左边鼠尾上的皮肤。

图 4-16　三代克隆鼠

图 4-17　世界首只体细胞克隆的雄性哺乳动物

1999 年 6 月 17 日，以美籍华人科学家杨向中为首的研究小组利用一头 13 岁高龄的母牛耳朵上取出的细胞克隆出小牛。

2000 年 1 月 3 日，美国著名华人杨向东，用体外长期培养后的公牛耳皮细胞成功克隆出 6 头牛犊。

2000 年 1 月，美国科学家宣布克隆猴成功，这只恒河猴被命名"泰特拉"。

2000 年 3 月 14 日，曾参与克隆羊"多莉"的英国 PPL 公司宣布，他们成功培育出 5 头克隆猪。

2003 年 4 月，马萨诸塞州先进细胞技术公司及艾奥瓦州立大学等机构的研究人员，利用冷冻 20 多年的爪哇野牛皮肤细胞成功克隆出两头爪哇野牛。这一成果为借助克隆技术保护濒危物种展示了新希望。

2003 年 5 月 5 日，一头名为"爱达荷宝石"的雄性克隆骡在美国爱达荷大学培育成功（见彩图 4-18），它的问世将为从基因角度无法繁殖后代的杂种动物繁衍后代提供一条新的途径。

2004 年 2 月，韩国和美国科学家成功克隆出了人类早期胚胎，并从中提取出胚胎干细胞。这是科学家首次利用克隆技术获得人类胚胎干细胞。

2010 年 12 月，美国科学家利用干细胞技术培育出拥有两个父亲的老鼠。科学家先改造了一只雄性老鼠胎儿的细胞（XY 染色体），培育出诱导多功能干细胞。再将这些多功能干细胞在生长时自行失去它们的 Y 染色体，变成 XO 细胞。这些 XO 细胞随后被注入雌鼠捐献的胚胎，而后再植入代孕母鼠体内。代孕母鼠所生的老鼠携带原公鼠身上的 X 染色体。长大后，这些老鼠与正常的公鼠交配。它们的后代——（无论公鼠还是母鼠）都同时携带两个父亲的基因。这项进步能够帮助保护濒危物种。

2. 国内研究情况

我国 1990 年以来克隆出多种哺乳动物，应用的都是胚胎细胞核移植技术。如 1990 年中国科学院发育生物学研究所首先核移植成功哺乳动物兔。同年西北大学克隆出山羊。1995 年华南师范大学与广西农业大学合作克隆出牛（如彩图 4-19 所示）。1996 年中国农业科学院畜牧研究所在猪的核移植上取得成功。同年湖南医科大学克隆出小鼠等。2000 年 6 月，西北农林科技大学体细胞克隆山羊取得成功，世界上首例成年体细胞克隆山羊"元元"在西北农林科技大学种羊场顺利降生。2003 年 7 月，中国科学院动物研究所与新疆金牛生物股份有限公司合作的克隆牛项目成功，在新疆诞生了两只双胞胎体细胞克隆牛。2004 年 1 月中国科学院动物研究所与新疆金牛生物股份有限公司合作的异种克隆羊项目成功，一只灰棕色北山羊顺利降生（见彩图 4-20），这是我国首例异种克隆动物。北山羊是濒危动物，它的克隆成功，对我国今后濒危野生动物的保护意义非凡。

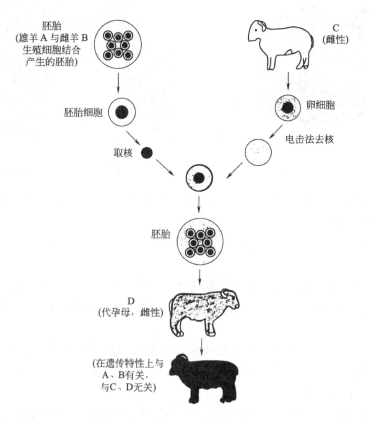

图 4-21　胚胎细胞克隆示意图

三、胚胎细胞克隆与体细胞克隆

哺乳动物的克隆技术是 20 世纪 80 年代之后才兴起的生物高新技术。不过在英国克隆绵羊"多莉"之前，所有的克隆哺乳动物（包括美国的克隆猕猴）都是通过胚胎细胞核移植繁殖起来的，而多莉则是用体细胞克隆成功的。两种克隆有何异同点？以克隆绵羊为例，先看看胚胎细胞的克隆。图 4-21 为胚胎细胞克隆示意图。从图 4-20 可见，胚胎细胞克隆是利用雌雄动物的生殖细胞（卵子和精子）结合（即有性生殖）得到的胚胎进行克隆繁殖，制造出不能与亲代完全一样的下一代克隆动物。

现在再通过绵羊"多莉"的克隆，看一看体细胞克隆是如何进行的。图 4-22 为体细胞克隆示意图。英国科学家伊恩·威尔莫特等将一只 6 岁的雌（也可用雄）绵羊 A 的乳腺细胞（体细胞）的核直接移入来自绵羊 B 的一个事先去掉核的未受精的卵细胞中，使其构成一个新的胚胎，再植入代孕母绵羊 C 的子宫中，经过 150 天发育，最后生下那只提供乳腺细胞的绵羊 A 的复制品——"多莉"。

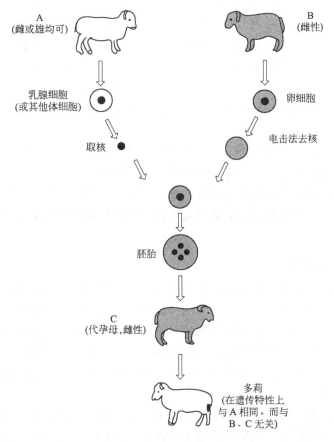

图 4-22 体细胞克隆示意图

可见，"多莉"是用亲代的体细胞核进行同代复制。多莉与亲代 A 在遗传特性（如基因、性别、血型、毛色……）上一模一样，而与提供卵细胞的 B 和代孕母 C 无关。

1998 年 7 月美国用克隆动物克隆出克隆动物也用的是体细胞。他们在实验中用特殊的吸移管将棕鼠的卵丘细胞（输卵管附近的体细胞）的遗传物质提取出来，将之注入黑鼠的去核卵细胞中，再将经过处理的卵细胞植入白鼠子宫内，最终产下棕色克隆鼠。克隆出祖、母、孙三代共 50 余只克隆鼠，它们的基因组成完全一致。

现在世界上所进行的克隆都是同种克隆（即供体细胞和受体细胞属于同一种生物个体）。被中国科学院列为重点计划予以支持的"大熊猫克隆"却是异种克隆。异种克隆大熊猫大致程序如下：先从大熊猫身上取下一个体细胞，移入一个去核的其他动物的卵细胞中，再将它培育成胚胎，然后放入其他动物的子宫中使代孕母怀孕并生产出大熊猫。这种"借腹生子"的技术，比同种克隆技术难度更大，更富挑战性，目前尚无成功的先例。虽然 1998 年 1 月美国威斯康星大学宣布，用鼠、羊、猪、猴的细胞核分别移植到去核的牛卵中，使其发育成了胚胎，并使牛怀胎，不过代孕母牛都发生了流产。因此，大熊猫一旦克隆成功，其意义将更为深远。

遗传物质 DNA 存在于每个细胞的核内。不同生物的 DNA 都有其特定的碱基组成，但在同一生物个体内，不同器官、不同部位的细胞核所含的 DNA 则没有不同，即每个细胞都包含了该个体的所有遗传基因。也就是说，每个细胞都具有独立生长发育，并形成一个完整生命个体的潜在能力，这就是细胞的全能性。在动物精卵结合后胚胎发育初期，分裂出来的每一个细胞还具有全能性，可发育成完整的动物个体，这就是胚胎克隆的理论基础。在从胚胎逐渐发育到成年的过程中，细胞的功能不断分化，而细胞核内的基因也逐渐被封闭。比如皮肤细胞只能繁殖皮肤细胞，而不能繁殖出一个完整个体。也就是说，动物细胞发育到一定的阶段后就失去了全能性。这也就是利用成年体细胞克隆动物的难点之一。所以把从体细胞克隆出绵羊"多莉"看成是核转移技术的一个重大飞跃，是 20 世纪自然科学最激动人心的科研成果之一。

已经分化的体细胞，一般来说，不能再恢复其初始（受精卵）状态，并重新分化。但是，如果将分化细胞的细胞核置于初始状态的细胞质（即卵细胞质）中，并在合适的条件下，卵细胞质中的去分化因子就能使移入的细胞核产生脱分化作用，即开启被封闭的基因，使之回到未分化状态，并重新编码，以制造出像"多莉"那样的整个动物。这就是体细胞克隆的理论基础。

四、转基因动物克隆

用实验的方法，将外源基因（包括人的基因）导入到动物体内，当这种外源基因与动物本身的基因整合后，外源基因就能随细胞的分裂而增殖，并在动物体内表达出动物原来没有的新性状，且能传给后代，这种动物称为转基因动物。外源基因的导入常采用微注射法（见彩图 4-23），即使用极其精细的注射器，将外源基因注入受精卵的原核中。注射后的卵要立即送入代孕母的输卵管中，使之在代孕母的子宫内着床。而代孕母是与结扎了输精管的雄性体交配后的雌性母体。

世界上已在鼠、兔、猪、羊、牛等多种大小动物上进行了大量的转基因实验研究。研究的主攻方向之一是培育抗逆、优质的动物新品种。这方面已有成功进展，如早期的超级小白鼠（见彩图 4-24），目前的超级兔、高瘦肉率猪、高产奶奶牛、抗冻鱼等都已培养成功。在未来这些成果将逐步走出实验室进入实用。

转基因动物研究的另一目标是培育可为医学研究利用或生产药用蛋白的转基因动物。在这方面也已有不少成功的例子。例如，我国上海医学遗传研究所已获得多头有人凝血因子Ⅸ基因的转基因山羊（见彩图 4-25）。从这种转基因山羊的乳汁中可以分泌出一种有活性的治疗血友病人的凝血因子Ⅸ。这是中国首次获得具有生物医药产业价值的转基因动物。

1999年2月19日一头取名为"滔滔"的转基因试管牛也在上海医学遗传研究所诞生（见彩图4-26）。经检测它携带有人血清白蛋白基因。人血清白蛋白是血浆中含量最多的蛋白质。在临床上人血清白蛋白广泛地被用于烧伤、营养不良、慢性消化性疾病的治疗，世界年需求量在四五百万吨以上。2003年10月，中国农业大学与山东省梁山县科龙畜牧产业有限公司、中国农业科学院畜牧研究所、京基因达科技有限公司和河北芦台农场合作，通过体细胞克隆技术首次成功地获得了我国第一批转基因克隆牛，并创造了两个国际首次，首次获得了用于治疗人类胃溃疡疾病的转有人岩藻糖转移酶基因的体细胞克隆牛，首次获得了在同一头牛中转有3种外源基因的转基因体细胞克隆牛。因为牛的产奶量比羊的大20倍，因此，转基因牛更适用于生产这类需求量大的一些药物产品。

在培育转基因动物的过程中，必须首先将外源基因插入受精卵的原核或胚胎细胞中，但插入的外源基因大多数表达效率低，且生物效应不明显，因而转基因动物的成功率低。如果能把转基因技术与克隆技术结合起来，这一难题就能得到解决。科学家们可以先把所需的基因加到一个细胞中，然后把表现出所希望特性的那个细胞加以克隆，或直接将优良的转基因动物克隆，这样就能大大提高产生转基因动物的效率。1997年7月英国罗斯林研究所首次克隆出含有人基因的转基因动物"波利"。它分泌的奶汁里含有治疗人类某种疾病的药物。1998年7月英国PPL制药公司宣布又克隆出携带有控制酶产生基因的羊。从这种羊的奶汁中可以提取一种名为胞外超氧化物歧化酶（EC SOD）的蛋白质。EC SOD是一种强抗氧化剂，可用于治疗由于过量含氧化合物引起的疾病及用于心脏搭桥手术等。转基因技术与克隆技术的有效结合，就能复制出成群的转基因动物，转基因动物就成了活的制药厂。

五、克隆技术的应用前景

从克隆羊"多莉"、克隆牛"能都"和"加贺"、克隆鼠"卡缪丽娜"，以及利用胚胎细胞克隆成功的一系列动物，克隆技术取得了一个又一个的突破，正在向实用阶段迈进。

克隆技术应用前景十分诱人。人们可以利用它来大量复制良种动物，也可用来复制濒危的珍稀动物。美国研究人员2003年4月8日宣布，他们利用冷冻20多年的爪哇野牛皮肤细胞成功克隆出两头爪哇野牛。研究人员在实验中采用异种克隆技术，提供基因蓝本的供体细胞来自爪哇野牛，而受体卵细胞来自家牛。据估计，目前世界范围内野生的爪哇野牛数量不超过8000头，大多数生活在亚洲的爪哇岛。由于濒危物种种群太小，异种克隆是保护它们更有效的技术手段，而爪哇野牛异种克隆的成功为借助克隆技术保护濒危物种展示了新希望。以此推论，我国的大熊猫、东北虎就不会灭绝了。

此外，还可以复制转基因动物，即用先进技术使一种动物具有能产生例如昂贵药物的基因或可供为人移植的器官，然后再用克隆技术进行复制，人类自然就受益无穷。克隆技术也为探索多种人类疾病的治疗方法提供了前所未有的机会。

目前，干细胞克隆研究已引起全世界的广泛关注。细胞在分化过程中往往由于高度分化而完全失去再分裂的能力，最终衰老死亡。机体在发展适应过程中为了弥补这一不足，保留了一部分未分化的原始细胞，称之为干细胞。一旦需要，这些干细胞可按照发育途径通过分裂而产生分化细胞。按分化潜能的大小，干细胞基本上可分为三种类型。第一类是全能干细胞，它具有形成完整个体的分化潜能。胚胎干细胞就属于此类，它具有与早期胚胎细胞相似的形态特征和很强的分化能力，可以无限增殖并分化成为全身200多种细胞类型，从而可以进一步形成机体的任何组织或器官。第二类是多能干细胞，它具有分化出多种细胞组织的潜能，但却失去了发育成完整个体的能力。第三类称为专能干细胞，只能向一种类型或密切相关的两种类型的细胞分化。利用多能或专能干细胞培育人体细胞和组织的研究已经取得了一定成果，但利用前景更广阔的，还是分化能力最强的全能干细胞。目前全能干细胞只能通过胚胎获取。受精卵在分裂期的早期、尚未植入子宫之前，会形成一个称为囊胚的结构，它由大约 140 个细胞组成。在囊胚内部的一端，有一个"内细胞群"，这个细胞群便是具有全部分化能力的胚胎干细胞集合。如果能将它们取出，做成细胞悬液，在体外进行培养，就可以通过改变体外培养条件来探索胚胎干细胞向不同组织细胞分化的规律，对揭开人体的个体发育之谜具有极其重要的理论意义。此外，如果能够源源不断地获得胚胎干细胞，就可以在体外诱导产生不同的组织细胞甚至器官供移植用，因而在临床实践上也有广阔的应用前景。在体细胞克隆技术出现之前，科学家只能通过流产、死产或人工授精的人类胚胎获取干细胞进行研究。克隆羊多莉的问世，意味着人们可以通过体细胞克隆出人类胚胎，这将使获取干细胞更为容易。医生可以从病人身上取下体细胞进行克隆，使形成的囊胚发育 6～7 天，然后从中提取干细胞，培育出遗传特征与病人完全吻合的细胞、组织或器官，如果向提供细胞的病人移植这些组织器官，这就是所谓"治疗性克隆"。目前人造器官仍然存在许多问题，可供移植的器官极度匮乏而且会有排异反应，如果治疗性克隆研究取得成功，病人将可以轻易地获得与自己完全合适的移植器官，不会产生排异反应。届时，血细胞、脑细胞、骨骼和内脏都将可以更换，这将给患白血病、帕金森症、心脏病和癌症等疾病的患者带来生的希望。

2010 年 6 月，英国首次进行应用干细胞疗法治疗骨关节炎的临床试验。这一试验是提取患者自身的干细胞和软骨细胞在试验室中培养，然后用不同方式将其注射回受损的膝关节。临床试验为期一年，是一个为期五年的研究项目的一部分。

2010 年 7 月，美国食品及药物管理局批准加利福尼亚州一间生物科技公司，试用胚胎干细胞医治脊髓受伤致瘫痪的病人，研究人员将胚胎干细胞注入病人脊髓，刺激神经细胞重生，令病人可活动甚至行走。这是全球首宗用胚胎干细胞治疗人体的试验，被形容为生物科技的里程碑。

2010 年 11 月，美国食品及药物管理局批准第二家公司进行人类胚胎干细胞人体临床试验，开始尝试用人类胚胎干细胞医治渐进式失明患者。研究人员使用的胚胎取自不孕症治疗诊所废弃的胚胎，当胚胎只发展到八个细胞阶段时，研究人员抽出一枚细胞，诱导其发展成视网膜色素上皮（RPE）细胞，然后注入患者眼睛。目前有 12 名成人重症患者接受临床试验。据老鼠实验结果，该疗法制造充足的 RPE 新细胞，有效遏止渐进恶化的眼疾，同时不会产生肿瘤或其他副作用。

2010 年 12 月，德国研究人员成功利用干细胞培育全球第一批人工毛囊，这是干细胞研究的重大突破，可能五年内便可用以治疗秃头。

一项重大科技新成果的应用总有两面性。克隆技术的出现既可造福于人类，也可能产生负面作用。利用克隆技术当然也可以克隆出现代人。尽管各国政府，各有关国际组织都纷纷表示禁止克隆人，但仍有个别科学家致力于研究克隆人技术。复制人会在人类的权力、义务、心态、伦理、道德等方面引起诸多严重问题。不过，也不必谈"克隆"色变，如果真的有一天克隆出人来，这种克隆人也不可能与被复制的人完全一样。因为基因本身并不铸成一个人的全部个性。人的后天生活环境、经验、阅历、教育等都是社会化的结果，这些不能遗传，用生物技术是复制不出来的。所以，再造一个什么人或再造一个爱因斯坦，都是不可能实现的。应该相信人类理性、道德和能力完全可控制一种技术的走向。例如，人类限制了原子弹的使用，而促使了原子能的和平使用。历史证明，任何一项科学技术都必须是造福人类社会才能得到发展。

第七节　基因工程安全管理

基因工程技术的出现，使人类对有机体的操作能力大大加强，基因可在动物、植物和微生物之间相互转移，甚至可将人工设计合成的基因转入到生物体内进行表达，创造出许多前所未有的新性状、新产品甚至新物种，这就有可能产生人类目前的科技知识水平所不能预见的后果，危害人类健康、破坏生态环境。基因工程安全管理就是要对生物技术（主要指基因工程）活动本身及其产品，可能对人类和环境的不利影响及其不确定性加以管理和控制，使之降低到可接受的程度，以保障人类的健康和环境的安全。

一、基因工程可能引起的危害

在美国，基因工程被广泛应用于农业生产，在带来巨大收益的同时，也引起了一些问题，如美国田纳西州的一些农田出现称为长芒苋的杂草，这种过去用不了一滴农药就能杀死的小草，如今被转基因转成了对所有农药都刀枪不入"超级大草"。这种草每天可以长 7～8cm，最高能长到 2m 多，把农作物全都盖在底下，见不到阳光。这种粗壮的杂草非常结实，收割机经常被它们打坏。现在，已经不下 10 种"超级杂草"正在美国 22 个州至少上百万公顷农田中肆虐。这些农田的共同特点是，都种植了转基因作物。所有的除草剂对这种超级杂草都无济于事，而开发针对这些变异杂草的除草剂还需要 6 年时间。农民不可能等 6 年，为了除草，他们想尽办法，或者干脆用手工除草，在投入几十万美元代价治草依然无效后，不少农民选择放弃。超级杂草在转基因种植区蔓延，一些耕地被迫荒芜。

除了超级杂草，转基因农田里还出现了超级虫。由于转基因作物并不针对次生害虫，这使得一些次生虫渐渐成为作物的主要害虫。而除虫剂让这些害虫有了耐药性，变成超级虫，农民虽然投入更多的药物治理虫害，却仍无济于事。长期实践证明，所谓防虫害的转基因作物种植需要拿出农田的 20％套种同类天然作物，以便让害虫"有饭吃"，避免它们成为抗体"超级害虫"。就是说，转基因作物不但没能防虫害，反而促使原本是小虫害的害虫变成"超级害虫"。

而转基因食品可能造成的潜在问题则引起了人们的广泛关注。2009 年 5 月，美国环境医学科学研究院推出的报告引起了轰动。报告强烈建议：转基因食品对病人有严重的安全威胁，号召成员医生不要让他们的病人食用转基因食品，并教育所在社区民众尽量避免食用转基因食品。"一些动物实验表明，食用转基因食品有严重损害健康的风险，包括不育、免疫问题、加速老化、胰岛素的调节和主要脏腑及胃肠系统的改变。"美国环境医学科学研究院得出的结论是，"转基因食品和健康的不利影响之间不是了无关系的，而是存在着因果的关系。""越来越多的医生已经开出无转基因食物的处方（给病人）。"世界著名生物学家普什帕米巴尔加在审查了 600 多个科学期刊后得出结论：转基因生物是令美国人健康急剧恶化的一大因素。

对于转基因的侵害原理，美国环境医学科学研究院指出：插入到转基因大豆里的基因会转移到生活在我们肠道里的细菌的 DNA 里面去，并继续发挥作用。这意味着吃了之后，我们虽然不吃转基因食物，在我们体内仍然不断产生有潜在危害的基因蛋白质，"说透彻一点，吃转基因玉米，会把我们的肠道细菌转变成生活着的农药制造厂，可能直至我们死为止。"

2005 年，俄罗斯公布了具有世界轰动性的转基因喂养小白鼠的试验报告。这项试验由俄罗斯著名生物学家伊丽娜·叶尔马科娃主持，她发现转基因食品影响小白鼠及后代的健康：在小白鼠交配前两周以及在它怀孕期间，喂食经过遗传基因改良的大豆，一半以上的小白鼠刚出生后就很快死亡，幸存的 40% 生长发育也非常迟缓，它们的身体都比那些没有吃这些大豆的小白鼠所生下来的幼崽小。吃过这种的大豆的一些母鼠甚至不再有母性本能。

除了"超级动物"以及基因工程食品对自然和人类造成隐患之外，基因工程可能还会导致"跨类生物"出现，造成人和动物之间的"超级传染病"；而通过人工对动物、植物和微生物甚至人的基因进行相互转移，转基因生物可以突破了传统的界、门的概念，具有普通物种不具备的优势特征，若释放到环境，会改变物种间的竞争关系，破坏原有自然生态平衡，导致物种灭绝和生物多样性的丧失。转基因生物通过基因漂移，还会破坏野生近缘种的遗传多样性。也有人担心基因组计划对人权造成威胁，甚至可能会使种族主义复活。

二、基因工程的安全管理

为了防范基因工程技术可能造成的危害，为了对人类负责，很多国家都制定并颁布有关基因工程安全的法律法规。早在 1976 年，美国国立卫生研究院（NIH）就公布了《重组 DNA 分子研究准则》。随后，德国、英国、法国、日本等 20 多个国家都制定了基因工程实验室的安全操作指南或准则。联合国经济发展组织还颁布了《生物技术管理条例》。欧洲共同体颁布了《基于基因修饰生物向环境释放的指令》等文件。

在我国，原国家科委于 1993 年颁布了《基因工程安全管理办法》，为我国转基因生物安全管理提供了基本框架。根据这一基本框架，农业部于 1996 年颁布了《农业生物基因工程安全管理实施办法》，1997 年又发布了《关于贯彻执行〈农业生物基因工程安全管理的实施办法〉的通知》，并于同年成立了"农业生物基因工程安全委员会"和"农业生物基因工程安全管理办公室"。2001 年国务院又颁布了《农业转基因生物安全管理条例》，使得我国对转基因生物的安全管理更加完善具体。

这些法规所管理的农业转基因生物包括转基因动植物（含种子、种畜禽、水产苗种）和微生物，转基因动植物、微生物产品，转基因农产品的直接加工品，含有转基因动植物、微生物或者其产品成分的种子、种畜禽、水产苗种、农药、兽药、肥料和添加剂等产品。

在安全性评价时，根据受体的生物学特征和基因操作对生物体安全等级的影响，将农业转基因生物安全性分为：尚不存在危险、具有低度危险、具有中度危险、具有高度危险四个等级。评价过程分为五个阶段，即实验研究、中间试验、环境释放、生产性试验和生物安全证书。

在管理上，已颁布和正在制定农业转基因生物安全评价制度，转基因种子、种畜禽、水产苗种生产许可证制度，农业转基因生物经营许可证制度，农业转基因生物标识制度，农业转基因生物进口管理制度等一系列的制度。

在世界范围内，生物安全管理都是一个全新的课题。在中国，这个任务显得更加艰巨。尽管"生物安全"已经不再是个生疏的名词，但来自国家生物多样性保护部门的信息称，生物安全管理尚存在许多问题，有待进一步加强，以便更好地预防和控制转基因生物可能产生的不利影响。加强生物安全管理，不是"应该"，而是"必须"。

转基因技术正在领导一场新的科技革命。目前我国公众对转基因技术和转基因食品还存在一些疑虑，应该采用多种形式进行普及生命科学知识的教育，使公众对转基因技术有一个较为科学的认识，主动地接受转基因食品。使转基因技术贴近民众，造福于人类。

思 考 题

1. 如何证明主要的遗传物质是 DNA？

2. 比较 DNA、RNA 在化学组成上、大分子结构上、生物学功能上的不同特点。试用图示法说明 DNA 和 RNA 水解过程的中间产物。

3. 什么叫碱基配对？酵母 DNA 的碱基组成中，T 的摩尔分数为 32.9%，试计算此 DNA 分子中其他碱基的含量。

4. DNA 分子双螺旋结构模型的基本要点有哪些？这些特点能解释哪些基本的生命现象？

5. 何谓中心法则？它的要点和意义如何？

6. 在什么情况下 DNA 需要复制？有什么证据证明 DNA 复制是半保留复制？

7. 遗传密码有哪些特点？如何证明是三联密码？第一个密码子是如何破译的？

8. 什么是简并密码子、无意义密码子和反密码子？代表 20 种氨基酸的密码子共有多少个？

9. 何谓转录？简述转录的主要过程。

10. 何谓转译？转译过程中三种 RNA 的功能如何？

11. 蛋白质生物合成的过程是怎样的？

12. 某 DNA 一股链的序列为

$$5'CATGTGGTACAAAAGGAGGTTC3'$$

其互补链是什么？若以此互补链为模板经转录转译后所得的多肽物的氨基酸序列是什么？

13. 试说明引起镰刀贫血症的原因？

14. 什么是基因工程？DNA 重组技术包括哪些步骤？其应用价值如何？

15. 什么是基因工程菌？其制造程序和应用前景如何？

16. 许多国家早已克隆出鼠、兔、猪、羊等多种动物，为何只有英国绵羊"多莉"克隆成功才在世界上引起如此强烈的轰动？

17. 是否任何体细胞均可用于克隆？其理论根据是什么？

18. 什么是转基因动物？为什么说转基因动物技术与克隆技术结合可以产生巨大的效力？为什么转基因动物有可能成为一个生物制药厂？

19. 克隆技术有何重要积极作用？将之用于人类克隆会产生什么后果？

第五章 酶与酶工程

第一节 概　　述

　　酶是活细胞所产生的一种具有特殊催化功能的蛋白质。由于酶都来源于生物体，所以又称之为生物催化剂。因为生物体内新陈代谢的化学变化都是在酶的参与下进行的，所以没有酶就没有新陈代谢，也就没有生命活动。有机物的发酵与腐烂均是微生物通过所生成的酶来进行的。酶的催化作用早就被人类运用于日常生活中：人类进入游牧生活时期，利用动物的胃液来凝固牛奶制造奶酪；商朝时酿酒业已很发达；周朝出现用豆制酱；秦汉前麦芽就用于制饴糖，这些都是酶的作用。酶还用于治病，如古代的鸡内金（鸡胃膜）治消化不良，酒曲治肠胃病等。19 世纪前后，人们通过对肠胃的消化作用、麦芽的淀粉糖化作用和酵母酒精发酵的研究，建立起酶的概念。1833 年 Payer 用酒精从麦芽浸出液中沉淀出淀粉酶，使 2000 倍淀粉水解。1897 年 Buchner 发现酵母的无细胞抽提液同样可以引起蔗糖的酒精发酵。

　　酶不仅由活细胞所产生，而且从细胞分离以后仍可继续发挥作用，这些作用导致了酶的生产。到目前为止，工业上大量生产的酶已有几十种，广泛运用于食品、纺织、制革、医药、日用化工和三废治理等各方面。由于利用酶反应代替一般化学反应具有简化工艺和设备、提高产品质量、降低原料消耗、改善劳动条件、节约能源和减少环境污染等很多优点，所以工业上广泛利用酶反应将成为 21 世纪生物技术领域中最重要的技术革命之一。

　　酶工程（enzyme engineering）是利用酶的特异催化功能并通过工程化为人类生产有用产品及提供有益服务的技术。它是现代生物工程的重要组成部分。酶工程的主要内容包括：酶的生产、酶（与细胞）的固定化、酶的应用、酶反应器、酶反应动力学的研究。

第二节 酶的分类与命名

一、酶的分类

　　国际生物化学联合会酶学委员会（Enzyme Commision，EC）按酶所催化的反应类型将酶分为 6 大类（如表 5-1 所示）。

表 5-1 酶的分类

酶的种类	反应形式与反应说明
氧化还原酶类	从一个底物承受的氢转移到其他底物上的催化反应
转移酶类	从一个底物的原子团转移到其他底物上的催化反应

酶的种类	反应形式与反应说明
水解酶类	 H_2O 催化加水分解反应
裂解酶类	 催化底物裂解
异构酶类	 催化底物发生异构反应
合成酶	 ATP 随着 ATP 的分解,催化 2 分子的结合反应

$$\begin{array}{l} CH_2OH \\ | \\ (CHOH)_4 \\ | \\ CHO \end{array} +O_2 \xrightarrow{\text{葡萄糖氧化酶}} \begin{array}{l} COOH \\ | \\ (CHOH)_4 \\ | \\ CHO \end{array} +H_2O$$

1. 氧化还原酶类 （oxido-reductases）

氧化还原酶类用于催化氧化还原反应，在生物获取能量过程中起着极为重要的作用。生物体内的氧化还原反应多以脱氢加氢的方式进行，脱氢为氧化，加氢为还原。氧化还原酶包括氧化酶（oxidase）和脱氢酶（dehydrogenase）。一般来说，氧化酶催化的反应都有氧分子直接参与，H 转移到 O_2 上，例如葡萄糖氧化酶催化葡萄糖氧化成葡萄糖酸的反应中，氧是受氢体。

而脱氢酶催化的反应中，H 转移到一个不是 O_2 的受体中，例如，细胞内乙醇氧化为乙醛的反应，是在乙醇脱氢酶的催化下进行的，从底物氧化脱下的氢并不直接转给氧，而是使乙醇脱氢酶的辅酶 NAD 还原为 $NADH_2$。

$$CH_3CH_2OH \xrightarrow[\text{乙醇脱氢酶}]{NAD \quad NADH_2} CH_3CHO$$

2. 转移酶类 （transferases）

转移酶用于催化功能基团的转移反应（一为供体，一为受体）。例如谷丙转氨酶是催化氨基转移的酶，是氨基酸代谢中一个重要的酶。

$$\begin{array}{l} COOH \\ | \\ (CH_2)_2 \\ | \\ HCNH_2 \\ | \\ COOH \end{array} + \begin{array}{l} CH_3 \\ | \\ CO \\ | \\ COOH \end{array} \xrightarrow{\text{谷丙转氨酶}} \begin{array}{l} COOH \\ | \\ (CH_2)_2 \\ | \\ CO \\ | \\ COOH \end{array} + \begin{array}{l} CH_3 \\ | \\ HCNH_2 \\ | \\ COOH \end{array}$$

谷氨酸　　　丙酮酸　　　　　　　　α-酮戊二酸　　　丙氨酸

　　如果分子间所转移的基团是高能基团，基团的转移就伴随着能量的转移，催化这类反应的转移酶称为激酶。最常见的是底物分子与 ATP 分子间进行的高能磷酸基团的转移反应：ATP 分子上的高能磷酸基团转移到底物分子上，提高了底物分子的能量，可看作是消耗 ATP 分子而活化了底物；或者是底物分子上的高能磷酸基团转移到 ADP 分子上，可看作是 ADP 分子的磷酸化，即 ATP 分子的合成。例如葡萄糖分子分解时首先被活化为 6-磷酸葡萄糖的反应就是由己糖激酶催化的。

$$\begin{array}{c} CH_2OH \\ | \\ (CHOH)_4 \\ | \\ CHO \end{array} \xrightarrow[\text{己糖激酶}]{ATP \quad ADP} \begin{array}{c} CH_2OP \\ | \\ (CHOH)_4 \\ | \\ CHO \end{array}$$

3. 水解酶类 （hydrolases）

　　水解酶类用于催化底物发生水解。如淀粉酶、蛋白酶、脂肪酶等能分别将淀粉、蛋白、脂肪等大分子水解为糖、氨基酸、脂肪酸等小分子，在体内担负降解的作用。此类酶的应用与日俱增，是目前应用最广泛的一种酶。淀粉酶水解淀粉为葡萄糖的反应式如下：

$$(C_6H_{10}O_5)_n + nH_2O \xrightarrow{\text{淀粉酶}} nC_6H_{12}O_6$$

4. 裂解酶类 （lyases）

　　裂解酶类用于催化底物进行非水解性、非氧化性分解。这类反应在代谢中起着重要作用，其特点是分离出 H_2O、NH_3、CO_2 及醛等小分子而留下双键，或反过来催化底物双键的加成。例如：

$$\begin{array}{c} HOOCCHNH_2 \\ | \\ HOOCCH_2 \end{array} \rightleftharpoons \begin{array}{c} HOOCCH \\ \| \\ HOOCCH \end{array} + NH_3$$

天冬氨酸

5. 异构酶类 （isomerases）

　　异构酶类用于催化底物分子的异构反应，包括旋光（或立体）异构、顺反异构、分子内氧化还原以及分子内转移等。例如葡萄糖异构酶催化葡萄糖异构为果糖的反应：

$$\begin{array}{c} CH_2OH \\ | \\ (CHOH)_4 \\ | \\ CHO \end{array} \xrightleftharpoons[]{\text{葡萄糖异构酶}} \begin{array}{c} CH_2OH \\ | \\ (CHOH)_3 \\ | \\ CO \\ | \\ CH_2OH \end{array}$$

6. 合成酶 （synthetases）

　　合成酶又称连接酶 （ligases），可催化两个底物连接成一个分子。这类合成反应关联着许多重要生命物质，如蛋白质、脂肪等的合成，一般为吸能过程，因而通常有 ATP 等高能物质参加反应，其通式可写为：

$$X + Y + ATP \rightleftharpoons X-Y + ADP + Pi$$

　　丙酮酸羧化酶利用 ATP 分解释放的能量催化丙酮酸与 CO_2 合成草酸乙酰的反应就属于这类反应。

$$\begin{array}{c} COOH \\ | \\ CO \\ | \\ CH_3 \end{array} + CO_2 \xrightarrow[\text{丙酮酸羧化酶}]{ATP \quad ADP} \begin{array}{c} OCCOOH \\ | \\ CH_2COOH \end{array}$$

　　在 6 类酶中，根据酶的更具体的性质可以进一步将每一类酶分成若干亚类、亚亚类。例如，在氧化还原酶中，根据氢或电子供体的性质可将此类酶分成 20 个亚类，每个亚类又分成若干个亚亚类。

二、酶的命名

酶的命名有系统命名法和习惯命名法两种。

1. 系统命名法

国际酶学委员会规定了一套系统的命名规则，使每一种酶都有一个名称，包括酶的系统名称及 4 个数字的分类编号。系统名称中应包括底物的名称及反应的类型，若有两种底物，它们的名称均应列出，并用冒号"："隔开；若底物之一为水则可略去。例如催化乳酸脱氢反应（L-乳酸 ＋ NAD $\Longleftrightarrow$ 丙酮酸 ＋ NADH$_2$）中的乳酸脱氢酶，系统命名为 L-乳酸：NAD 氧化还原酶，分类编号为 EC1.1.1.27，其中 EC 为国际酶学委员会的缩写，前 3 个数字分别表示所属大类、亚类、亚亚类，根据这 3 个标码可判断酶的催化类型和催化性质，第四个数值则表示该酶在亚亚类中占有的位置，根据这 4 个数字可以确定具体的酶。

系统命名法根据酶的催化反应的特点，每一种酶都有一个名称，不至于混淆，一般在国际杂志、文献及索引中采用，但名称繁琐，使用不便，因此在工作中及相当多的文献中仍沿用习惯命名法。

2. 习惯命名法

习惯命名法也根据底物名称和反应类型来命名，但没有系统命名法那样严格详细。如乳酸脱氢酶、谷丙转氨酶、葡萄糖异构酶等。对水解酶常省略水解二字，只用底物来命名，如蛋白酶、淀粉酶、脂肪酶等。有时在底物的名称前面加上酶的来源，如胃蛋白酶、唾液淀粉酶等。

习惯命名法比较简单，应用历史较长，但缺乏系统性和严格性，有时会出现一酶数名或一名数酶的情况。

在《酶学手册》或某些专著中均列有酶的一览表，表中包括酶的编号、系统名、习惯名、反应式、酶的性质等各项内容，可供查阅。

第三节　酶的化学本质

从分析已知酶的化学组成及其理化性质的结果来看，酶都是蛋白质（protein），因此，凡是蛋白质所共有的一些理化性质，酶都具备。以蛋白质为主要成分的生物物质很多，但酶是具有特殊催化功能的一类蛋白质。

一、蛋白质的基本组成单位——α-氨基酸

酶是蛋白质中的一类。蛋白质是生物大分子物质，它可以被酸、碱或酶催化水解成为分子量大小不等的肽段和氨基酸。肽是两个或两个以上氨基酸所组成的片段，是蛋白质水解的中间产物，还可进一步水解，最终生成各种氨基酸。而氨基酸在上述条件下不能再水解成更小的单位。所以氨基酸是蛋白质水解的最终产物，是蛋白质的基本组成单位。

从不同天然蛋白质完全水解分离得到的 20 种氨基酸都是 α-氨基酸，其结构通式为：

$$\text{H}_2\text{N}-\overset{\displaystyle\text{COOH}}{\underset{\displaystyle\text{R}}{\text{C}}}-\text{H} \quad \alpha\text{-碳原子基团}$$

可视为羧酸（R—CH$_2$—COOH）的 α-碳原子上的氢原子被一个氨基取代的产物。它们具有相同的 α-碳原子基团，彼此之间的差别在于 R 基团的不同。存在于蛋白质中的氨基酸有 20 种，可按其分子中的氨基（—NH$_2$）及羧基（—COOH）的数目，或其在溶液中的酸碱性质分为中性氨基酸、酸性氨基酸和碱性氨基酸。表 5-2 列出了这些氨基酸的名称、符号、分子式和等电点。

表 5-2 蛋白质分子中的氨基酸

	名称与符号		$\begin{array}{c} \text{COOH} \\ | \\ \text{H}_2\text{N—C—H} \\ | \\ \text{R} \end{array}$ R—	等电点 （pI 值）
中性氨基酸	甘氨酸（甘）（Gly）（G）	氨基乙酸	H—	5.97
	丙氨酸（丙）（Ala）（A）	α-氨基丙酸	—CH$_3$	6.02
	丝氨酸（丝）（Ser）（S）	α-氨基-β-羟基丙酸	CH$_3$ | OH	5.68
	半胱氨酸（半胱）（Cys）（C）	α-氨基-β-巯基丙酸	SH—CH$_2$—	5.07
	苏氨酸（苏）（Thr）（T）	α-氨基-β-羟基丁酸	CH$_3$—CH | OH	5.60
	蛋氨酸（蛋）（Met）（M）	α-氨基-γ-甲硫基丁酸	S—CH$_2$—CH$_2$— | CH$_3$	5.74
	缬氨酸（缬）（Val）（V）	α-氨基异戊酸	CH$_3$—CH | CH$_3$	5.97
	亮氨酸（亮）（Leu）（L）	α-氨基异己酸	CH$_3$—CH—CH$_2$— | CH$_3$	5.98
	异亮氨酸（异亮）（Ile）（I）	α-氨基-β-甲基戊酸	CH$_3$—CH$_2$—CH— | CH$_3$	6.02
	苯丙氨酸（苯）（Phe）（F）	α-氨基-β-苯丙酸	⬡—CH$_2$—	5.48
	酪氨酸（酪）（Tyr）（Y）	α-氨基-β-对羟苯基丙酸	HO—⬡—CH$_2$—	5.66
	天冬酰胺（天胺）（Asn）（N）	α-氨基-β-酰胺丙酸	$\begin{array}{c} \text{O} \\ \| \\ \text{H}_2\text{N—C—CH}_2\text{—} \end{array}$	5.41
	脯氨酸（脯）（Pro）（P）	四氢吡咯-2-羧酸	⬠(N,H)—COOH	6.30
	色氨酸（色）（Trp）（W）	α-氨基-β-吲哚丙酸	吲哚—CH$_2$—	5.86
	谷氨酰胺（谷胺）（Gln）（Q）	α-氨基-γ-酰胺丁酸	$\begin{array}{c} \text{O} \\ \| \\ \text{H}_2\text{N—C—CH}_2\text{—CH}_2\text{—} \end{array}$	3.22
酸性氨基酸	谷氨酸（谷）（Glu）（E）	α-氨基戊二酸	HOOC—CH$_2$—CH$_2$—	3.22
	天冬氨酸（天）（Asp）（D）	α-氨基丁二酸	HOOC—CH$_2$—	2.91

续表

名称与符号			$\begin{array}{c} COOH \\ | \\ H_2N-C-H \\ | \\ R \end{array}$ R—	等电点 (pI 值)
碱性氨基酸	精氨酸(精)(Arg)(R)	α-氨基-δ-胍基戊酸	$\begin{array}{c} H_2N-C-NH-CH_2-CH_2-CH_2- \\ \| \\ NH \end{array}$	10.76
	赖氨酸(赖)(Lys)(k)	α,ε-二氨基己酸	$\begin{array}{c} CH_2-CH_2-CH_2-CH_2- \\ \| \\ NH_2 \end{array}$	9.74
	组氨酸(组)(His)(H)	α-氨基-β-4-咪唑丙酸	$\begin{array}{c} N-CH_2- \\ \end{array}$	7.59

α-氨基酸中除甘氨酸外，其 α-碳原子是一个不对称碳原子，因此具有旋光性；α-氨基酸均为无色结晶。由于两性离子以内盐形式存在，故其熔点比相应的羧酸或胺类高，一般在 $200\sim300℃$。各种氨基酸都能溶于水。

由于氨基酸分子中同时具有碱性基团和酸性基团，因此，在水溶液中它既可作为质子受体起碱的作用，又可作为质子供体起酸的作用，是典型的两性电解质。电离方式如下：

$$
\underset{pH<pI}{\begin{array}{c} COOH \\ | \\ H_3N^+-CH \\ | \\ R \end{array}} \underset{H^+}{\overset{OH^-}{\rightleftharpoons}} \underset{pH=pI}{\begin{array}{c} COO^- \\ | \\ H_3N^+-CH \\ | \\ R \end{array}} \underset{H^+}{\overset{OH^-}{\rightleftharpoons}} \underset{pH>pI}{\begin{array}{c} COO^- \\ | \\ H_2N-CH \\ | \\ R \end{array}}
$$

调节溶液 pH 可使氨基酸表现出各种带电形式。当溶液的 pH 等于等电点 pI 时，溶液所带静电荷为零。各种氨基酸有其特定的等电点。在等电点时氨基酸溶解度最小，容易沉淀。利用这一性质，可以分离制取氨基酸。

二、蛋白质的化学结构

蛋白质是由许多氨基酸按一定的排列顺序通过肽键相连而成的多肽化合物。

(一) 肽键和多肽链

1 个氨基酸的羧基可以与另 1 个氨基酸的氨基缩合失去 1 分子水而生成肽。

$$
\underset{}{\begin{array}{c} R^1 \\ | \\ H_2N-CH-COH \\ \| \\ O \end{array}} + \underset{}{\begin{array}{c} H \\ | \\ H-N-CH-COOH \\ | \\ R^2 \end{array}} \xrightarrow{H_2O} \underset{}{\begin{array}{c} R^1 \quad H \\ | \quad | \\ H_2N-CH-C-N-CH-COOH \\ \| \quad | \\ O \quad R^2 \end{array}}
$$

这种由 2 个氨基酸缩合而成的肽称为二肽；由 3 个氨基酸缩合而成的肽称为三肽，以此类推。

连接氨基酸之间的键—CO—NH—称为酰胺键，又称肽键，是蛋白质分子中氨基酸之间连接的最基本的共价键。很多氨基酸依次通过肽键连接而成的链状结构称为多肽链。多肽链的结构模式如下：

$$H_2N-CH-C-N-CH-C-N-CH-C \cdots\cdots N-CH-COOH$$

R¹ H O R³ H
| | || | |
H_2N—CH—C—N—CH—C—N—CH—C ······ N—CH—COOH
|| | || |
O R² H O Rⁿ

N　　　　　　　　　　　　　　　　　　　　C

多肽链有两个末端，一端为游离的 α-氨基，称氨基末端或 N 端，写在多肽链的左侧；另一端为游离的 α-羧基，称为羧基末端或 C 端，写在多肽链的右侧。多肽链中的每个氨基酸由于形成肽键而失去一分子水，成为不完整的分子形式而称为氨基酸残基。肽链结构中的主链是指有规律地重复着 N—C—C—N—C—C······ 的肽链骨架。而结构中的 R¹、R² 等表示侧链。不同氨基酸具有不同的侧链功能基团，这些基团对维持蛋白质的空间结构和行使生物功能有重要作用。

（二）二硫键

蛋白质分子并不都是简单的一条线状肽链，有的成环，也有的是由一条以上的肽链组成。在蛋白质多肽链中，连接氨基酸之间的共价键，除了肽键之外还有二硫键（—S—S—），它是由两个半胱氨酸侧链上的—SH 脱氢相连而成的硫桥。

二硫键是肽链内和肽链间的主要桥键。二硫键在稳定蛋白质的空间构象上起着重要的作用。一般二硫键越多，蛋白质结构越稳定。生物体内起保护作用的皮角、毛发的蛋白质中二硫键最多。

胰岛素是动物胰脏分泌的一种激素蛋白，它主要由 21 个氨基酸残基的 A 链和 30 个氨基酸残基的 B 链组成，链内有一个二硫键，链间有 2 个二硫键（如图 5-1 所示）。又如蛋清溶菌酶是一个含有 129 个氨基酸残基的多肽链，其中有 4 对半胱氨酸在 6 与 127、30 与 115、64 与 80、76 与 94 位氨基酸残基之间建立了共价二硫键横桥（如图 5-2 所示）。

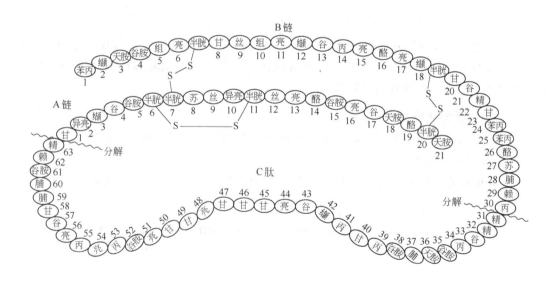

图 5-1　牛胰岛素分子的氨基酸顺序

（三）蛋白质结构的测定

蛋白质肽链的盘绕卷曲或折叠，可形成各种各样特有的空间构型，但决定这种特有的空

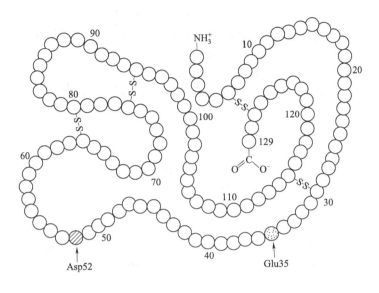

图 5-2　蛋清溶菌酶的氨基酸序列

间构型的是蛋白质的一级结构。所谓一级结构是指肽链中氨基酸的排列顺序和连接方式。1965 年我国最先合成具有天然生物活性的结晶牛胰岛素。人工合成牛胰岛素的成功说明，一个只提供氨基酸的排列顺序信息的肽链，在特定的条件下会自动地形成天然胰岛素的空间结构。这就是说一级结构（肽链的氨基酸序列）包含了自动形成正确的立体结构所需的全部信息。因此，此处仅就一级结构的测定进行讨论。

蛋白质一级结构的测定方法很多，现仅就最简单的片段重叠法和肽段氨基酸顺序测定法介绍如下。

1. 片段重叠法

片段重叠法是应用两种以上的水解酶（或水解试剂）进行部分水解，分别将肽链在专一性部位切断，各自得到一系列大小不同的肽段，然后测定它们各自的氨基酸排列顺序。将得到的两套以上的肽片段的氨基酸顺序，通过重叠、拼凑就可得到该蛋白质肽链的全部氨基酸排列顺序（即蛋白质的一级结构）。肽链专一性水解可采用酶法和化学法。如胰蛋白酶只水解由赖氨酸和精氨酸的羧基形成的肽键，胰凝乳蛋白酶则专一性水解苯丙氨酸、酪氨酸提供羧基的肽键，溴化氢能专一性切开甲硫氨酸羧基端的肽键。片段重叠法的示例如下：

丙---亮---酪---蛋---甘---精---苯丙---苯---赖---丝---谷---天胺

$H_2 N R^1$---R^2---R^3---R^4---R^5---R^6---R^7---R^8---R^9---R^{10}---R^{11}---$R^{12} COOH$

胰蛋白酶　　⟷　　　　⟷　　　　　　　　　　⟷

胰凝乳蛋白酶　⟷　　⟷　　　　　　⟷　　　⟷

溴化氢　　　　　　　　　⟷

2. 肽段氨基酸顺序测定法

最常用的肽段氨基酸顺序测定法是 Edman 化学降解法，其基本原理如下：苯异硫氰酸酯（PITC）试剂在碱性条件下与多肽的游离末端氨基作用，偶联生成 PITC-肽，PITC-肽在酸性条件下，在最靠近 PITC 的肽键处断裂并环化生成 ATZ，从肽链中脱落下来，剩下的减少了一个残基的肽链便在它的 N 端暴露出一个新的游离的 α-末端氨基，α-末端氨基又可以参加第二轮反应。反应过程如下所示：

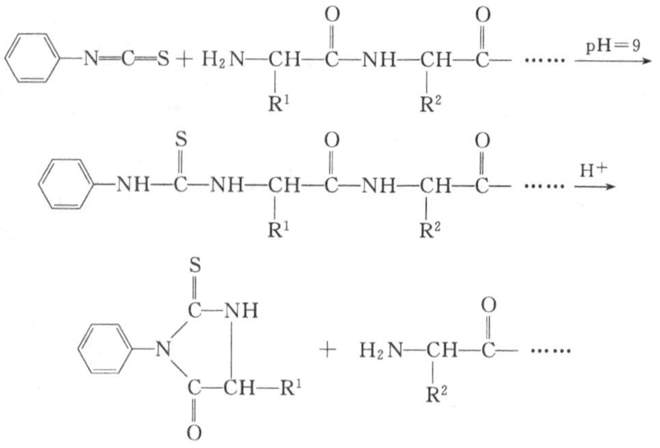

ATZ

每次切下的 ATZ 经适当处理后，可利用各种色谱分析技术进行定性鉴定。根据上述原理制成的蛋白质测定仪一次能连续测定 90～100 个氨基酸残基的肽段顺序。

三、酶的组成

蛋白质按其组成可分单纯蛋白质和结合蛋白质两大类。单纯蛋白质经完全水解后，其最终产物都是氨基酸；而结合蛋白质是由单纯蛋白质与非蛋白部分组成，非蛋白部分称为辅基。

类似地，酶也可根据其化学组成分为单纯酶和结合酶两大类。单纯酶是由单纯蛋白质组成的酶，如蛋白酶、淀粉酶、脂肪酶、核糖核酸酶等。结合酶是由蛋白质部分（酶蛋白）和非蛋白质部分（酶的辅助因子）组成的酶，属于结合蛋白质。酶蛋白和酶的辅助因子分别单独存在时，均无催化活力，只有当酶蛋白与辅助因子结合成全酶时，才表现出催化活力。

$$全酶 \quad = \quad 酶蛋白 \quad + \quad 辅助因子$$

（结合酶） （辅酶或辅基、金属离子）

辅助因子是结合酶的必需成分。辅助因子包括金属离子和辅酶或辅基。

（1）金属离子 有些酶只有在和某种特定金属离子结合后才表现出活性。含金属辅助因子的一些酶如下：醇脱氢酶（Zn^{2+}），碳酸酐酶（Zn^{2+}），激酶类（Mg^{2+}），柠檬酸裂解酶（Mg^{2+}），丙酮酸脱羧酶（Mn^{2+}），柠檬酸合成酶（K^+），酪氨酸酶（Cu^{2+}），黄嘌呤氧化酶（Mo^{6+}）。

金属离子在结合酶中所起的作用为：构成酶活性中心的组分；在酶蛋白与底物之间起桥梁作用；稳定酶蛋白的空间构象；在氧化还原酶反应中参与电子的传递。

（2）辅酶或辅基 辅酶与辅基的区别是：辅酶与蛋白质的结合比较疏松，可用透析法将辅酶透析出来；而辅基与酶蛋白的结合很牢固，不能用透析法将它们分开。辅酶与辅基是一些有机物分子，其中大多数是 B 族维生素的衍生物。这类有机物分子有：NAD、NADP、FMN（黄素单核苷酸）、FAD（腺嘌呤黄素二核苷酸）、CoA（辅酶 A）、生物素、四氢叶酸等。

第四节　酶的催化作用

一、酶催化作用的特点

酶作为一种特殊的催化剂，除具有一般催化剂的共性（例如，反应前后酶本身没有量的改变，它只加速反应而不改变反应平衡等）外，尚有其独自的特点。

1. 有极高的催化效率

酶的催化效率相对其他无机或有机催化剂要高 $10^6 \sim 10^{13}$ 倍。例如，过氧化氢分解：

$$2H_2O_2 \xrightarrow{\text{催化剂}} 2H_2O + O_2$$

用 Fe^{2+} 催化，效率为 $6 \times 10^{-4} \text{mol}/(\text{mol} \cdot \text{s})$。用过氧化氢酶催化，效率为 $6 \times 10^6 \text{mol}/(\text{mol} \cdot \text{s})$。可见，酶比 Fe^{2+} 催化效率要高出 10^{10} 倍。又如 1g 结晶 α-淀粉酶，在 65℃ 条件下，15min 可使 2t 淀粉水解为糊精。

2. 有高度的专一性（选择性）

酶的专一性是指酶对它所作用的底物有严格的选择性，一种酶只能催化某一类，甚至只催化某一种物质起化学变化。专一性又可分为以下几种类型。

（1）绝对专一性　一种酶只能催化一种底物使之发生特定的反应，如脲酶只能催化尿素水解：

$$H_2N-CO-NH_2 + H_2O \xrightarrow{\text{脲酶}} 2NH_3 + CO_2$$

而不能催化尿素以外的任何物质（包括结构与尿素非常相似的甲基尿素）发生水解，也不能使尿素发生水解以外的其他反应。

（2）相对专一性　有些酶的专一性程度较低，对具有相同化学键或基团的底物都能催化进行某种类型的反应。如酯酶催化酯键的水解，对底物 RCOOR′ 中的 R 及 R′ 基团没有严格的要求。

（3）立体化学专一性　有些酶对底物的构象有特殊要求，往往只能催化底物的一种立体化学结构体。例如，L-乳酸脱氢酶只能催化 L-乳酸氧化，对 D-乳酸不起作用。又如，反丁烯二酸酶仅作用于反丁烯二酸，而不能作用于顺丁烯二酸。

由于酶反应具有严格的专一性，所以它的催化反应产物比较单一，副产物少，有利于产品分离。酶作用上的专一性，也从根本上保证了生物体内为数众多的各种各样的化学反应能有条不紊地协调进行。

3. 要求温和的反应条件

酶由生物体产生，其本身又是蛋白质，只能在常温、常压、接近中性的 pH 条件下发挥作用。因此，酶作为工业催化剂，不用耐高温、高压的设备，也不需要耐强酸、强碱的容器。例如，用盐酸水解淀粉生产葡萄糖时，需在 0.15MPa 和 140℃ 的操作条件下进行，需要耐酸耐碱的设备；若用 α-淀粉酶和糖化酶，则可用一般设备在常压下进行。因此，可减少能量消耗，减轻设备腐蚀，对设备的材质及制造要求大大降低。

4. 酶的催化活性受到调节和控制

酶的活力在体内受到多方面因素的调节和控制，生物体内酶和酶之间，酶和其他蛋白质之间都存在若干相互作用，机体通过调节酶的活性和酶量，控制代谢速度，以满足生命的各种需要和适应环境的变化。调控方式很多，包括抑制剂调节、反馈调节、酶原激活及激素控制等。

二、酶催化作用机制

（一）酶的催化功能

一种化学反应的发生，其反应物分子必先具备足够的能量，即超过该反应所特需的能障

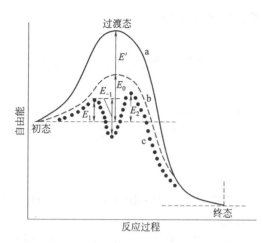

图 5-3　反应过程中能量的变化

或能阈，使分子激活成为活化分子，反应才能发生。活化分子比一般分子所多含的能量称为活化能，换言之，分子进行反应所必须取得的最低限度的能量就称为活化能。

使活化分子增多有两种可能的途径：一是向反应物系加入一定的能量（如光、热等），使其活化；另一是加入适当的催化剂，降低反应活化能。酶的催化作用的实质就在于它能降低化学反应的活化能，使反应在较低能量水平进行，从而加速了化学反应。如图 5-3 所示。

酶是一种高效催化剂，与一般催化剂比较，可使反应的能阈降得更低，所需活化能大为减少（如表 5-3 所示）。由于反应速率与活化能为指数函数关系，所以活化能的降低对反应速率的增加影响很大，故酶的催化效率比一般催化剂高得多，同时能够在温和的条件下充分地发挥其催化功能。

表 5-3　某些反应的活化能

反应	催化剂	活化能/(kJ/mol)	反应	催化剂	活化能/(kJ/mol)
H_2O_2 分解	无	75.2	蔗糖水解	H^+	104.5
	Fe^{2+}	41		蔗糖酶	33.4
	过氧化氢酶	<8.4	乙酸丁酯水解	H^+	66.9
尿素水解	H^+	103		OH^-	42.6
	脲酶	28		胰脂酶	18.8

关于酶如何降低反应活化能从而加速反应的进行，曾有过不同的解释，目前较为公认的是中间配合物学说。这个学说认为，在酶催化反应中，底物先与酶结合成不稳定的中间配合物，然后再分解释放出酶与产物。可用下式表示：

$$E + S \rightleftharpoons ES \longrightarrow P + E$$

式中　S——代表底物；

　　　E——代表酶；

　　ES——为中间物；

　　　P——为反应产物。

由 E 与 S 结合，致使 S 分子内的某些化学键发生极化，呈不稳定状态（或称活化状态），故反应能阈降低。

对有两种底物参加的酶催化反应，该学说可用下式表示：

$$E + S_1 \rightleftharpoons ES_1$$
$$ES_1 + S_2 \longrightarrow P + E$$

在有辅酶参加的催化反应中，则是辅酶与 S_1 分子的一部分结合，并将这一部分转移给 S_2 而形成新产物。

根据中间配合物学说，酶催化反应分两步（或多步）进行，每一步反应的活化能较低，因而总的活化能也较低。由图 5-3 看出，酶催化反应的总活化能 E 为：

$$E = E_1 + E_2 - E_{-1}$$

通常 E_1、E_2 等数值均比 E_0 小得多，所以酶催化反应的总活化能 E 就比无酶存在时的非催化反应的活化能 E_0 小得多。

由图 5-3 还可以看出，要 E 小，必须 E_1、E_2 都小。E_1 小意味着酶易于与底物作用，E_2 小意味着中间物 ES 不太稳定，即 ES 要易于进一步分解产生最终产物 P 同时释放出 E。

中间配合物学说能否成立，其关键在于能否证实确有中间配合物的形成。在目前来说，中间配合物学说，已经获得可靠的实验证据。

例如，过氧化物酶 E 可催化 H_2O_2 与另一还原型底物 AH_2 进行反应。按中间配合物学说，其反应历程如下：

$$E + H_2O_2 \longrightarrow E\text{-}H_2O_2$$
$$E\text{-}H_2O_2 + AH_2 \longrightarrow E + A + 2H_2O$$

在此过程中，可用光谱分析法证明中间配合物 $E\text{-}H_2O_2$ 的存在。首先对酶液进行光谱分析，发现过氧化物酶在 645nm、587nm、548nm、498nm 处有四条吸收光带，接着向酶液中加进 H_2O_2，此时发现酶的四条光带消失，而在 561nm、530nm 处出现两条吸收光带，而且溶液颜色由褐变红，这说明酶已与过氧化氢结合而生成了一种新的中间物。然后加进另一还原型底物 AH_2（如没食子酸），则过氧化物酶立即恢复其原来的四条吸收光带，这表明过氧化物酶重新游离。近年来，观察凝乳蛋白酶催化对硝基苯乙酸酯的水解反应时，能直接分离出中间物（乙酰凝乳蛋白酶复合物），由此证明酶与底物生成的中间配合物是确实存在的。

（二）酶的催化活性中心

酶的相对分子质量一般在 10^4 以上，由数百个或更多的氨基酸残基组成，一般的酶分子与它们的底物相比要大得多。实验证明，酶的催化活性并不是与整个分子各个部分有关，其活力表现集中在某一区域。例如，脲酶的相对分子质量为 48 万，然而发现这样大的分子只要用 4 个 Ag^+ 与之结合，就能使其活性丧失，可见活性部位并不是整个分子，而只是分子中的有限部分。对于不需要辅酶的酶来说，活性中心可能就是酶分子在三维结构上比较靠近的少数几个氨基酸残基或这些残基上的某些基团，它们在一级结构上可能相距甚远，甚至位于不同的肽链上，通过肽链的盘绕、折叠而在空间构象上相互靠近；对于需要辅酶的酶来说，辅酶分子或辅酶分子上的某一部分结构，往往就是活性中心的组成部分。

活性中心是直接将底物转化为产物的部位，它通常包括两部分：与底物结合的部分称为结合中心；促进底物发生化学变化的部分称为催化中心。前者决定酶的专一性，后者决定酶催化反应的性质。有些酶的结合中心和催化中心是同一部位。

在强调酶活性部位的重要性时并不否认其他部位的重要性。事实上，酶的其他部位，对于维持酶的空间构象、保护酶的活性部位、保持酶的催化能力、保证酶活性中心结构的稳定性及分子构象的完整性等方面，都有不同程度的重要性。当外界物理化学因素破坏酶的结构时，首先就可能影响酶活性中心的特定结构，结果就必然影响酶活力。

酶的活性部位可用化学标记法和 X 射线衍射法等进行测定。表 5-4 中列出的是已被测定的某些酶的活性中心的氨基酸残基所在位置。

表 5-4　某些酶的活性中心的氨基酸残基所在位置

酶的名称	氨基酸残基总数	活性中心的氨基酸残基所在位置
牛胰核糖核酸酶	124	组 12,组 119,赖 41
溶菌酶	129	天 52,谷 35
胰蛋白酶	233	组 46,丙 90,丝 183
木瓜蛋白酶	212	半胱 25,组 159
枯草杆菌蛋白酶	275	组 64,丝 221
碳酸酐酶	258	组 93—Zn—组 95 组 117

研究发现，在酶活性中心出现频率最高的氨基酸残基有：丝氨酸、组氨酸、半胱氨酸、酪氨酸、天冬氨酸、谷氨酸和赖氨酸。

并不是所有的酶在体内一经合成即有催化活性。一些酶在细胞内合成完毕后并不表现催化活性，这种无活性状态的酶前身称为酶原。酶原在一定条件下，通过有限的水解作用后，转变成有活性的酶，这一转化过程称为酶原激活。如胃蛋白酶原及羧肽酶原等，它们在细胞内合成和分泌出来时，都以无活性的酶原形式存在。酶原的激活过程是通过去掉分子中的部分肽段，引起酶分子空间结构的变化，从而形成或暴露出活性中心，转变成为具有活性的酶。

例如，胰蛋白酶刚从胰脏细胞分泌出来时，是没有催化活性的胰蛋白酶原。当它随胰液进入小肠时，在肠液中肠激酶作用下自 N 端水解掉一个六肽，使肽链螺旋度增加，导致含有必需基团的组氨酸、丝氨酸、天冬氨酸等聚集在一起形成活性中心，于是胰蛋白酶原就变成了胰蛋白酶。如图 5-4 所示。

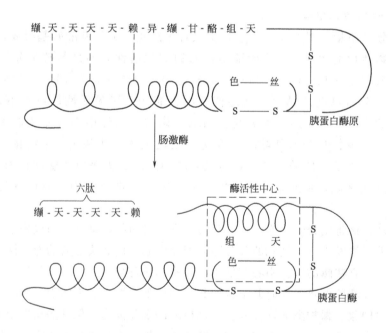

图 5-4　胰蛋白酶原的激活

在组织细胞内，某些酶（特别是水解酶）以酶原的形式存在具有重要的生物学意义。这可以保护组织细胞不致因酶的作用而发生自身消化和使组织细胞破坏。胰腺细胞分泌的大多数水解酶都以酶原形式存在，分泌到消化道后才被激活而起作用，这就保护了胰腺细胞不受酶的破坏。又如血液中的凝血酶以酶原形式存在，这就保证了在正常循环中不会出现凝血现象，只有在出血时，凝血酶原才被激活，促进伤口处血液凝固以防止大量出血。

（三）酶催化的高效机制

酶催化作用机制包括下列共同程序，即酶与底物相遇后，互相定向，电子重组及产物释放。在探讨酶的作用机制时，着重于对酶作用的两个主要特点——高效性及专一性的机制的解释。

1. 反应物的邻近效应和定向效应

所谓邻近效应是指酶与底物结合形成中间配合物以后，使底物和底物之间，酶的催化基团与底物之间由于结合于同一分子，而使有效浓度得以极大的升高，从而反应速率大大增加的一种效应。例如，在体内生理条件下，底物浓度一般约在 $0.001 mol/L$，而在酶的活性中心部位曾测定出底物浓度高达 $100 mol/L$，即增高 10^5 倍，因此，在活性中心区域反应速率必然大为提高。对双分子反应来说，当两底物浓集于酶的活性中心上时，不仅彼此靠近，还会发生一定的取向（定向效应），这样一个分子间反应变成为一个类似分子内反应，从而加快反应速率。底物分子与酶的活性中心结合后，分子中不稳定的化学键受到牵拉或变形，产生所谓的"张变扭曲效应"，使相应的化学键易于断裂而发生反应，这也是酶加速化学反应的原因之一。

2. 共价催化

又称亲核亲电催化。在催化时，亲核的酶催化剂或亲电的酶催化剂能分别放出电子或汲取电子并作用于底物的缺电子中心或负电中心，迅速形成不稳定的共价中间配合物，降低反应活化能，以达到加速反应的目的。例如，通常酶的活性中心上都含有亲核基团，如丝氨酸的羟基、半胱氨酸的巯基、组氨酸的咪唑基等。这些基团都有剩余的电子对作为电子的供体，它们易与底物中的缺电子的原子，如 $\overset{+}{C}\!\!=\!\!O^-$ 上的碳形成共价键化合物，然后这个基团转移至第二个亲核受体或水分子上完成催化过程。现以酰基（以 RCO 表示）转移反应为例来说明：

第一步　　　　　　　　　RCOX⁻ + E —→ RCOE + X⁻
　　　　　　　　　　　　（酰基供体）

第二步　　　　　　　　　RCOE + HOH —→ RCOOH + E
　　　　　　　　　　　　　　　（酰基终受体）

总反应　　　　　　　　　RCOX + H_2O —→ RCOOH + H^+ + X^-

在酶催化的反应中，由于形成了不稳定的共价中间物而使反应大大加速。

3. 酸碱催化

酸碱催化剂是催化有机反应的最普通、最有效的催化剂。有两种酸碱催化剂，一种是狭义的酸碱催化剂，即 H^+ 和 OH^- 的催化，由于酶反应的最适 pH 一般接近中性，因此 H^+ 与 OH^- 的催化在酶反应中的重要意义是比较有限的；另一种是广义的酸碱催化剂，即质子供体和质子受体的催化。这类反应有：羰基的加成作用、酮基和烯醇的互变异构、酯的水解、氨解和焦磷酸参与的反应等。它们在酶反应中占有较为重要的地位。

由于酶蛋白中含有多种可以起酸碱催化作用的功能基，如氨基、羧基、巯基、咪唑基等，因此酶的酸碱催化效率比一般酸碱催化剂的高得多。例如，肽键在无酶存在下进行水解

时需要高浓度的 H^+ 或 OH^-，长的作用时间（10～24h）和高温（100～120℃），而以胰凝乳蛋白酶作为酸碱催化剂时，在常温、中性条件下很快就可以使肽键水解。

在上述三种机制中，通常第一种机制，即依靠酶将底物固定于其表面并使之靠近与定向起的作用更大。不过在许多体内酶催化反应中，常常不是单一机制起作用，而是各种因素的配合使反应大大加速。

（四）酶催化的专一性机制

对酶的选择特异性机制曾经提出过几种不同的假说，现介绍其中较为简单的两种。

1. 锁钥假说

这个假说认为：酶与底物分子或底物分子的一部分之间，在结构上有严格的互补关系。当底物楔合到酶蛋白的活性中心上时，很像一把钥匙插入到一把锁中。酶的天然构象是刚性的，如果底物分子结构上存在着微小的差别，就不能楔入酶分子中，从而不能被酶作用（图5-5）。

但还有些问题锁钥假说不能很好解释：如果酶的活性中心是"锁钥假说"中的锁，那么这种结构不可能既适合于可逆反应的底物，又适合于可逆反应的产物。

2. 诱导楔合假说

这个假说认为：酶的活性部位在结构上是柔性的，即具有可塑性或弹性，而非刚性的。当酶分子与底物分子接近时，酶蛋白受底物分子的诱导，其构象发生有利于底物结合或催化的变化，酶与底物在这个基础上互补楔合，进行反应（如图5-6所示）。图5-6中酶分子的a、b、c是必需基团，底物与结合基团接触后，酶分子构象改变，催化基团a、b、c与底物敏感部位很好地楔合。近年来，一些实验证实酶与底物结合时确有显著的构象变化。因此，目前公认诱导楔合假说比较符合实际。

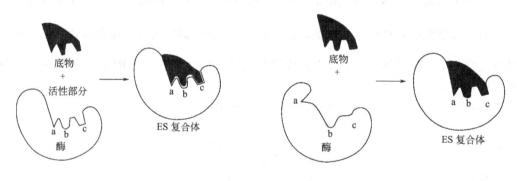

图 5-5　锁钥假说示意　　　　　　　　图 5-6　诱导楔合假说示意图

以上是人们对酶的催化作用机制的现有认识。虽然近年来通过研究工具和方法的改进，对中间配合物的详细结构及其转变速率和机制提供了有力的实验证据，但对酶催化作用机制的彻底解决还有一定距离。

第五节　酶催化反应动力学

催化反应（又称酶促反应）动力学是研究酶催化反应速率及影响此速率的各种因素的学科。研究酶催化反应动力学对了解酶作用机制、优化反应系统、选择合适的生产工艺及酶反应器设计等都有重要意义。影响酶催化反应速率的因素有底物浓度、酶浓度、温度、pH、激活剂和抑制剂等。

一、底物浓度对酶催化反应速率的影响

（一）酶催化反应速率的测定

于不同时间测定反应体系中产物的生成量，以产物的生成量对时间作图，即得到如图 5-7 的反应进程曲线。不同时间的反应速率就是时间为不同值时曲线的斜率。

研究酶反应速率通常都以反应的初速率为准。因为随着酶反应时间的延长，底物浓度降低，产物积累，一部分酶失活等，这些因素都将导致酶反应速率逐渐下降。只有在反应的初始阶段，上述因素的影响才可忽略不计。通常以酶反应进程曲线的直线部分（一般底物浓度的变化在 5％ 以内）来计算酶反应的初速率。酶反应的初速率愈大，意味着酶的催化活力愈高。

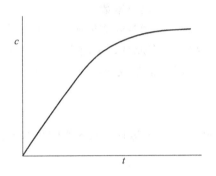

图 5-7 酶的反应进程曲线

酶活力又称酶活性，是指酶加速化学反应的能力，常以单位时间内转化底物的数量来度量。规定在 25℃，最适反应条件下，每分钟转化 $1\mu mol/L$ 底物的酶量为一个酶活力单位（IU）。另一酶活力单位是 kat，其定义为在最适条件下，每秒钟能使 $1mol/L$ 底物转化的酶量。二者的关系为：

$$1kat = 6 \times 10^7 IU$$

在酶学研究和工业生产中，常用酶的比活来表示酶的活力。酶的比活是指单位质量（mg）酶制品所具有的酶活力数。

每分子酶或每个酶活性中心在单位时间内所能催化底物起反应的分子数，称为酶的转换值（turn over number，TN）。酶的转换值相当于酶反应的速率常数。乳酸脱氢酶的转换值为 $1 \times 10^3 s^{-1}$，表明每个酶分子在 1s 内可以催化 1×10^3 个分子乳酸脱氢。

（二）米氏方程的导出

酶和底物是构成酶反应系统最基本的因素，它们决定了酶反应的基本性质，其他各种因素必须通过它们才能产生影响，因此，酶和底物之间的动力学关系是整个酶反应动力学的基础。

实验发现随着底物浓度的增加，反应速率的上升呈双曲线，即在低浓度时，反应速率 v 与底物浓度呈正比，表现为一级反应。如果底物浓度很大时，反应速率逐渐接近恒值而与底物浓度无关，反应呈零级反应。这种典型的酶反应速率曲线如图 5-8 所示。

曾有各种假说，试图解释上述现象，其中比较合理的是前已述及的中间配合物学说，即

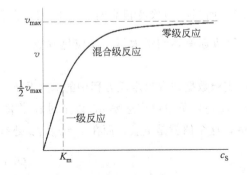

图 5-8 酶反应速率与底物浓度的关系

$$E + S \underset{k_1}{\overset{k_1}{\rightleftharpoons}} ES \overset{k_2}{\longrightarrow} P + E$$

1913 年 Michaelis 和 Menten 根据这一假设，对酶催化反应进行了动力学分析，推导出酶催化反应速率与底物之间关系的基本公式，这就是著名的米氏方程。它是酶学研究中最基本，也是最重要的公式之一。

反应产物 P 的生成速率取决于中间配合物 ES 的分解速率，即

$$v = \frac{\mathrm{d}c_P}{\mathrm{d}t} = k_2 c_{ES} \tag{5-1}$$

式中　v——酶反应速率；

　　　k_2——速率常数；

　　　c_{ES}——酶与底物形成的中间配合物浓度。

根据稳态原理，中间物 ES 的浓度开始由零逐渐增加到一定数值后，达到动态平衡（稳态），即 ES 的生成速率等于其分解速率，即

$$k_1 c_E c_S = (k_{-1} + k_2) c_{ES} \tag{5-2}$$

　　而

$$c_E = c_{E_0} - c_{ES} \tag{5-3}$$

式中　c_{E_0}——初时加入的酶的总浓度。

于是

$$k_1 (c_{E_0} - c_{ES}) c_S = (k_{-1} + k_2) c_{ES} \tag{5-4}$$

　　故

$$c_{ES} = \frac{k_1 c_{E_0} c_S}{k_{-1} + k_2 + k_1 c_S} \tag{5-5}$$

于是

$$v = k_2 c_{ES} = \frac{k_1 k_2 c_{E_0} c_S}{k_{-1} + k_2 + k_1 c_S} = \frac{k_2 c_{E_0} c_S}{\dfrac{k_{-1} + k_2}{k_1} + c_S}$$

　　即

$$v = \frac{v_{\max} c_S}{K_m + c_S} \tag{5-6}$$

式中　$v_{\max}$——酶反应的最大速率或极限速率；

　　　K_m——酶的米氏常数，$K_m = \dfrac{k_{-1} + k_2}{k_1}$。

这就是酶催化反应的米氏方程。这个方程定量地关联了反应速率 v 与底物浓度 c_S 之间的关系，能很好地说明图 5-8 的动力学曲线。当底物浓度低时，c_S 比 K_m 小得多，此时 $v = \dfrac{v_{\max}}{K_m} c_S$，即反应速率与底物浓度成正比，反应呈一级。而当底物浓度很高时，c_S 比 K_m 大得多，$v = v_{\max}$，表明酶活性部位已全部被底物占据，反应速率达到最大值，反应呈零级。

（三）米氏方程参数的确定

动力学参数一般都是根据动力学实验求得。通过实验数据拟合出米氏方程中的 $v_{\max}$ 及 K_m。采用作图法最方便，在 c_{E_0} 一定的条件下，改变底物浓度 c_S，测量反应速率 v，以 v 对 c_S 作图，如图 5-8 所示。当 c_S 很大，反应速率趋于一个极限值，这个值就是 $v_{\max}$，而在 $v = v_{\max}/2$ 处有

$$\frac{1}{2} = \frac{c_S}{K_m + c_S} \tag{5-7}$$

此时的 $c_S = K_m$，即 K_m 为反应速率是最大反应速率一半时的底物浓度。因此，K_m 的单位与浓度单位相同。

由于根据实验点很难拟合出误差最小的曲线（底物浓度 c_S 很高时，通常很难测定 v_{max} 的渐近值），故得到的 K_m 不易准确，因此，往往要进行线性化处理。这里仅介绍比较常用双倒数作图法。

将米氏方程两边取倒数可得式(5-8)

$$\frac{1}{v} = \frac{K_m}{v_{max}} \times \frac{1}{c_S} + \frac{1}{v_{max}} \tag{5-8}$$

以 $\frac{1}{v}$ 对 $\frac{1}{c_S}$ 作图可得一直线，其斜率为 $\frac{K_m}{v_{max}}$，纵轴截距为 $\frac{1}{v_{max}}$，据此便可求出 v_{max} 和 K_m。也可由 $\frac{1}{v} = 0$ 时，$\frac{1}{c_S} = -\frac{1}{K_m}$ 求出 K_m，如图 5-9 所示。

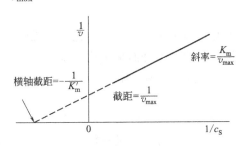

图 5-9 双倒数法求 v_{max} 和 K_m

这种作图法的两个坐标分别是 v 和 c_S 的倒数，故称双倒数作图法。要想得到比较准确的结果，实验所用底物的浓度要大些。最好在设计底物浓度时，将 $1/c_S$ 而非 c_S 配成等差级数，这样可使点的距离比较平均，再配以最小二乘法回归，就可以得到准确的结果。

【例 5-1】 用己糖激酶催化以下反应

$$葡萄糖 + ATP \xrightarrow{\text{己糖激酶}} 6\text{-磷酸葡萄糖} + ADP$$

反应在 ATP 浓度为 5×10^{-3} mol/L、$MgCl_2$ 浓度为 5×10^{-3} mol/L 的溶液中进行。在不同的葡萄糖浓度下测定每分钟生成的 6-磷酸葡萄糖的速率如下所示：

葡萄糖浓度/($\times 10^6$ mol/L)	33	40	50	66	100
生成 6-磷酸葡萄糖速率/(U/min)	0.025	0.027	0.030	0.033	0.040

求 K_m 和 v_{max}

解： 将已知数据化为 $1/c_S$ 和 $1/v$

$(1/c_S) \times 10^{-3}$/(L/mol)	30	25	20	15	10
$(1/v)$/(min/U)	40	37	33	30	25

以 $1/v$ 对 $1/c_S$ 作图，得横轴的截距为 $-1/K_m = -26$，故 $K_m = 10^{-3}/26 = 38 \times 10^{-6}$ mol/L

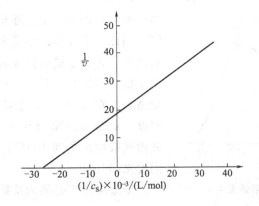

在纵轴的截距为 $\dfrac{1}{v_{max}} = 19$，故 $v_{max} = 0.053U/min$

（四）米氏方程的意义

1. 定量地关联了反应速率与底物浓度的关系

由米氏方程可知，当 $c_S \ll K_m$ 时，则

$$v = \frac{v_{max}}{K_m} c_S \tag{5-9}$$

显示出一级反应特征，也就是说底物浓度低时，酶的活性中心未被饱和，因此，反应速率随底物浓度上升而呈正比关系。

当 $c_S \gg K_m$ 时，则

$$v = v_{max} \tag{5-10}$$

即反应速率达到最大值，而与底物浓度无关。表明酶活性部位已全部被底物占据，达到饱和状态，反应呈零级特征。

当 c_S 接近于 K_m 时，反应系统则随底物浓度而变动于零级和一级之间。由此可见，酶反应速率和底物浓度直接相关，衡量这种关系的尺度是 K_m。

2. 提供了一个极为重要的酶催化反应的动力学参数 K_m

通过 K_m 表达了酶催化反应的性质、反应条件与酶催化反应速率之间的关系（K_m 是各速率常数的函数，而各速率常数又决定于反应性质、反应条件）。

K_m 是酶的特征常数，酶不同，K_m 值不同，一般在 $1 \times 10^{-8} \sim 1mmol/L$ 之间。如一种酶能与多种底物作用，则每种底物有一特定的 K_m 值。其中 K_m 值最小的底物称为该酶的最适底物或天然底物。不同底物有不同的 K_m 值这一点说明同一种酶对不同底物的亲和力不同。一般近似地以 $1/K_m$ 来表示亲和力。K_m 值愈小，$1/K_m$ 则愈大，表明亲和力大，酶催化反应易于进行。

3. 反映了酶反应速率与酶浓度之间的关系

由米氏方程可知，当 $c_S \gg K_m$ 时，$v = k_2 c_{E_0}$，具有线性关系，即反应速率与酶浓度成正比。这是一个重要而实用的结论。在测定酶活性时一般选择此条件，此时，酶活力正比于酶浓度而与底物浓度无关。

二、温度对酶催化反应速率的影响

温度的影响包括两方面：一方面当温度升高时，与一般化学反应一样，反应速率加快，其温度系数（即温度提高 $10°C$，其反应速率与原反应速率之比）为 $1 \sim 2$；另一方面，随着温度的升高而使酶蛋白逐步变性，反应速率随之下降。因此，酶反应的最适温度就是这两种过程平衡的结果。在低于最适温度时，前一种效应为主；在高于最适温度时，则后一种效应为主。大多数酶的最适温度在 $30 \sim 60°C$ 之间，少数酶能耐受较高的温度，如细菌淀粉酶在 $93°C$ 活力最高，又如牛胰核糖核酸酶加热到 $100°C$ 仍不失活。酶反应的最适温度见图 5-10。

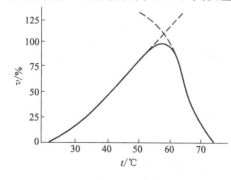

图 5-10 酶反应的最适温度

最适温度不是酶的特征物理常数，它往往受到

酶的纯度、底物、激活剂、抑制剂等因素的影响。因此对某一酶而言，必须说明是在什么条件下的最适温度。最适温度还与作用时间有关，酶可以在短时间内耐受较高的温度。酶在干燥状态下比潮湿状态下，对温度的耐受力要高。这一点已用于指导酶的保藏。例如制成冰冻干粉的酶制剂能放置几个月，甚至更长时间，而未制成这种干粉的酶溶液在冰箱中只能保存几周，甚至几天就会失活。

三、pH 对酶催化反应速率的影响

大多数酶的活性受 pH 影响较大。在极端的情况下（强酸或强碱）会导致蛋白质的变性，即蛋白质的三级结构受到破坏，使酶不可逆地失活。在一般情况下，由于蛋白质的两性特性，酶在任何 pH 值中都可能同时含有带正电荷或负电荷的基团，这种可离子化的基团常常是酶活性部位的一部分。为了完成催化作用，酶必须以一种特定的离子化状态存在，这就要求系统应具有与之相适应的 pH 值。在一定条件下，能使酶发挥最大活力的 pH 值称为酶的最适 pH 值。大多数酶的最适 pH 值在 5～8 之间，但也有不少例外，如胃蛋白酶的最适 pH 为 1.5，肝中的精氨酸酶的最适 pH 为 9.7。图 5-11 是胃蛋白酶和 6-磷酸葡萄糖的 pH 活性曲线。

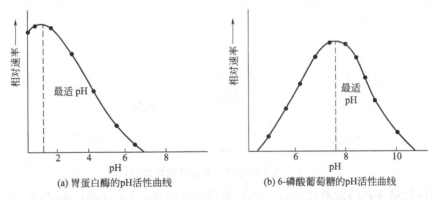

(a) 胃蛋白酶的pH活性曲线　　　(b) 6-磷酸葡萄糖的pH活性曲线

图 5-11　胃蛋白酶和 6-磷酸葡萄糖的 pH 活性曲线

四、激活剂对酶催化反应速率的影响

凡能提高酶的活性，加速酶催化反应进行的物质都称为激活剂或活化剂。如 Co^{2+}、Mg^{2+}、Mn^{2+} 等金属离子可显著增加 D-葡萄糖异构酶的活性；Cu^{2+}、Mn^{2+}、Al^{3+} 三种金属离子对黑曲霉酸性蛋白酶有协同激活作用，三者同时加入酶活性可提高 2 倍。一般认为，这里金属离子的激活作用是金属离子使底物更有利于同酶的活性部位相结合而加速反应进行，金属离子在其中起了某种搭桥作用。有些酶的激活剂是无机阴离子及小分子有机化合物（如半胱氨酸、维生素 C 等）。

五、抑制剂对酶催化反应速率的影响

酶是蛋白质，凡可使蛋白质变性而引起酶活力丧失的作用称为失活。酶在不变性的情况下，由于必需基团或活性中心化学性质的改变而引起酶活性的降低或丧失，则称为抑制作用。引起抑制作用的物质称为抑制剂。抑制剂可能是外来物，也可能是反应产物（产物抑制）或底物（底物抑制）。

在酶催化反应中抑制作用相当普遍，它是酶催化与非酶催化反应之间一个十分重要的区别。生物体内新陈代谢过程之所以能有条不紊地进行，均得归功于酶的这一特性，这时抑制

在生物体内起到了调节、控制代谢速率的作用。

    酶的抑制可以是不可逆的，也可以是可逆的。不可逆抑制作用通常是抑制剂以共价键与酶蛋白中的必需基团结合，结合较牢固（不能用透析、超过滤等方法除去），逐步使酶活性丧失而不能恢复。例如，常用的有机磷农药，它们能与害虫体内的乙酰胆碱酯酶的丝氨酸的—OH 结合而使酶的活性丧失，导致神经中毒死亡。可逆抑制作用是指抑制剂与酶蛋白以非共价键结合，具有可逆性，可以通过加入某些能解除抑制的物质而恢复酶的活力。此处将着重讨论可逆抑制。根据抑制剂与底物的关系，又可分为竞争性抑制和非竞争性抑制。

1. 竞争性抑制

竞争性抑制的模式可用下式表示：

$$E + S \underset{k_{-1}}{\overset{k_1}{\rightleftharpoons}} ES \xrightarrow{k_2} P + E$$
$$\begin{array}{c} + \\ I \\ {}_{k_{-3}}\|{}^{k_3} \\ EI \end{array}$$

    底物 S 和抑制剂 I 争夺共同的酶活性中心，当底物与酶结合成中间配合物 ES 后，将进一步分解为产物，但抑制剂与酶结合成 EI，则不能进一步分解。因而，由于抑制剂的存在，将阻抑产物的生成，降低反应速率。竞争性抑制如图 5-12（b）所示。

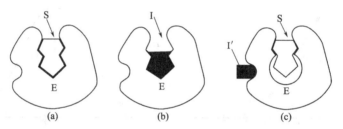

图 5-12　竞争性抑制和非竞争性抑制示意图

    （a）为底物结合在酶的活性中心；（b）为竞争性抑制，I 也能和酶的活性中心结合，从而竞争性地抑制了底物和酶活性中心的结合；（c）为非竞争性抑制，I′结合在酶的活性中心以外的部位，它的结合改变了酶活性中心的构型，削弱了底物和酶活性中心的结合动力学公式的推导，仍用前述的稳态法，不同的只是在竞争性抑制的情况下，游离酶浓度

$$c_E = c_{E_0} - c_{ES} - c_{EI} \tag{5-11}$$

c_{EI} 的解离常数是

$$K_I = \frac{c_E c_I}{c_{EI}} \tag{5-12}$$

故

$$c_E = \frac{c_{E_0} - c_{ES}}{1 + \dfrac{c_I}{K_I}} \tag{5-13}$$

按稳态法处理，则

$$\frac{\mathrm{d}c_{ES}}{\mathrm{d}t} = k_1 c_E c_S - (k_{-1} + k_2) c_{ES} = 0 \tag{5-14}$$

即

$$\frac{c_E c_S}{c_{ES}} = \frac{k_{-1} + k_2}{k_1} = K_m \tag{5-15}$$

于是

$$c_{ES} = \frac{c_{E_0} c_S}{K_m \left(1 + \dfrac{c_I}{K_I}\right) + c_S} \tag{5-16}$$

故

$$V_I = k_2 c_{ES} = \frac{k_2 c_{E_0} c_S}{K_m \left(1 + \dfrac{c_I}{K_I}\right) + c_S}$$ (5-17)

式中　V_I——有抑制剂 I 时的酶反应速率；

$$K'_m = K_m \left(1 + \frac{c_I}{K_I}\right)$$

式中　K'_m——抑制剂存在下的表观米氏常数。

可见在有抑制剂存在下，表观米氏常数 K'_m 较无抑制时的 K_m 增大了 $\left(1 + \dfrac{c_I}{K_I}\right)$ 倍。

这意味着抑制剂与酶结合后，酶和底物的亲和力降低了，抑制剂浓度愈大，K_I 愈小，酶和抑制剂结合得愈多，酶和底物的亲和力降低也愈显著，酶反应速率亦因之相应减慢。反之，如果底物浓度增大，也可减轻或解除该类抑制作用。$v_{max} = k_2 c_{E_0}$ 为在一定浓度条件下的最大反应速率，它与没有抑制剂存在时相同。v 与 c_S 的关系见图 5-13。

将 I 存在时的酶反应速率方程改写为

$$\frac{1}{v_I} = \frac{K_m \left(1 + \dfrac{c_I}{K_I}\right)}{v_{max}} \times \frac{1}{c_S} + \frac{1}{v_{max}}$$ (5-18)

同样可用双倒数作图法求出在一定酶浓度和一定抑制剂浓度下的 v、K_m、K_I，结果见图 5-13(b)。

竞争性抑制物往往在化学结构上与底物相似，因而能与底物相互竞争地在酶的同一活性

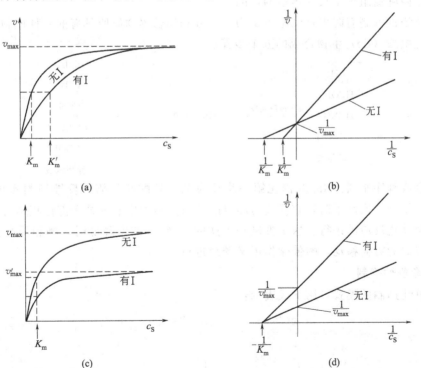

图 5-13　竞争性抑制和非竞争性抑制动力学参数变化示意

(a)，(b) 为竞争性抑制动力学参数关系曲线；(c)，(d) 为非竞争性抑制动力学参数关系曲线

部位结合而产生抑制作用。

典型的例子是丙二酸（或戊二酸）对丁二酸（琥珀酸）脱氢酶的抑制作用。丙二酸像丁二酸一样有两个可与定位点结合的羧基，但却没有两个可失去 H 而形成双键的亚甲基，因此，不能进行下列只有丁二酸才能进行的脱氢反应：

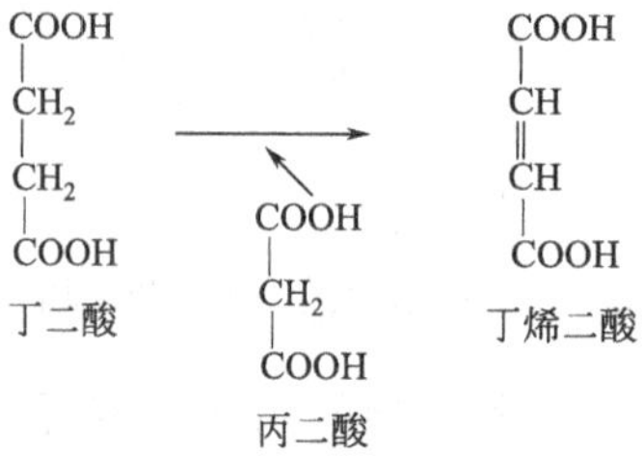

当丙二酸与丁二酸的浓度比为 1∶50 时，酶活力被抑制 50％。若增大丁二酸浓度，则抑制作用便减弱；若增大丙二酸浓度，则抑制作用加强。

在医药、农药工业上也常用到竞争性抑制作用。例如，磺胺类药物之所以能够杀菌，正是利用了竞争性抑制的效果。磺胺 （ H_2N —〇— SO_2NH_2 ） 在结构上与许多致病菌的重要生长素——对氨基苯甲酸 （ H_2N —〇— $COOH$ ） 十分相像，因此，导致对氨基苯甲酸反应合成叶酸的酶受到抑制，磺胺药阻断了致病菌获得养料的生化途径，从而把它杀死。一些抗癌药物如甲氨蝶呤（MTX）、5-氟尿嘧啶（5-Fu）和 6-巯基嘌呤（6-MP）等，分别是二氢叶酸还原酶及脱氧胸苷酸、嘌呤核苷酸合成中某种酶的竞争性抑制剂，阻碍核酸的合成，从而达到抑制机体内肿瘤组织生长、增殖的目的。

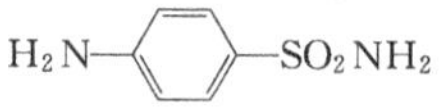

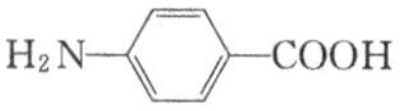

酶的竞争性抑制有时也是细胞本身为了充分利用营养物质所具有的一种控制功能。下式显示了异亮氨酸（Ile）生物合成的五个步骤。

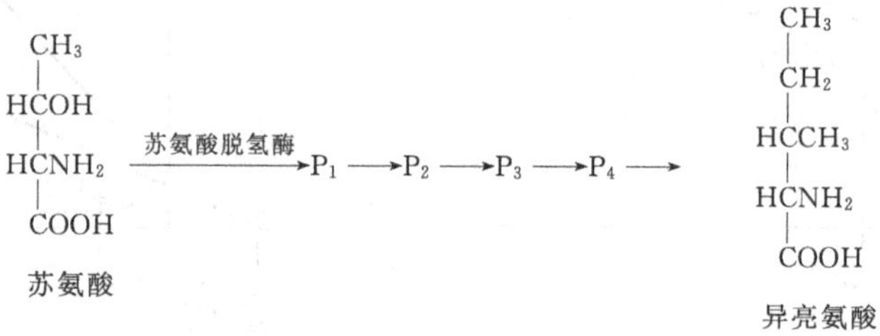

这一合成程序是通过 Ile 对催化第一步反应的苏氨酸脱氢酶的反馈抑制实现的。当 Ile 在细胞中积累到一定水平时，它便会与苏氨酸脱氢酶活性中心的某个部位相结合，从而抑制了第一步酶催化反应的进行。这个抑制是可逆的。当 lle 浓度降低时，酶和异亮氨酸结合的平衡向着解离的方向移动，酶催化作用又继续进行。

2. 非竞争性抑制

非竞争性抑制的模式可用下式表示：

抑制物和酶的活性中心以外的基团结合，故抑制物与底物两者没有竞争作用，但是由于抑制物的结合可导致酶活性中心的构型发生改变，削弱了底物和酶活性中心的结合，即减小了最大反应速率。非竞争性抑制作用的强弱取决于抑制物的绝对浓度，因而不能用增大底物浓度的办法来消除此种抑制作用。

经过类似的推导可得出其动力学方程为

$$v = \frac{v_{max}}{1 + \frac{c_I}{K_I}} \times \frac{c_S}{K_m + c_S} = \frac{v'_{max}}{K_m + c_S} \tag{5-19}$$

$$v'_{max} = \frac{v_{max}}{1 + \frac{c_I}{K_I}}$$

非竞争性抑制动力学的参数关系见图 5-13（c）、（d）。

抑制剂浓度越大，形成不能转变为产物的 EI 或 IES 越多，v_{max} 降低的程度也越显著。由于 v_{max} 降低，酶的反应速率也相应减小。

这类抑制物的结构与底物并不相像，如亮氨酸是精氨酸酶的非竞争性抑制物，亮氨酸与精氨酸的结构并不相像。乙酸、丙酸及乳酸等有机酸常对一些水解酶发生非竞争性抑制作用。某些金属离子（Cu^{2+}、Ag^+、Hg^+）及乙二胺回乙酸（EDTA）等，通常能与酶的控制部位中的—SH 作用，改变酶的空间结构，引起非竞争性抑制。

第六节 酶与固定化酶的生产

一、酶的发酵技术

酶作为生物催化剂普遍存在于动物、植物和微生物中。最早人们多从动物的脏器、腺体及植物的果实、种子中提取酶，如用猪的胃生产胃蛋白酶，牛胰制胰蛋白酶，发芽大麦生产淀粉等。利用微生物来进行酶生产是 19 世纪末日本人用曲霉通过固体培养生产"他卡"淀粉酶用作消化剂开始的。20 世纪 20 年代，德国用枯草杆菌生产 α-淀粉酶用于棉布退浆，为微生物酶的工业生产奠定了基础。20 世纪 40 年代末，日本用深层发酵法生产 α-淀粉酶，是微生物生产酶大规模工业化的开始。目前工业上应用的酶大多采用微生物发酵生产，这是因为微生物品种繁多，几乎所有的酶都能从微生物中找到，而且它的生产不受季节、气候和地域的限制；由于微生物容易培养，繁殖快，产量高，故可在短时间内廉价地大量生产；又因为微生物容易变异，通过变异或培养条件的改变，既可以增加酶的产量又可使酶的性能更适合人们的需要。

微生物生产酶的发酵是一个十分复杂的过程，一个切实可行的技术路线，要结合菌种性能、酶系特点、使用要求、生产成本来合理选择。在大规模工业生产时，对培养基消毒灭菌、种子培养及接种量、培养罐形式、工程管理等都要进行详细的研究和决定，以使产酶量增加，提高经济效益。

影响微生物产酶的各种因素是相互联系、相互制约的。通常微生物的生长与产酶不一定是同步的，产酶量也未必完全与微生物生长的程度成正比。为了使菌体最大限度地产酶，除了根据菌种特性或生产条件选择合适的培养基外，还应当为菌种在各个生理时期创造不同的培养环境。例如，细菌淀粉酶发酵生产采取"低浓度发酵、高浓度补料"，蛋白质发酵生产采取"提高前期培养温度"，糖化酶发酵生产采取"中间补料结合 pH 控制"等不同措施，就能大大提高产酶能力。

（一）培养基的选择

在配制培养基时应注意如下几点。

1. 诱导剂的影响

在有些酶的生产中，当培养基不存在诱导物时，酶的合成便受阻。诱导物多为底物或底物类似物，如淀粉、蔗糖、纤维素分别是淀粉酶、蔗糖酶和纤维素酶的诱导物（当诱导物存在时，酶的生成量可以几倍甚至几百倍的速度增加），它们是生产这些酶的理想碳源。

2. 分解代谢产物的阻遏作用

对于淀粉酶、蛋白酶和纤维素酶这类水解酶，若用葡萄糖等极易同化的物质作为碳源，则酶的合成会受到分解代谢产物的阻遏作用。因此，这类酶的生产最好用同化速度较慢的多糖为碳源，且其浓度一般也不宜太高，必要时采取流加或分批补料措施控制碳源浓度。

3. 表面活性剂的影响

对胞外酶来说，有时在胞内合成之后，并不马上分泌到细胞外，而要在体内停留一段时间，如用根霉菌生产脂肪酶，在培养 80h 后，菌体量已经很高，但分泌到培养液中的脂肪酶却很少，若加入少量 Na_2HPO_3，则酶的产量明显提高。又如，为使米曲霉的淀粉酶、白地霉的脂肪酶尽快分泌到细胞外，缩短培养时间，增大酶产量，可向培养液中添加吐温 80 等表面活性剂。

表面活性剂可以提高酶产量的原因：一种理论是表面活性剂在细胞膜周围能增大细胞膜的渗透性，使细胞内的酶更容易透过细胞膜而分泌出来；另一种理论是表面活性剂在气液界面上改善了氧传递速率而起到提高酶产量的作用。生产上使用的表面活性剂必须考虑对微生物是否有毒性，如果制造食用酶制剂，则更要对人无毒性。一般非离子表面活性剂对微生物几乎无毒性，生产上提高胞外酶的活力一般都采用非离子表面活性剂。常用的表面活性剂有吐温 80、植酸钙镁（菲汀）、洗净剂 LS（脂肪酰胺磺酸钠）、聚乙烯醇、乙二胺四乙酸（EDTA）等。

（二）发酵条件的控制

酶制剂的生产有固态发酵法和液体深层发酵法两种，工业上多采用液体深层发酵法。在酶的发酵生产中，菌种的产酶性能虽是决定发酵效果的重要因素，但发酵的工艺条件对产酶的影响也十分明显，所以，为了提高发酵的产酶效果，如何进行发酵过程的参数控制则十分重要，除培养基组成成分外，这些过程参数还包括温度、pH、通气、搅拌、消泡等。这些条件之间的关系是相互联系、相互制约的，只有配合恰当，才能使微生物对酶的生物合成达到最佳状态。菌种、原料及发酵方法的不同，使得发酵条件各异，此处仅做些原则性的介绍。

1. 温度

在发酵过程中，培养基中的营养物质被合成为菌体的细胞物质和酶时的生化反应都属于热反应；菌体生长时培养基中营养物质被大量分解，这种分解代谢的生化反应都属于放热反应。当菌体繁殖旺盛时，分解反应放出的热量大于合成反应所吸收的热量时，发酵液的温度会上升，加上因通气而带入的热量和搅拌作用产生的机械热，此时发酵液必须降温，以保持微生物生长繁殖所需的适宜温度。而在发酵初期，情况正好相反，需要保温。温度控制一般采用热水升温和冷水降温的办法。所以，在发酵罐中，均设计有足够传热面积的热交换装置，如排管、蛇管、夹套、喷淋管等。

2. pH

酶生产合适的 pH 通常和酶反应的最适 pH 相近，因此，生成碱性蛋白酶的芽孢杆菌宜在碱性环境下培养，生成酸性蛋白酶的青霉和根霉宜在酸性环境下培养。在中性、碱性和酸性条件下培养栖土曲霉分别产生中性、碱性和酸性蛋白酶。

在发酵过程中，菌体由于对培养基中营养成分的利用和代谢产物的积累，培养基的 pH 会发生变化，这种变化与细胞特性有关，也与培养基的组分密切相关。含糖量高的培养基，由于代谢产生的有机酸会使 pH 下降；含蛋白质、氨基酸较多的培养基，经代谢产生较多的胺类物质而使 pH 上升；磷酸盐的存在对培养基的 pH 有一定的缓冲作用；pH 变化也与通风量有关，如通风不足，糖和脂肪氧化不完全，会产生中间产物如有机酸类，而使 pH 下降。

所以在发酵过程中，必须对培养基的 pH 进行适当的控制和调节，pH 的调节可以通过改变培养基的组分或比例来实现。必要时可以使用缓冲溶液、改变通风量或流加酸、碱溶液以调节控制培养基中 pH 的变化。

3. 溶氧

酶制剂所用菌种均为好氧或兼性好氧微生物，发酵过程中必须提供大量氧以满足菌体生长繁殖和产酶的需要。培养液内微生物所利用的只能是溶解氧，但在常温常压下氧在溶液中的饱和浓度约为 2mmol/L（即约 7mg/L），如果外界不能及时供氧，这些溶氧只能维持菌体 $15 \sim 20s$ 的正常呼吸，因而发酵液中的溶氧浓度是发酵过程中的一个需要调节控制的参数。

氧的溶解过程实质上是气体被水吸收的过程，可用气体吸收的基本理论，即双膜理论加以描述。

根据双膜理论可以推导出在液体中的溶氧速率公式为

$$r = k_L a(c^* - c) \tag{5-20}$$

式中　r——体积溶氧速率，$mol/(m^3 \cdot h)$；

c^*——与气相氧分压 p_{O_2} 相平衡的液相氧浓度，服从亨利定律 $c^* = p_{O_2}/H$（H 为亨利常数），mol/m^3；

c——液相主体中的氧浓度，mol/m^3；

k_L——气相到液相的总传质系数，m/h；

a——单位体积的液体所含的气-液接触面积，m^2/m^3；

$k_L a$——常将 $k_L a$ 看作一个整体，称为体积传质系数，h^{-1}。

从溶氧速率公式可以看出，溶氧的主要推动力是溶氧浓度差（$c^* - c$）与体积传质系数 $k_L a$，$k_L a$ 与设备的操作条件有关，是关键性参数，影响 $k_L a$ 的因素主要有搅拌速度和通气量。

搅拌是加速溶氧的主要措施之一，通过搅拌能把通入发酵罐的空气打碎成小气泡，增加气液接触的有效面积，加速氧的溶解速度，增加液体的湍流程度，减小气泡周围的液膜厚度和菌丝表面液膜厚度，从而加速养料和溶氧进入细胞内部的转移速度。搅拌还可使液体形成涡流，延长气泡在培养液内的停留时间，有利于氧的吸收。

随着搅拌转速的增加，在一定范围内可以显著增大 $k_L a$，提高溶氧量，但搅拌转速超过一定值后，不再成为提高溶氧的控制因素，即再增加转速，溶氧也不会有很大改善，而剧烈的搅拌除了消耗大量功率外，还会使发酵液产生大量泡沫，搅拌叶的剪切作用也会造成细胞损伤，使菌体提前自溶，使产酶量降低。因此，对产酶而言，存在一个最佳搅拌转速值，例如酸性蛋白酶生产的最佳搅拌转速约为 400r/min。

通气量通常以单位时间内通过单位体积发酵液的空气体积来表示。通气量增加，空气流速增大，造成发酵液更大的湍动，减小了氧传递过程中的气膜阻力，使 k_La 增加，有利于氧的传递吸收。同搅拌转速对产酶影响相似，通气量对产酶影响也存在一个最佳值。通气量过大，会使大量气沫逸出，造成逃液，增加染菌机会和降低发酵罐的装料系数。一般来说，发酵初期细胞的呼吸强度大，耗氧多，但菌体少，相对通气量可少些；菌体繁殖旺盛时则耗氧多，通气量要求大些。产酶旺盛期对通气量的要求则不一样，大多数需要激烈通气。通气除供给菌体发酵所需氧气外，还有驱除培养基中代谢废气的作用。

实际生产中，常同时调节搅拌转速和通气量两个因素来调节发酵液中的溶氧。

二、酶的工业提取

微生物产生的酶有胞内酶和胞外酶之分。胞内酶是指在细胞内合成又在细胞内起作用的酶；胞外酶是指在细胞内合成后，分泌到细胞外，在细胞外起作用的酶。无论哪一种酶，把它从菌体中（胞内酶）或培养基中（胞外酶）提取出来，并使之达到与使用目的相适应的纯度，这是酶的提取与精制的目的。

工业提取法是工业上大批量提取酶的常用方法。工业上的酶制剂，一般用量较大，纯度不高，但生化研究用酶，则要求特别高的纯度，达到接近于单一蛋白质的程度。要做到这一点，在本节中介绍的基本方法一般只能作为辅助手段，除此之外还必须采用其他精制手段，如透析、色谱、电泳、超滤等技术。

工业用酶制剂的形式通常有两种：液体酶制剂和粉剂。由于液体酶的包装费用大，运输费用大，保存期短，因而工业上主要应用形式是粉剂。微生物酶粉剂的工业提取大致包括如下步骤。第一步，如果目的酶是胞外酶，首先在发酵液中加入适当的絮凝剂或凝固剂，并进行搅拌，然后通过分离（如离心沉降分离、转鼓真空吸滤、板框过滤等）除去絮凝物或凝固物，以取得澄清的酶液；如果目的酶是胞内酶，则先把发酵液中的菌体分离出来，使之破碎（如化学破碎法、机械磨碎法、超声波破碎法等），将酶抽提至液相中，然后同胞外酶一样处理，以取得澄清酶液。考虑到后续步骤的经济性，一般用减压浓缩法或薄膜浓缩法和超滤法将上述得到的酶液进行适当程度的浓缩。第二步，采用适当的沉淀手段将酶沉淀分离。第三步，收集沉淀，干燥，研磨成粉，加适当的稳定剂、填充剂等，做成粉末制剂。

由于酶的提取液中含有微生物菌体杂质、蛋白质、多糖、脂类和无机盐等，这类杂质通常远远超过所需要的酶，必须将这些杂质除去，提高酶的纯度。纯化方法很多，工业上较为常用的有两种方法：盐析法、有机溶剂沉淀法。

1. 盐析法

酶是蛋白质，蛋白质带有许多极性基团，如氨基、羧基、羟基、酚基、巯基、咪唑基和胍基等，在一定 pH 下它们都能解离为带电基团，所以蛋白质是一种分子量非常大的两性电解质。在某一 pH 时，蛋白质的分子离解成阳离子和阴离子的趋势相等，此时溶液的 pH 为该蛋白质的等电点（pI）。在等电点时蛋白质带有相等的正负电荷，成为中性微粒，较易沉淀。

酶或蛋白质种类不同，其等电点也不同。酶或蛋白质分子上的—COOH、—NH$_2$、—OH 都是亲水基团，使酶或蛋白质颗粒表面包着一层水膜，所以是亲水胶体。亲水胶体在水溶液中稳定的因素有两个：一是电荷，二是水膜。要使酶或蛋白质沉淀，就需破坏其水膜，中和其电荷。

由于中性盐的亲水性大于酶或蛋白质的亲水性，当加入大量中性盐时，酶或蛋白质的水膜就被脱去，电荷被中和，从而沉淀出来，此过程称为"盐析"，如图 5-14 所示。

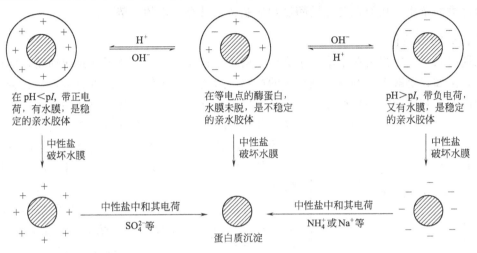

在 pH<pI，带正电荷，有水膜，是稳定的亲水胶体

在等电点的酶蛋白，水膜未脱，是不稳定的亲水胶体

pH>pI，带负电荷，又有水膜，是稳定的亲水胶体

图 5-14　蛋白质的盐析沉淀

常采用 $(NH_4)_2SO_4$ 作为盐析剂，因为在较低温度下它的溶解度也相当大，这对只有低温下才稳定的酶尤为重要。在低温下，Na_2SO_4、NaH_2PO_4 等的溶解度很低，达不到使某些酶盐析的要求。如表 5-5 所示，在 20℃时 Na_2SO_4 的溶解度只有 18.9g/100mL，而使淀粉酶盐析的浓度为 25～30g/100mL，为了增加其溶解度必须在整个盐析过程中保温 30℃左右。这对只有在 30～40℃下稳定的酶才是可行的。用 $(NH_4)_2SO_4$ 作盐析剂还有一个优点是废液可回收作肥料。

表 5-5　常用盐析剂在水中的溶解度　　　　g/100mL 水

中性盐 ＼ 温度/℃	0	20	40	60	80	100
$(NH_4)_2SO_4$	70.6	75.4	81.0	88.0	95.3	103
Na_2SO_4	4.9	18.9	48.3	45.3	43.3	42.2
$MgSO_4$	1.6	34.5	44.4	54.6	63.6	70.8
NaH_2PO_4		7.8	54.1	82.6	93.8	101

各种蛋白质或酶分子大小和亲水性不同，所以盐析所需的盐浓度也不一样。利用这一性质，在溶液中先后添加不同浓度的中性盐，就可以将溶液中不同的蛋白质或酶分别盐析出来，这就是分部盐析法。

2. 有机溶剂沉淀法

水溶性有机溶剂如乙醇、丙酮等介电常数较小，与水的亲和力大，酶溶液中加入适量的有机溶剂，能使溶液的介电常数降低，酶蛋白分子间引力增大而产生相互凝聚，从而降低溶解度而沉淀析出。生产上常用乙醇、丙酮为沉淀剂。对多种酶蛋白的混合溶液，可以通过调节有机溶剂的浓度达到分级沉淀的目的。

有机溶剂可破坏酶蛋白的次级键，使其空间结构破坏而变性，所以全过程必须在低温下操作，一般在0℃左右；有机溶剂与蛋白质的接触时间不宜过长，沉淀完全后应及时低温分离除去有机溶剂；pH调节至待分离酶的等电点附近有助于提高沉淀效果。

由于有机溶剂是挥发性液体，能在制备过程（如干燥）中挥发除去，且不会引入水溶性无机盐之类的杂质，从而在食品用酶制剂的制备中具有一定的优势。

三、酶的固定化

长期以来酶反应都是在水溶液中进行，属于均相反应。均相酶反应系统简便，但也有许多缺点，例如，溶液中的游离酶随排出的产物一起流失，不仅造成酶的损失，而且会增加产品的分离难度和费用，影响产品质量；反应后的酶难以分离，无法重复使用；溶液酶很不稳定，容易变性和失活。如能将酶制剂制成保持其原有催化活性、性能稳定又不溶于水的固形物，即固定化酶，则可像一般固体催化剂那样使用和处理，可大大提高酶的利用率。

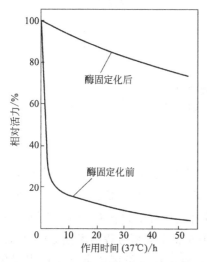

图5-15 葡萄糖苷酶经固定化前后稳定性的比较

酶的固定化是把原来游离的水溶性酶限制或固定于某一局部空间或固体载体上。酶固定化后，既不会流失，也不会污染产品。固定化酶在经过过滤或离心分离后，可以长期重复使用，而且酶的稳定性也得到提高（见图5-15）。在实际应用中，固定化酶可以装在反应器内使生产以连续化方式进行，有利于生产的自动化、连续化和生产率的提高。

酶的本质是蛋白质，酶和细胞的固定化实际上是具有催化活性的蛋白质的固定化。酶的催化活性主要依赖于它特殊的高级结构——活性中心。当高级结构发生变化时，酶的催化活性、底物的特异性都可能发生改变，因此，在制备固定化酶时应尽量避免那些可能导致酶蛋白高级结构破坏的因素。由于蛋白的高级结构是凭借氢键、疏水键等相互作用较弱的非共价键维持的，所以固定化时应采取尽可能温和的条件。酶的固定化方法主要有载体结合法、包埋法、交联法（如图5-16所示）。

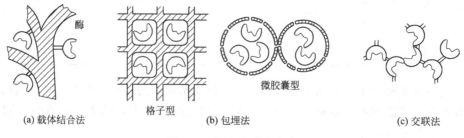

图5-16 固定化酶的方法

（一）载体结合法

载体结合法是一种将酶结合在非水溶性载体上的方法，载体结合法可分为物理吸附法、离子吸附法和共价结合法三种。

酶固定用的载体可以是壳聚糖及其衍生物、纤维素、海藻酸钠等天然高分子材料，多孔树脂、合成纤维、多孔塑料等合成有机高分子材料；也可以选用硅藻土、硅胶、多孔玻璃、多孔陶瓷、分子筛等无机多孔材料。除了上述传统的多孔材料外，具有大的比表面积和孔容的新型纳米材料、介孔材料也被认为是很有前途的固定化酶载体。

1. 物理吸附法

物理吸附法是将酶吸附在水不溶性载体上。常用载体有活性炭、高岭土、白土、硅胶、氧化铝、多孔玻璃等。用物理吸附法制成的固定化酶，酶活力损失少，但酶与载体的结合力相当弱，酶易于脱落，实用价值很少。

2. 离子吸附法

离子吸附法是利用电性作用将酶与含有离子交换基团的水不溶性载体相结合，例如，氨基酰化酶在 pH7.0 的磷酸盐溶液中，于 37℃条件下，即可与 DEAE-葡聚糖发生离子结合反应，制得固定化氨基酰化酶。此法处理条件温和，酶活力损失少，载体与酶分子的结合力较物理吸附法牢固。

3. 共价结合法

共价结合法是利用酶蛋白分子上的非必需基团和活化的载体表面上的反应基团之间形成化学共价键而将酶固定在载体上。例如，酶蛋白分子上的氨基能够与含有酸酐、酰化基团等的聚合物发生偶联，从而使酶固定，如下所示：

共价结合法固定酶，载体与酶结合牢固，半衰期较长。但由于化学共价法结合时反应剧烈，常引起酶蛋白的高级结构发生变化，因此，一般活性回收率较低。

（二）包埋法

将酶包裹在有限空间（如凝胶格子或聚合物的半透膜微胶囊）内的方法称为包埋法，酶被包埋后不会扩散到周围介质中去，而底物和产物却能自由扩散。包埋法固定酶的条件较温和，酶分子仅仅是被包埋起来，而与载体不发生结合或化学反应，故酶活力回收率较高。此法对大分子底物和产物不适宜，因为它们不能通过高聚物网架扩散。根据包埋形式不同，包埋法可分为格子型和微胶囊型两种。

1. 格子型

格子型是将酶包埋在聚合物的凝胶格子中。最常用的凝胶是聚丙烯酰胺凝胶。制备时，在含酶的水溶液中，加入一定比例的单体丙烯酰胺和交联剂 N,N'-亚甲双丙烯酰胺，然后在催化剂（四甲基乙二胺）和引发剂（过硫酸钾）等的作用下进行聚合，酶被包埋在聚合物凝胶格子中，所得的凝胶酶块用适当的方法分成一定大小的颗粒状物即为固定化酶，形成过程如图 5-17 所示。

2. 微胶囊型

微胶囊型固定化酶是将酶分子液滴包埋于半透性高聚物薄膜内。制备方法有多种，常用的界面聚合法过程是：将含酶的亲水性单体乳化分散在水不溶性的有机溶剂中，再加入溶于有机溶剂的疏水性单体，在油水两相界面上发生聚合反应后，形成高分子聚合物薄膜，将酶包裹在形成的胶囊之中。

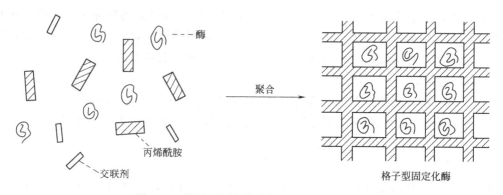

图 5-17　格子型固定化酶的形成过程（模型）

（三）交联法

交联法又称架桥法，是借助于双功能或多功能试剂与酶分子中的氨基或羧基发生反应，使酶蛋白分子之间发生交联，结成网状结构而制成固定化酶。最常用的交联试剂是戊二醛。使用戊二醛的酶交联固定化反应式如下：

$$OHC-(CH_2)_3-CHO+E \longrightarrow -CH=N-E-N=CH-(CH_2)_2-CH=N-E-$$

与共价结合法一样，由于酶的官能团（如氨基、酚基、巯基和咪唑基）参与反应，可能引起酶活性中心结构的改变，使酶活性下降。

四、细胞的固定化

与固定化酶类似，细胞也能固定化。固定化细胞与固定化酶同被称为固定化生物催化剂。固定化细胞技术自 20 世纪 70 年代问世以来，其应用范围已大大超过固定化酶。目前，固定化细胞技术在工业、农业、医学、分析化学、环境保护、能源开发以及理论研究等方面，都得到了广泛的应用，并取得了丰硕的成果。

与固定化酶相比，固定化细胞的优点是：省去了破碎细胞提取胞内酶的过程，降低制备成本；酶在细胞内的环境中稳定性较高，因此完整细胞固定化后，酶活力损失较少，活性收率大大提高；由于保持了胞内原有的多酶系统，对于某些需要多步催化反应的过程，一步即可完成。例如，用固定化短杆菌细胞可以连续地从石油化工的中间体丙烯腈生产丙烯酰胺。

固定的微生物细胞可以是处于生长状态的活细胞、休眠状态的活细胞和死亡的细胞（但其中的酶仍具有活力）。

细胞固定化方法与酶固定化方法大致相同，其中以包埋法应用最多，微生物细胞的包埋材料可以是聚丙烯酰胺、琼脂、海藻酸钙等。以海藻酸钙凝胶为例，其制备过程如下：室温条件下，将一定浓度的海藻酸钠溶液与微生物细胞混合均匀后，滴加到氯化钙溶液中，形成球珠，即为固定化细胞制剂。除上述固定化方法外，还有一种称为无载体固定化法，即在适当加热条件下，靠细胞自身的絮凝作用而实现固定化，亦可添加少量助凝剂促进细胞絮凝。

细胞固定化后，其中的酶（或复合酶系）仍保持原来的天然状态，并且能够在原来天然环境中起生物催化作用。对于某些需要辅助因子的酶，细胞的固定化则有利于保留和利用细胞内的辅助因子。但是在使用固定化细胞时，必须考虑底物分子和产物分子对微生物细胞膜的通透性以及它们的扩散效应。由于细胞内还存在许多其他酶，因此还应考虑是否有副反应产生，如果有，能否用一些简单的方法（如热处理、pH 处理、加入螯合剂 EDTA 盐等）使那些引起副反应的酶失去作用。

如果被固定化的微生物细胞是处于生存状态的活细胞，供给它一定的营养后，微生物将可以继续生长、繁殖。这种微生物细胞称为固定化增殖细胞（固定化活细胞）。例如，琼脂包埋的酵母细胞数，初时为 10^6 个/cm^3，在培养基培养两天后，细胞数可达 $10^9 \sim 10^{10}$ 个/cm^3。固定化增殖细胞技术的发展是工业发酵的新方向，与液体发酵相比，其生产周期短、能耗低、设备投资少且可大大改善操作条件。目前已在工业规模上利用固定化增殖细胞连续生产 L-天冬氨酸、L-异亮氨酸及酒精等。

五、酶的修饰

酶有稳定性差、活力不够理想及具有抗原性等缺点，这些不足使酶的应用受到限制，为此常需对酶进行适当修饰加工，以改善酶的性能。酶的修饰可分为化学修饰和选择性遗传修饰两类。

1. 酶的化学修饰

对自然酶的化学结构进行修饰以改善酶的性能的方法很多，现举例说明如下。例如，α-淀粉酶一般带有 Ca^{2+}、Mg^{2+}、Zn^{2+} 等金属离子，属于杂离子型，若通过离子置换法将其他离子都换成 Ca^{2+}，则酶的活性提高 3 倍，稳定性也大大增加；胰凝乳蛋白酶与水溶性大分子化合物右旋糖酐结合后，酶的空间结构发生某些细微改变，使其催化活力提高 4 倍；抗白血病药物天冬酰胺酶的游离氨基经脱氨作用、酰化反应进行修饰后，该酶在血浆中的稳定性得到很大的提高。

2. 酶的选择性遗传修饰

这是在弄清酶的一级结构和空间结构的基础上，设计出基因的改造方案，指出选择性遗传修饰的修饰位点。表 5-6 列出了几种经定位点突变后，酶性质发生改变的例子。

表 5-6 酶的选择性遗传修饰

酶	修饰		酶性质的改变
	修饰部位	氨基酸残基→新氨基酸残基	
酪氨酰-tRNA 合成酶	51	苏→丙	对底物 ATP 的亲和力提高 100 倍
	51	苏→脯	
β-内酰胺酶	70～71	丝·苏→苏·丝	完全失活
	70～71	苏·丝→丝·丝	恢复活性
二氢叶酸还原酶	27	天冬→天胺	活性降低为正常酶的 0.1%

通过基因突变技术，把酶分子修饰后的信息贮在 DNA 中，经过基因克隆和表达，就可通过生物合成的方法不断获得具有新的特性和功能的酶。如生产奶酪时使用的杀菌剂 T4 溶菌酶，在 67℃时，3h 后活力只剩下 0.2%，如果将它的第 3 位异亮氨酸换成半胱氨酸，再与 97 位的半胱氨酸形成二硫键，在 67℃反应 3h 后活力丝毫不减，这就可大大提高奶酪的生产效率。

第七节 酶的应用

由于酶具有催化效率高、作用专一性强和催化条件温和的特点，所以酶应用在工业上可以提高生产率、降低能耗、改善劳动条件、减少污染，还可以生产出用其他方法难以得到的产品。酶应用在医药方面可以快速、准确地诊断出疾病，并可作为药物使用，达到良好的医疗效果。酶还是基因工程、细胞工程等新技术领域不可缺少的工具。

一、几种工业常用酶

从生物界发现的酶约有 3000 种，但在工业生产中应用的不过数十种。现介绍主要的几种工业用酶。

（一）蛋白酶

蛋白酶是能选择性地作用于含氮化合物，特别是蛋白质的酶。它可以把蛋白质分子内的肽键切断，属肽类水解酶。蛋白质在蛋白酶的催化作用下，迅速水解为胨、胨、肽类，最后成为氨基酸。反应过程如下：

$$X-\underset{\underset{R^1}{H}}{\overset{\overset{H}{N}}{}}\ \underset{\underset{H}{O}}{\overset{O}{C}}\ \underset{\underset{H}{H}}{N}\ \underset{\underset{H}{R^2}}{C}\ \underset{\underset{O}{H}}{C}-Y \xrightarrow[\text{蛋白酶}]{H_2O} X-\underset{\underset{R^1}{H}}{N}\ C-OH + H_2N-\underset{\underset{O}{H}}{C}\ \underset{R^2}{C}-Y$$

蛋白酶对 R^1、R^2 基团具有特异性要求，例如，胰凝乳蛋白酶仅能水解 R^1 为酪氨酸、苯丙氨酸或色氨酸残基的侧链的肽键；胰蛋白酶仅能水解 R^1 为精氨酸或赖氨酸残基的肽键；天冬氨酸蛋白酶仅能水解天冬氨酸残基的肽键。X、Y 可以分别是—H 和—OH，也可以是氨基酸残基。

蛋白酶广泛存在于动物内脏、植物茎叶果实和微生物中，按来源可分为动物蛋白酶、植物蛋白酶和微生物蛋白酶；按蛋白酶作用的最适 pH，可分为酸性、中性和碱性蛋白酶；按作用模式可分为肽链端解酶和肽链内切酶。

蛋白酶是活机体生命活动必需的催化剂，其本身又是蛋白质，因此，凡是能水解蛋白质的酶，在刚合成时都没有活性。以无活性形式合成酶有利于酶的贮存及在机体内的输送、转移。这种无活性的酶原可以通过自催化反应或通过金属离子进行活化。

（二）淀粉酶

淀粉酶是水解淀粉、糖原的酶类的总称，属糖苷酶类，它广泛存在于动植物和微生物中。根据水解淀粉方式的不同，淀粉酶可以分为 4 类，它们水解淀粉的作用如图 5-18 所示。

1. α-淀粉酶

α-淀粉酶是一种内切酶，从淀粉分子内部随机切割 α-1,4 糖苷键，使淀粉降解成小分子糊精、麦芽糖，从而使淀粉黏度减小，因此，α-淀粉酶又称液化酶。但 α-淀粉酶不能切开支链淀粉分支点的 α-1,6 糖苷键，也不能切开 α-1,6 糖苷键附近的 α-1,4 糖苷键，但能越过分支点而切开内部的 α-1,4 糖

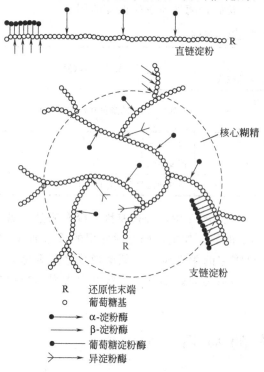

R	还原性末端
o	葡萄糖基
●→	α-淀粉酶
→→	β-淀粉酶
●→	葡萄糖淀粉酶
⇀	异淀粉酶

图 5-18　几种淀粉酶作用示意

苷键，因此，水解产物中除了有葡萄糖、麦芽糖以外，还残留一系列具有 α-1,6 糖苷键的极限糊精和含多个葡萄糖残基的带 α-1,6 糖苷键的低聚糖。

α-淀粉酶是由枯草杆菌、米曲霉等制成，主要用于淀粉糊化（如在葡萄糖、酒精生产中）和织物退浆等。

2. β-淀粉酶

β-淀粉酶是一种外切酶，其作用方式是从淀粉的非还原性末端顺次切下麦芽糖单位，遇到 α-1,6 糖苷键的分支点，则停止不前。因此，当以 β-淀粉酶分解支链淀粉时，直链部分则生成麦芽糖，而分支点附近及内侧因不能被分解而残留下来，其分解产物为麦芽糖及大分子 β-极限糊精。

β-淀粉酶存在于大多数高等植物中，不存在于哺乳动物中。过去主要从大麦、小麦、大豆等高等植物中提取，现在也可利用诸如蜡状芽孢杆菌等微生物制取。β-淀粉酶主要用于麦芽糖、啤酒等的生产。

3. 糖化酶

糖化酶又叫葡萄糖淀粉酶，其底物专一性很低，既能切开 α-1,4 糖苷键，又能缓慢切开分支点的 α-1,6 糖苷键。它是一种外切酶，它从淀粉分子的非还原性末端逐个地将葡萄糖单位水解下来。曲霉、根霉都能生产糖化酶，其主要用途是作为淀粉糖化剂，用于酿酒、制糖等工业。

4. 异淀粉酶

异淀粉酶又叫脱支酶，其专一性较强，能够切开支链淀粉和糖原等分支点的 α-1,6 糖苷键，从而剪下整个侧支，形成长短不一的直链淀粉。因此，将该酶与其他淀粉酶配合使用时，可使淀粉糖化完全。如在用 β-淀粉酶生产麦芽糖时，加入异淀粉酶，可降低 β-极限糊精的含量，可使麦芽糖产率由 70% 提高到 95%。

针对具体的生产要求，上述各种淀粉酶可以单独使用，也可配合使用。配合使用得当，往往可以明显提高效率。实际上，在酒精工业中常用混合淀粉酶使淀粉液化和糖化。由淀粉生产葡萄糖时也可用单酶或混合酶。

（三）纤维素酶

纤维素酶是降解纤维素生成葡萄糖的一组酶的总称，它不是单种酶，而是起协同作用的多组分酶系。

纤维素资源丰富，能够再生，对解决未来的能源和化工轻工原料有巨大的潜力，因此，从长远的观点来看，纤维素酶是非常重要的。植物纤维一般由若干个纤维素分子相互平行连接成结构牢固的微晶束，这种结构给水解造成很大障碍。有些微生物能够产生水解纤维素的酶，如霉菌、纤维杆菌、纤维放线菌等，这些微生物产生的纤维素酶至少包括 3 种类型的酶，即破坏纤维素晶状结构的 C_1 酶、水解游离纤维素的 C_x 酶和水解纤维二糖的 β-葡萄糖苷酶。3 种酶的作用顺序如下：

$$\text{天然纤维素} \xrightarrow{C_1\text{酶}} \text{游离直链纤维素} \xrightarrow{C_x\text{酶}} \text{纤维二糖} \xrightarrow{\beta\text{-葡萄糖苷酶}} \text{葡萄糖}$$

在已发现的产生纤维素酶的菌株中，分解天然纤维素的能力较弱，即 C_1 酶的活力不高，因此，在应用上受到一定限制。

（四）葡萄糖异构酶

为补充食糖来源，可用酶将淀粉转化为葡萄糖。但葡萄糖的甜度只有蔗糖的 70%，直接使用不经济，可通过葡萄糖异构酶的作用将葡萄糖异构化为甜度达蔗糖的170%的果糖。

（五）基因工程常用的工具酶

基因工程需借助一系列的酶才能实现有目的的基因切割、连接、重组和修饰改造，称这些酶为基因工程的工具酶。目前已知的常用基因工程的工具酶主要有限制性核酸内切酶、DNA聚合酶、DNA连接酶、核酸修饰酶、核酸酶、琼脂糖酶、蛋白酶K和溶菌酶等。

限制性核酸内切酶，简称限制酶，有时也称限制性内切酶，它是一类能够识别双链DNA分子中某些特定的核苷酸序列，并在该序列切割DNA双链结构的核酸内切酶。限制性核酸内切酶在基因的分离、载体的改造和DNA的体外重组中发挥着重要作用。几乎所有的细菌都能产生限制性核酸内切酶，到2006年2月，发现的限制性核酸内切酶有3773种，商品化的限制性核酸内切酶有609种。正是由于这些限制性核酸内切酶的发现使得基因工程成为可能，这是跨时代的突破。为此，在发现限制性核酸内切酶工作中做出关键性贡献的科学家W. Arber、H. O. Smith和D. Nathans获得了1978年诺贝尔生理医学奖。

DNA聚合酶是指那些以DNA或RNA为模板催化合成互补新链的酶。DNA聚合酶的种类很多，它们在DNA复制和DNA损伤的修复过程中发挥重要作用。

DNA连接酶简称连接酶，是使两个DNA片段或DNA分子单链连接起来的一种酶。在DNA复制、DNA修复以及体内、体外重组过程中起重要作用。

核酸酶又分核酸内切酶和核酸外切酶。核酸内切酶，它是一类能够水解（切割）DNA或RNA分子多核苷酸链内部磷酸二酯键的核酸酶。核酸外切酶是一类从多核苷酸链的一头开始按序催化降解核苷酸的酶。

琼脂糖酶是一种琼脂糖水解酶，可将新琼脂二糖水解为新琼脂寡糖。可用于从低熔点琼脂糖凝胶中分离纯化大片段DNA或RNA片段。

蛋白酶K，即丝氨酸蛋白酶，可水解角蛋白。

溶菌酶是由英国细菌学家A. Fleming于1922年在人的眼泪和唾液中首次发现，因其具有溶菌作用，故命名为溶菌酶。它是一类水解细菌细胞壁中肽聚糖的酶。在质粒的提取、原生质体的制备等操作中常被用来破坏细胞壁。

二、酶在食品工业中的应用

酶在食品工业中最主要的用途是淀粉加工制糖，其次是乳品加工、果汁加工、烘烤食品、啤酒发酵和调味品生产等。

1. 葡萄糖生产

酶法水解淀粉生产葡萄糖的方法已在世界范围内被广泛采用。生产流程如图5-19所示。如在糖化作用中同时使用脱支酶，可以提高葡萄糖的收率。

2. 果葡糖浆生产

全世界淀粉糖的生产已超过1000万吨，其中70%为果葡糖浆。生产过程是，先用α-淀粉酶和糖化酶将淀粉水解为葡萄糖浆，再用葡萄糖异构酶使之发生异构反应，将其中40%～50%的葡萄糖转化为果糖，所得混合糖浆即为果葡糖浆。为了提高酶的使用效率，常将酶（或细胞）固定化后装入酶柱进行连续化生产，生产流程如图5-20所示。

淀粉在不同酶的作用下还可以制得饴糖、麦芽糖、麦芽糊精等。酶在食品工业中还有许多应用，如用凝乳蛋白酶制造奶酪，用乳糖酶生产乳糖奶，用木瓜蛋白酶制造嫩肉粉，果胶酶用于果汁果酒澄清，柚苷酶脱除果汁苦味等。

图 5-19　葡萄糖生产流程　　　　　图 5-20　果葡糖浆生产流程

3. 过氧化氢酶

利用过氧化氢酶能分解 H_2O_2 产生 O_2 的性能，在烘烤食品制造时，将过氧化氢酶与 H_2O_2 一起用作疏松剂。在牛奶保存和奶酪制造过程，可利用过氧化氢酶分解牛奶消毒和液体蛋制品消毒过程残存的 H_2O_2。

三、酶在轻化工业中的应用

酶在轻化工业中的应用十分广泛，简要介绍于下。

1. 加酶洗涤剂与加酶护肤品

织物上的汗液、血渍、食物痕迹（主要是蛋白质与脂肪）陈化后很难洗除。在洗涤剂中添加适当的酶可加速垢迹的分解而大大提高洗涤效果。根据洗涤对象的不同，所添加的酶也不完全一样，广泛使用的是碱性蛋白酶，除此之外也可视需要添加脂肪酶、淀粉酶、果胶酶、纤维素酶等。在面脂、洗发水中加入蛋白酶、胶原酶或霉菌脂肪酶可溶解皮屑角质，消除皮脂。在化妆品中添加超氧化物歧化酶（SOD）被认为可清除和减少引起人衰老的超氧自由基。

2. 酶法制革

纤维蛋白（胶原）是皮革的有用成分，而存于毛囊周围和纤维间隙表皮上的非纤维蛋白如不除去，则毛根不易松动，制成皮革僵硬不软。过去采用石灰硫化钠法脱毛，工序繁、污染严重且劳动条件差。由于蛋白酶只分解非纤维蛋白而不作用于胶原，故蛋白酶用于皮革工业可使脱毛与软化工序合而为一、缩短生产周期、改善劳动条件、提高产品质量。

3. 酶在纺织印染业中的应用

织物印染前必须退浆，以除去纺织时浆纱的淀粉。用耐热性良好的细菌淀粉酶代替碱法退浆，可使加热温度由 90～100℃ 降至 60～65℃，时间由 11～12h 降至 1h，退浆率由 60% 增至 85%，同时，毛细管效应增加，染色均匀，染料着色度增加。

丝胶是一种蛋白质，生丝必须脱除外层丝胶才能有柔软的手感和特有的光泽。过去用碱法高温炼丝脱胶，碱质侵袭丝素，形成皂钙，附于丝面难以去除。使用中性、碱性蛋白酶脱胶后可使产品质量大为提高，出丝率增加，能耗降低。

羊毛染色过去一直在长时间蒸煮下进行（除去羊毛表面鳞垢），而用蛋白酶处理，不仅使染色温度降低，而且染色率大为提高。

造纸和印染行业都会以 H_2O_2 漂白，利用过氧化氢酶替代传统除 H_2O_2 工艺，可快速去除漂白后的 H_2O_2，去除效果好、工艺时间短，可节约用水和能源，对环境更安全。

利用 β-木糖苷酶去除制浆过程残留的木质素，可减少造纸废水中的有害物质，减少环境污染。这种生物漂白剂用于造纸工业，比传统的化学漂白更加经济环保。

4. 酶在有机合成中的应用

酶应用于有机合成方面，从天然物、石油产品转化为化工产品，取得令人瞩目的成绩，举例说明如下。

环氧乙烷、环氧丙烷等氧化链烯烃是重要的塑料原料，迄今仍是由化学法经高温高压反应生产的。Cetus 公司开发的酶法新工艺可能使塑料工业发生划时代的变化，因而引起工业界的高度重视。该方法由两个反应系构成，有 3 种酶参加。

$$CH_2\!=\!CH_2 + X^- + H_2O_2 \xrightarrow{\text{卤代氧化酶}} \underset{OH^-\ \ X}{CH_2\!-\!CH_2} \xrightarrow{\text{卤代醇环氧酶}} \underset{O}{CH_2\ \ CH_2}$$

$$\text{葡萄糖} + O_2 \xrightarrow{\text{2-吡喃氧化酶}} H_2O_2 + \text{葡糖朊} \xrightarrow{H_2} \text{果糖}$$

副产物葡糖朊经氢化可还原成果糖。该法中所需卤素可用食盐代替，这比化学法的需用卤素价格便宜得多。上述反应中，如底物改为丙烯则获得的产物是环氧丙烷。

丙烯酰胺也是重要的化工原料，可用于造纸、水处理、石油开采等。目前采用化学法生产，该生产需在高温高压下进行，且能耗大，污染重。而利用假单胞杆菌为催化剂（菌体内有丙烯腈水合酶系，以 ESH 表示）后，则反应可在常温常压下进行，且无污染，此反应过程在 1985 年就已在日本实现工业化，反应历程可表示如下：

$$CH_2\!=\!CHCN + HOH \xrightarrow{ESH} \underset{SH}{\overset{OH}{CH_2\!=\!CHCNH_2}} \longrightarrow \underset{}{\overset{O}{CH_2\!=\!CHCNH_2}} + ESH$$

$$\text{丙烯腈} \qquad\qquad\qquad\qquad\qquad\qquad\qquad \text{丙烯酰胺}$$

近年利用脂肪酶催化合成酯类有机化合物、生物柴油的研究也日益增多。

四、酶在医疗业中的应用

酶在医疗业的应用大致可归纳成药用酶和诊断用酶两大类。

(一) 药用酶

1. 消化酶类

这类酶作为消化促进剂，主要由蛋白酶、脂肪酶、淀粉酶、胰酶、凝乳酶和纤维素酶组成，其作用是水解和消化食物中的各种成分。

2. 消炎酶类

蛋白酶具有分解坏死组织和致炎多肽的功能，因此临床上常用胰蛋白酶、胰凝乳蛋白酶、菠萝蛋白酶等治疗炎症、浮肿等疾患，用溶菌酶、尿激酶等治疗血栓静脉炎、关节炎等。

3. 抗肿瘤酶类

很多化疗抗癌药物不仅对癌细胞发生作用，对正常细胞也起作用，从而引起各种副作用，而 L-天冬酰胺酶具有分解 L-天冬酰胺的作用，癌细胞离开 L-天冬酰胺则不能生长，因此，用 L-天冬酰胺酶可以达到抑制癌细胞增殖而不伤害正常细胞的目的。其他如谷氨酰胺酶能治疗多种白血病、腹水瘤、实体瘤等疾病；神经氨酸苷酶是一种良好的肿瘤免疫治疗剂。

药物酶的应用目前还未达到预期的水平，存在一些急需解决的问题，如酶在体内的稳定性、免疫排斥作用等。药用酶发展方向是将酶固定化制成微型胶囊后再使用，或组成"人工脏器"以治疗先天性酶缺乏及组织功能衰竭所引起的疾患。

（二）诊断用酶

酶法诊断包括两个方面：根据体内原有酶活力变化来诊断某些疾病，例如，肝内富含与氨基酸代谢有关的酶类，其中之一是谷丙转氨酶（GPT），在正常情况下，胞内外具有正常的浓度梯度，有炎症时，酶析出胞外多，血液中能测出，因此，GPT 是诊断肝炎的指标；利用酶来测定体内某些物质的含量，从而诊断某些疾病，如从尿液、血清中葡萄糖含量测定以诊断糖尿病等。酶法检测有快速、简便、灵敏等优点，医疗上常将所需的酶和配套试剂以一定比例混合制成检验试纸或诊断试剂盒，或将工具酶制成酶电极，以达到简便快速、微量化、连续化、自动化测定的目的。例如，临床上现在使用的一种葡萄糖氧化酶电极，只需通过观测氧电极上电位的变化就可简便地测知体液中微量的葡萄糖。

五、酶在环保领域的应用

漆酶（多酚氧化酶）能催化降解水中的多种有机污染物，尤其是酚类及其衍生物、芳胺及其衍生物，漆酶用于含酚污水的降解是一种环境友好、节能的污水生物处理技术，应用前景广阔。

目前环保等行业普遍采用过氧化氢消毒技术，产生大量含过氧化氢的废水，如果使用化学试剂降解废水中的过氧化氢，会产生二次污染，利用过氧化氢酶可快速降解废水中的过氧化氢，并避免因使用化学试剂产生的二次污染。辣根过氧化氢酶还可用于含酚废水的处理。

多酚氧化酶（酪氨酶）能分解水中的苯酚和胺类污染物，可用于医院污水的处理。利用固定化细胞中的酶体系净化污水在净水的同时还能产生甲烷、氢气这些清洁能源。

六、酶在生物质能源领域的应用

随着世界经济的高速发展，对能源的使用和依赖已达到了前所未有的高度，因此而引发的能源短缺、温室效应等问题已成为无法回避的全球性问题，寻找和开发可替代传统化石能源的新能源已成为国际社会的必然选择。生物质能源以其可再生、原料丰富、来源广泛、易获得等优越性已成为替代新能源的研究热点，具有广阔的发展前景，将成为未来重要的可再生能源之一。

植物生长能利用太阳辐射中的能量把大气中的 CO_2 和水合成为生物质有机物，即生物质能。据估算，每年全世界有 2×10^{11} t 碳被固定为有机物，总量约 1460 亿吨，热当量约为 3×10^{21} J，分别相当于现阶段世界总能耗、消耗化石能源和人口食物能量的 10 倍、20 倍和 160 倍。

世界各国的生物质能利用率都不高，且多为未经加工转化的初级生物质能利用。利用生物技术将生物质能转化为乙醇、生物柴油、氢等有价值的燃料不仅能解决能源问题，这些新能源的使用较之传统能源还可以减少温室气体的排放量、减少环境污染，实现低碳、可循环、环境友好的能源利用方式。

目前生物质能的商业化利用主要还是以粮食为原料发酵生产燃料乙醇，巴西和美国占主导地位，我国次之，已成为第三大生产和使用国。以粮食为原料发酵生产燃料乙醇来发展生物质能，会导致与粮食生产争地等矛盾，尤其在人口众多、耕地资源相对短缺的国家。发展非粮的基于纤维素类原料的生物质能，尤其是各种工农业废弃物，如秸秆、玉米芯、稻草、麦草、蔗渣、木屑、草类等，可在获得能源的同时避免以粮食和能源作物为原料时所面临的与粮争地的矛盾，并可解决废弃物再利用及环境污染问题。但非粮食原料的转化技术还不成熟，还有待于高效酶系的开发和应用。利用木聚糖酶系将工农业废弃物中的木聚糖转化为木糖，再进一步将木糖转化成酒精等有价值的燃料，以动植物油脂为原料酶法合成生物柴油，利用氢酶和固氮酶催化产氢，利用纤维素酶的作用将纤维素物质转化为能源物质，都是当前酶在生物质能源领域的研究热点，它们的研发成功，尤其是进入商业化利用将对解决当前能源短缺、替代新能源应用、碳减排、环境污染等问题有重大帮助，将对人类社会的可持续发展产生深远的影响。

第八节　酶 反 应 器

以酶为催化剂进行酶催化反应的装置称为酶反应器。酶催化剂可以是溶液酶，也可以是固定化酶。由于固定化细胞与固定化酶在许多方面均极相似，故本节讨论的固定化酶反应器的有关内容，同样适用于固定化细胞。

一、反应器类型

酶制剂工业发展还比较缓慢，用得最多的还是价格便宜的不纯的水解酶类。使用游离酶为催化剂，反应结束后催化剂很难回收，但应用游离酶进行催化反应一般可获得较高的产物收率，同时，在工业上有些场合不得不使用游离酶，如溶液黏度太大，水解反应很难在使用固定化酶的固定床中进行；对于纤维素、果胶、壳质等固体底物，必须将这些底物预先粉碎成粉末，再与溶液中的游离酶进行反应。所以目前游离酶还是广泛被采用。用固定化酶为催化剂，酶易于回收重复使用，随着固定化技术的不断改进，将会有越来越多的酶以固定化酶形式出现。表 5-7 列出了溶液酶、固定化酶反应器的形式及操作方式。

表 5-7　溶液酶、固定化酶反应器的形式及操作方式

反应器形式名称		操作方式	说　　明
均相酶反应器	搅拌罐	分批、流加	机械搅拌
	超滤膜反应器	分批、流加、连续	通过反应器内的膜将酶保留在反应器内
固定化酶及固定化细胞反应器	搅拌罐	分批、流加、连续	机械搅拌，固定化酶悬浮于反应液中，并保持在罐内，不排出
	固定床	连续	广泛应用于固定化酶及固定化细胞中
	流化床	分批、连续	靠流体流动使固定化酶悬浮在流体中
	膜式反应器	连续	通过反应器内的膜将酶保留在反应器内
	鼓泡塔	分批、连续	适用于气体参与的反应

几种酶反应器的类型如图 5-21 所示。

1. 间歇式酶反应器

间歇式酶反应器通常为带有搅拌器的罐式反应器，设置有夹套或盘管以便加热或冷却罐内物料，控制反应温度。这类反应器主要用于游离酶反应，将酶与底物一起加入反应器内，待达到预期转化率后随即放料。在这种情况下，一般并不回收游离酶。如将固定化酶应用于

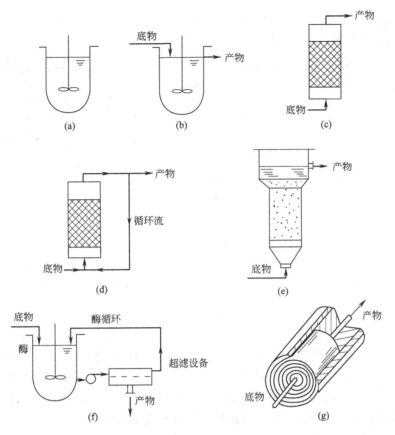

图 5-21　酶反应器的类型

（a）间歇式酶反应器；（b）连续搅拌罐式酶反应器；（c），（d）固定床酶反应器；（e）流化床酶反应器；
（f）全混搅拌釜-超滤膜反应器；（g）螺旋卷绕膜式反应器

此类反应器，则每批反应都要通过过滤或离心分离从流出液中分离出固定化酶，但酶经反复循环回收，会失去活性，故间歇反应器用在固定化酶的情况很少。

2. 连续搅拌罐式酶反应器（CSTR）

连续搅拌罐式酶反应器在结构上与间歇式酶反应器基本相同，只不过连续进料、连续出料。由于强烈的搅拌，使罐内各点浓度均匀一致，且等于流出液浓度。CSTR 是在低底物浓度下进行反应，其平均反应速率低于平推流反应器（PFR），但敞式 CSTR 便于更换固定化酶，易于控制温度和 pH 值，能处理胶态和不溶性底物。为了维持反应器内酶浓度一定，可采取图 5-22 所示的几种措施。

搅拌桨产生的剪切力较大，常会引起固定化酶的破坏，改良措施之一是如图 5-22 中（d）所示，将固定化酶固定在搅拌轴上或放置在与搅拌轴一起转动的金属网筐内，这样既不损坏固定化酶，又使酶不致流失。

3. 固定床酶反应器

当原料通过固体催化剂床层时，催化剂颗粒静止不动，这种反应器称为固定床酶反应器。固定床酶反应器可以是塔式，也可以是管式。固定化酶可以各种形状，如球形、碟形、薄片、小珠等填充于床层内。

固定床酶反应器内流体的流动形态接近于平推流，所以固定床酶反应器可近似认为是一

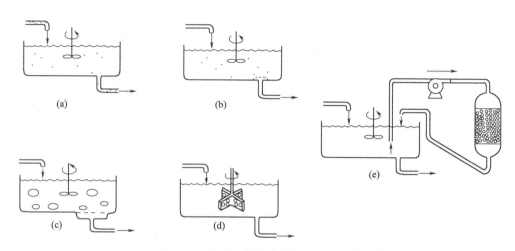

图 5-22　用于酶催化反应的 CSTR 示意

(a) 溶液中流加酶；(b) 使用多孔膜使酶在溶液中滞留；(c) 出口处用筛网罩住；

(d) 酶被固定在搅拌轴上的容器内；(e) 溶液快速循环通过固定化酶柱

种平推流反应器（PFR）。此反应器的优点是：单位反应器容积的催化剂颗粒装填密度高；结构简单，建造费用低；适于容易磨损的固定化酶；由于接近平推流，当有产物抑制时，采用这种反应器可获得较高的产率。以葡萄糖为原料利用葡萄糖异构酶生产果糖的反应一般采用这种固定床酶反应器。缺点是：传热传质系数相对较低（加上循环装置后可适当改善）；固定化酶颗粒大小会影响压力降和内扩散阻力（颗粒大小应尽可能均匀）；当反应液内含有固体物料时不宜采用此反应器，因为固体物质会引起床层堵塞。

4. 流化床酶反应器

流化床酶反应器是在装有固定化酶颗粒的塔器内，通过流体自下而上的流动使固定化酶颗粒在流体中保持悬浮状态，即流态化状态进行反应的装置。由于流体与固体颗粒充分接触，混合程度高，因而传热传质情况良好，可用于处理黏性大和含有固体颗粒的底物。但因流化床酶反应器中混合均匀，故不适合于有产物抑制的反应。近年来，为了提高固相和液相之间的密度差，以利于提高传质速率，又开发了在固定化酶内添加微小的砂粒、不锈钢粒等惰性物质或加入磁性物质以便床层在磁场操纵下运行的新技术。水解乳清中的乳糖、水解淀粉以及葡萄糖异构化等，都有采用流化床酶反应器的。

5. 膜式酶反应器（EMBR）

酶是一种高分子化合物，因此，可以用适当孔径的膜将酶堵在反应器内，只让产物和未反应底物不断通过并排出。即膜式反应器是一种利用膜的分离功能，以同时完成反应和分离过程的生化反应器。

膜可根据其分离的粒子大小进行分类，即按膜的孔径由小到大依次分为：反渗透膜（RO）、超滤膜（UF）、微滤膜（MF）及普通过滤膜。

图 5-21 中的 (f) 是一个全混搅拌釜-超滤膜反应器（CSTR/UF）。采用这种联合装置时，酶处于水溶液状态。该联合装置不仅可用于间歇循环操作，也适用于连续操作。把游离酶和底物放在搅拌釜中进行酶促反应，用泵将反应液压入膜分离器中，利用超滤膜分离器，使小分子的生成物透过超滤膜的微孔而排出，而像酶这样的大分子则被阻留在超滤膜表面上。利用泵的压强可增加透过液排出速度，同时将阻留在膜表面的大分子化合物压回搅拌釜

重新使用。这一装置适用于产物为小分子化合物的酶促反应，也适用于水不溶性底物和胶体状底物，如淀粉、纤维素、酪蛋白等大分子化合物的水解。这类装置在工业上已有应用，如用酶连续糖化纤维素、用 α-淀粉酶和葡萄糖淀粉酶水解淀粉、用转化酶水解蔗糖、用青霉素酶把青霉素 G 转化成 6-氨基青霉烷酸、用胰凝乳蛋白酶水解酪蛋白等生化过程。这类反应器，可以一边反应一边把生成的产物分离出来，因而生产效率高。但还有一些技术问题未彻底解决，主要是不容易得到能长期稳定操作的酶，以及需要解决由于酶很容易吸附在超滤膜上，并在膜上浓缩极化，影响透过液的通量等问题。

除了上述酶反应器之外，尚有淤浆反应器、滴流床反应器、转盘式反应器、筛板反应器以及不同类型反应器的结合。

二、酶反应器的设计

酶反应器的设计主要内容包括反应器的选择、反应器结构确定、酶反应工艺参数（温度、压力、pH、通气量、底物浓度、搅拌、换热等）的确定。

对于底物为胶状物的酶催化反应，还应考虑反应器的堵塞、反应过程压降的变化（采用流化床反应器将有利于减小上述影响）。

另外，由于酶容易受到杂菌污染，防止染菌也是酶反应器设计必须考虑的重要问题，可尽量少用法兰而多用焊接、反应器的接口用蒸汽封口、反应器内保持一定正压以防止大气混入等措施。

三、酶反应器的设计计算基础

反应器设计的主要任务之一就是根据规定的生产任务和工艺条件决定必要的反应器体积。在此仅介绍间歇式、固定床和连续搅拌罐式酶反应器的计算。

1. 间歇式酶反应器计算

物料衡算式是反应器计算的基本方程式。进行物料衡算时，通常是对物料中的某一组分进行衡算。无论对流动系统或对间歇系统，物料衡算均可用下式表示：

$$进入量 - 排出量 = 反应量 + 积累量$$

对间歇式酶反应器来说，由于反应过程中无物料的加入与排出，故

$$进入量 - 排出量 = 反应量 + 积累量$$
$$\quad\quad 0 \quad\quad\quad\quad 0 \quad\quad\quad vV \quad\quad\quad \mathrm{d}(Vc_S)/\mathrm{d}t$$

即
$$vV = -\mathrm{d}(Vc_S)/\mathrm{d}t \tag{5-21}$$

式中　v——反应速率，$\mathrm{mol/(L \cdot min)}$；

　　V——反应器有效体积，L；

　　c_S——底物浓度，$\mathrm{mol/L}$；

　　t——时间，min。

对液相反应 V 为常数，故　　　　$v = -\mathrm{d}c_S/\mathrm{d}t \tag{5-22}$

式(5-22)也可写成

$$t = -\int \frac{dc_S}{v} \tag{5-23}$$

这就是间歇式酶反应器的设计方程。

对酶催化反应来说，如为反应控制，则米氏方程

$$v = k_2 \frac{c_{E_0} c_S}{K_m + c_S}$$

代入设计方程得

$$-\frac{dc_S}{dt} = k_2 \frac{c_{E_0} c_S}{K_m + c_S} \qquad (5\text{-}24)$$

将式(5-24)积分得

$$K_m \ln \frac{c_{S_0}}{c_S} + (c_{S_0} - c_S) = k_2 c_{E_0} t \qquad (5\text{-}25)$$

式(5-25)左边第一项相当于一级反应，第二项相当于零级反应。

式(5-25)也可改写为

$$\frac{c_{S_0} - c_S}{\ln \frac{c_{S_0}}{c_S}} = -K_m + k_2 \frac{c_{E_0} t}{\ln \frac{c_{S_0}}{c_S}} \qquad (5\text{-}26)$$

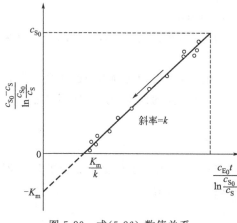

图 5-23 式(5-26)数值关系

由实验测得对应的 $t\text{-}c_S$ 数据，以 $\dfrac{c_{S_0} - c_S}{\ln \dfrac{c_{S_0}}{c_S}}$ 对 $\dfrac{c_{E_0} t}{\ln \dfrac{c_{S_0}}{c_S}}$ 作图（见图 5-23），由图的斜率、截距可求得相应的动力学参数 k_2、K_m。如已知动力学参数，则可由上述方程求出达到所需转化率的反应时间 t。对间歇式酶反应器来说，反应以外的操作时间（包括进料、出料、清洗、灭菌等）称为辅助时间，以 t' 表示，故间歇式酶反应器的生产周期为 $T = t + t'$。所需反应器的有效体积可由式(5-27)确定。

$$V_R = \frac{Q}{P_v} \qquad (5\text{-}27)$$

式中 Q——生产任务，即单位时间内的产物产量；

P_v——反应器的生产率，即在单位时间单位反应器容积所产生的产物量。

$$P_v = \frac{x c_{S_0}}{t + t'} \qquad (5\text{-}28)$$

式中 x——底物的转化率。

2. 固定床酶反应器计算

固定床酶（或细胞）反应器可作为平推流反应器考虑。平推流反应器是指其中物料的流动满足平推流的假定，即通过反应的物料以相同的速度向前流动，在流动方向上没有返混，所有物料停留时间相同，在同一截面上物料组成不随时间变化，但随物料流动方向而改变。由于底物浓度在反应器轴向长度上是变化的，因此必须取反应器中某一微元容积 dV 作物料衡算（见图 5-24）。

进入量－排出量 ＝ 反应量＋积累量

$Fc_S \quad F(c_S + dc_S) \quad vdV \qquad 0$

即 $-Fdc_S = vdV \qquad (5\text{-}29)$

式中 v——反应速率，mol/(L·min)；

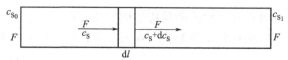

图 5-24 平推流反应器的物料衡算

V——反应器有效体积，L；

c_S——底物浓度，mol/L；

F——物料流量，L/min。

对整个反应器而言

$$\int \frac{-\mathrm{d}c_S}{v} = \int_0^V \frac{\mathrm{d}V}{F} = \frac{V}{F} = \tau \tag{5-30}$$

$$\tau = \int \frac{-\mathrm{d}c_S}{v} \tag{5-31}$$

式中　τ——物料在反应器中的停留时间，min。

此即平推流反应器的设计方程，将此式与间歇式酶反应器的设计方程比较可知，对恒容过程而言，平推流反应器的设计方程与间歇式酶反应器的完全一样。也就是说，在对同一反应达到相同的反应程度时，底物在平推流反应器内的停留时间相当于间歇式酶反应器的反应时间，因而所需的反应时间是相同的。因为在这两种反应器内底物经历了相同的变化历程，只是在间歇式酶反应器内浓度随时间变化，在平推流反应器中浓度随空间位置变化而已。因此，上述有关间歇式酶反应器的计算公式完全可以应用于平推流反应器，只不过连续流动的平推流反应器中，不存在进出料、清洗、灭菌等辅助时间，即 $t'=0$。

3. 连续搅拌罐式酶反应器计算

在连续搅拌罐式酶反应器中，进入反应器的新物料能与反应器内原有物料在瞬间达到完全混合，反应器中的物料浓度均匀一致，并与出口浓度相同。物料在反应器内停留时间各不相同，达到最大返混，属全混流罐式反应器（CSTR）。对稳态下的全混流反应器作物料衡算

$$进入量-排出量 = 反应量 + 积累量$$
$$Fc_{S_0} \qquad Fc_S \qquad vV \qquad 0$$

$$t = \frac{V}{F} = \frac{c_{S_0} - c_S}{v} \tag{5-32}$$

此即全混流反应器的基础设计方程式。

对于酶催化反应，若为反应控制，将米氏方程代入得到反应时间为

$$t = \frac{c_{S_0} - c_S}{v} = \frac{c_{S_0} - c_S}{k_2 c_{E_0} c_S}(K_m + c_S) \tag{5-33}$$

解之得

$$c_S = -K_m + \frac{k_2 c_{E_0} c_S t}{c_{S_0} - c_S} \tag{5-34}$$

以 $c_S - \dfrac{c_{E_0} c_S t}{c_{S_0} - c_S}$ 作图（见图5-25），由图中直线的斜率、截距即可求得 k_2、K_m 等动力学参数，从而得到反应的速率方程；或已知速率方程（即已知 k_2、K_m 等动力学参数）求出达到一定转化率所需的反应时间，再根据生产任务进而求得所需反应器的容积。

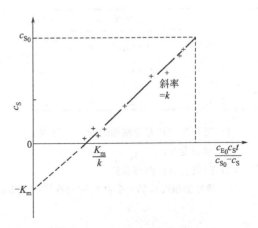

图5-25　式(5-34)数值关系

思 考 题

1. 组成蛋白质的基本单位是什么？其结构特点如何？

2. 肽链中的基本化学键是什么？肽链的骨架结构如何？

3. 多肽链中连接氨基酸之间的共价键，除酰胺键外，还有二硫键，二硫键如何形成？作用是什么？

4. 什么是蛋白质的一级结构？它与蛋白质的空间结构有何关系？

5. 测定蛋白质一级结构的方法很多，简述其中常用的片段重叠法的基本原理。

6. 有一多肽链用溴化氢（专一性水解部位是蛋氨酸的羧基端）切断后，分离得到三段肽

(a) 谷-丙-缬-甘-苯丙-丝-天-丙-蛋

(b) 天胺-色-甘-苏-酪-甘-蛋

(c) 丙-谷-精-苏-酪-亮-天胺-蛋

用胰凝乳蛋白酶水解得到的肽段中，测得其中一个肽段的顺序为甘-蛋-谷-丙-缬-甘-苯-丙，另一个肽段的顺序为亮-天胺-蛋，请排出该肽链的一级结构。

7. 目前工业上应用的酶制剂大多数由微生物（而非动物、植物细胞）发酵生产得到，原因何在？

8. 什么是两性离子？什么是等电点？酶处于等电点时有什么特性？

9. 简述盐析法的基本原理。何谓分部盐析法？

10. 在食品用酶制剂的制备中常用有机溶剂法，原因何在？

11. 固定化酶与固定化细胞的优越性是什么？常用的固定化方法有哪些？其基本特点如何？

12. 简述酶在食品、轻工、化工和医疗业上的应用。

13. 酶的化学本质是什么？它作为生物催化剂有何特点？

14. 酶可分为哪几类？各类酶催化反应的特点如何？酶系统命名和习惯命名的要点是什么？

15. 从哪些方面解释酶催化作用的高效性？

16. 何谓酶的专一性？酶的专一性有几类（举例说明）？如何解释酶作用的专一性？

17. 何谓全酶？辅基与辅酶有何不同？它们与激活剂有何区别？

18. 为什么测酶活力时以测初速为宜，并且底物浓度应大大地超过酶浓度？

19. 解释大多数酶的温度、pH 对活性影响的曲线呈钟罩形的原因。

20. 何谓酶原和酶原激活？酶原有何生物学意义？

21. 米氏方程的推导思路如何？v_{max} 及 K_m 的含义？实验测定 v_{max} 及 K_m 的方法如何？

22. 当某一酶促反应的速率从最大速率的 10% 提高到 90%、95% 时，其底物浓度要分别作多少改变？

23. 竞争性与非竞争性抑制的不同点是什么？它们分别对 v_{max} 及 K_m 有何影响？

24. 用下表列出的数据，确定此酶促反应

c_S $\times 10^5$/(mol/L)	速度/[μmol/(L·min)]		c_S $\times 10^5$/(mol/L)	速度/[μmol/(L·min)]	
	无抑制剂	有抑制剂 $(2\times10^{-3}\,mol/L)$		无抑制剂	有抑制剂 $(2\times10^{-3}\,mol/L)$
0.3	10.4	4.1	3.0	33.8	22.6
0.5	14.5	6.4	9.0	40.5	33.8
1.0	22.5	11.5			

(1) 无抑制剂和有抑制剂时的 v_{max} 及 K_m；

(2) 抑制类型；

(3) EI 复合物的解离常数。

25. 常见的酶反应器有哪些？它们有哪些基本特征？

第六章 生物技术的工程应用

现代生物技术已达到可以用细胞融合和 DNA 重组等技术手段，从细胞水平和分子水平改良已有的生物品种和组建新的生物品种，这将在提高农、林、牧、渔业的质量和产量，利用生物资源为原料或应用生物技术为手段的工业和其他应用带来巨大的生命力。但在现代生物技术的潜力还没有完全显示之前，还必须充分发挥已有的传统生物技术的作用。前述各章已涉及许多生物技术的应用，本章将对生物技术的某些工程应用作更具体的介绍。

第一节 微生物技术的工程应用

一、氨基酸发酵生产

（一）概述

过去氨基酸都是从蛋白质水解液中分离提取的，自 1956 年日本用发酵法生产谷氨酸以后，氨基酸的发酵生产发展很快，目前绝大多数氨基酸已能用发酵法或酶法生产，仅少数氨基酸用抽提法提取或合成法生产。表 6-1 列出了各种氨基酸的生产方法及其主要用途。

我国现有氨基酸企业，以谷氨酸生产为主（谷氨酸年产量已近 60 万吨，居世界首位），其次是赖氨酸，已工业化生产但生产规模均较小的还有蛋氨酸、苯丙氨酸、脯氨酸、精氨酸、天冬氨酸等。

表 6-1 各种氨基酸的生产方法及主要用途

氨基酸	生产方法	主要用途
谷氨酸	发酵	调味剂
赖氨酸	发酵	饲料添加剂、必需氨基酸
蛋氨酸	合成	饲料添加剂、必需氨基酸
甘氨酸	合成	
丙氨酸	酶法	调味
丝氨酸	合成	化妆品
苏氨酸	发酵、合成	饲料添加剂、必需氨基酸
缬氨酸	发酵、合成	大输液、必需氨基酸
亮氨酸	发酵、抽提	大输液、必需氨基酸
异亮氨酸	发酵	大输液、必需氨基酸
天冬氨酸	酶法	药物、甜味剂原料
精氨酸	发酵、抽提	大输液、药物
鸟氨酸	发酵、合成	
半胱氨酸	抽提	改善面包品质、抗氧化剂
胱氨酸	抽提	
苯丙氨酸	发酵、合成	大输液、甜味剂原料、必需氨基酸
酪氨酸	抽提	大输液
组氨酸	发酵、抽提	药物
色氨酸	合成、酶法	大输液、必需氨基酸
脯氨酸	发酵	大输液、药物原料

氨基酸是构成蛋白质的基本成分，在生物机体的代谢中起着重要作用。氨基酸的主要用途体现在以下四点。

（1）食品、饲料工业　氨基酸主要用作调味、助鲜和营养添加剂，也可用于改善面包的品质。谷氨酸单钠（味精）是最重要的商品氨基酸，广泛用作食品助鲜剂；丙氨酸和甘氨酸也可作调味剂；苯丙氨酸和天冬氨酸制成的甜味肽是强有力的甜味剂（其甜味为蔗糖的 200 倍）；赖氨酸、苏氨酸和甲硫氨酸等必需氨基酸是谷物蛋白中所欠缺的氨基酸，将它们添加于饲料中可以提高动物对蛋白质的利用率。

（2）医药工业　氨基酸主要用于大输液和治疗药物，各种必需氨基酸是大输液的基本成分。谷氨酸、半胱氨酸、精氨酸、谷氨酰胺、组氨酸以及脯氨酸可作为某些疾病的治疗药物或合成药物的原料。

（3）化工、轻工　氨基酸具有氨基和羧基亲水性基团，因此，在任一基团引入亲油性基团就成为一种表面活性剂，如引入高级脂肪酸就成为阴离子表面活性剂，引入高级脂肪醇就成为阳离子表面活性剂。氨基酸及其衍生物有调节皮肤 pH 值和保护皮肤的功能，现已广泛用以配制各种化妆品，如胱氨酸用于护发膏，丝氨酸用于雪花膏，谷氨酸、甘氨酸、丙氨酸与脂肪酸形成的表面活性剂，有洗净与抗菌作用，广泛用于洗涤剂、洗发剂、护肤剂、牙膏等生产中。聚谷氨酸是合成皮革、纤维和涂料的重要原料。

（4）农业　利用氨基酸可以制造具有特殊作用的杀菌剂和农药，这些杀菌剂和农药可被微生物分解，是一种无公害农药，无公害是农药发展的一个方向。

（二）谷氨酸发酵

谷氨酸（glutamic acid）化学名称为 α-氨基戊二酸，结构式为

$$\underset{\underset{NH_2}{|}}{HOOC—CH}—CH_2—CH_2—COOH$$

20 世纪 60 年代以后，以淀粉水解糖为原料直接制造谷氨酸的发酵法逐渐取代了蛋白质水解法生产味精的传统工艺。发酵法生产谷氨酸的工艺是最成热、最典型的一种氨基酸生产工艺，现介绍如下。

1. 淀粉水解糖的制备

除少数厂用糖蜜外，大多数厂均以淀粉为原料。但几乎所有的氨基酸产生菌都不能直接利用淀粉、糊精，因此，在发酵生产之前，必须将淀粉质原料水解为葡萄糖，才能供发酵使用。淀粉水解可用酸或酶为催化剂，国内外均以酶法为主，在水解过程中，淀粉分子的糖苷键逐步被切断，其分子量逐渐变小。

酶法水解一般分为两步：第一步是利用 α-淀粉酶将淀粉液转化为糊精及低聚糖，使淀粉的可溶性增加，这个过程称为液化；第二步是利用糖化酶将糊精或低聚糖进一步水解转化为葡萄糖，这个过程称为糖化。

2. 谷氨酸的生物合成机制与发酵工艺

葡萄糖经过 EMP 酵解后生成丙酮酸，丙酮酸一部分氧化脱羧生成乙酰辅酶 A（乙酰 CoA），一部分固定 CO_2 生成草酰乙酸，草酰乙酸与乙酰 CoA 在柠檬酸合成酶催化作用下缩合成柠檬酸，从而进入三羧酸（TCA）循环。由于谷氨酸生产菌的酮戊二酸氧化力微弱，尤其在生物素缺乏的条件下，三羧酸循环到达 α-酮戊二酸时，即受到阻挡，把糖代谢流阻止在 α-酮戊二酸的堰上，这对导向谷氨酸形成具有重要意义。在铵离子存在下，α-酮戊二酸因

谷氨酸脱氢酶的催化作用，经还原氨基化反应生成谷氨酸。由葡萄糖进行谷氨酸发酵的总反应式为：

$$C_6H_{12}O_6 + NH_3 + 1.5O_2 \longrightarrow C_5H_9O_4N + CO_2 + 3H_2O$$

葡萄糖　　　　　　　　　　谷氨酸

即 1mol 葡萄糖生成 1mol 氨基酸，按质量计的理论收率为 81.7%（147/180＝81.7%，147、180 分别为谷氨酸和葡萄糖相对分子质量），但由于菌体的形成、少量副产物的产生以及代谢消耗等都需耗用部分基质，因此，实际产率远低于 81.7%。

谷氨酸生产菌主要是棒杆菌属、短杆菌属、微杆菌属及节杆菌属的细菌。谷氨酸按上述方式在菌体细胞内生化合成，又不断地透过细胞膜分泌于培养基中得以积累。

氨基酸发酵受环境条件影响很大，生产中必须严格控制微生物生长的环境条件，如氧、NH_4^+、pH 值、生物素和磷酸等。环境因素控制不当，往往会发生"发酵转换现象"，即改变代谢途径，使谷氨酸产量大减，而乳酸、琥珀酸、α-酮戊二酸、谷氨酰胺、缬氨酸等产量增多的现象，这也是人为地控制环境条件而使发酵发生转换的一个典型例子。表 6-2 列出了环境因素改变引起谷氨酸产生菌的代谢产物的转换。

表 6-2　环境因素改变引起谷氨酸产生菌的代谢产物的转换

环境因素	产物	环境因素	产物
氧	乳酸或琥珀酸←→谷氨酸 （不足）　　（充足）	pH 值	谷氨酰胺←→谷氨酸 （酸性）（中性或微碱性）
NH_4^+	α-酮戊二酸→谷氨酸←→谷氨酰胺 （欠缺）　（适量）　（过量）	磷酸	谷氨酸←→缬氨酸 （适量）（高浓度）
生物素	谷氨酸←→乳酸或琥珀酸 （限量）　（充足）		

发酵培养基中的碳源主要是淀粉水解糖，氮源中常见的有尿素、液氨、碳酸氢铵等，无机盐为磷酸盐、硫酸镁和钾盐等。目前以糖质原料为碳源的谷氨酸产生菌均为生物素缺陷型，以生物素为生长因子。生物素浓度对菌体生长和谷氨酸积累都有影响，大量合成谷氨酸所需要的生物素浓度比菌体生长的需要量低。谷氨酸发酵最适的生物素浓度由于菌种不同、碳源种类和浓度不同以及供氧条件不同而异，但一般为 $2\sim5\mu g/L$。如果生物素含量太多，菌体生长繁殖快，结果长菌不产酸，或者产乳酸、琥珀酸等；若生物素不足，菌体生长不好，谷氨酸产量也低。生物素是 B 族维生素中的一种，又叫维生素 H 或辅酶 R。目前生产上以玉米浆、麸皮煮出汁或糖蜜等天然原料作为生物素来源。

谷氨酸产生菌属中温菌，最适生长温度为 30～34℃，产生谷氨酸的最适温度为 35～37℃。

谷氨酸积累的最适 pH 值为 7～8，工业上常用流加尿素的办法控制。

对非糖质原料发酵生产谷氨酸进行了大量的研究，其中以醋酸和石蜡烃为碳源发酵生产谷氨酸已达工业化生产规模。

3. 谷氨酸的提取

通常利用谷氨酸是两性电解质的性质、谷氨酸的溶解度、分子大小、吸附作用和谷氨酸的成盐作用把发酵液中的谷氨酸提取出来。一般有等电点法、离子交换法、金属盐沉淀法、盐酸盐法和电渗析法，也可将上述某些方法结合使用，其中以等电点法和离子交换法较普遍。

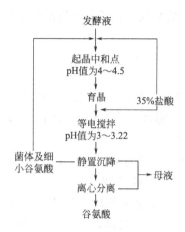

图 6-1　等电点法提取谷氨酸
工艺流程图

（1）等电点法　谷氨酸分子含有 2 个酸性的羧基和 1 个碱性的氨基，其等电点为 pH＝3.22。在等电点时，谷氨酸的羧基和氨基离解程度相等，溶液中含有等量的带不同电荷的阳离子和阴离子，总静电荷为零，此时，由于分子之间的相互碰撞及静电引力的作用，会结合成较大聚合体而沉淀析出。因而，在等电点时，谷氨酸的溶解度最小。故将发酵液用盐酸调节 pH 值至 3.22，谷氨酸就可沉淀析出，收率为 70％左右。此法操作方便，设备简单，缺点是周期长，占地面积大。其工艺流程如图 6-1 所示。如果采用冷冻低温等电点法，液温冷至 5℃ 以下，收率可达 80％以上。

（2）离子交换法　当发酵液的 pH 值＜3.22 时，谷氨酸呈阳离子状态，它能被阳离子交换树脂选择性吸附，再用热碱洗脱下来，收集谷氨酸洗脱流分，经冷却、加盐酸调 pH 值至 3～3.2 进行结晶，再分离即可得到谷氨酸晶体。此法过程简单、周期短、设备省、占地少、提取收率可达 85％～90％。缺点是酸碱用量大，废水排放量大，污染环境。

4. 味精制造

味精是谷氨酸单钠盐，带有一分子结晶水，学名叫 α-氨基戊二酸一钠。

粗谷氨酸溶于适量水中，加活性炭脱色，然后加 Na_2CO_3 中和使之形成谷氨酸单钠，即可获得味精粗品。再经进一步精制（包括除铁、脱色和结晶等），便获得味精成品。流程大致如下：

$$粗谷氨酸＋水＋活性炭 \xrightarrow{\quad Na_2CO_3 \quad} 中和 \xrightarrow{\quad Na_2S \quad} 除铁 \to 压滤 \xrightarrow{\quad 活性炭 \quad} 脱色 \to 压滤 \to 减压浓缩 \to 结晶 \to 离心分离 \to 干燥 \to 产品$$

谷氨酸一钠被人体吸收后，电离成谷氨酸离子和钠离子而分别参与人体的代谢活动。已被世界权威部门确认为一种安全可靠的食品添加剂。

二、有机酸发酵生产

有机酸发酵的原理是微生物在碳水化合物代谢过程中，有氧降解被中断而积累多种有机酸，现已确定的约有 60 余种，但目前工业化生产的不过 10 余种。有机酸在食品、医药、化工、轻工等方面有着广泛的用途。

我国目前发酵法生产的有机酸仅柠檬酸、乳酸、苹果酸等几个品种。从消费量上看，美国人均消费量为 150g/（年·人），日本为 30g/（年·人），我国仅有 3～5g/（年·人），随着人们生活水平的不断提高，特别是无醇饮料、碳酸饮料、果汁饮料的大幅度增长，有机酸的用量将明显增加。在大力发展现有品种的基础上，近年来我国已注意到开发葡萄糖酸、富马酸、曲酸等有机酸的研制和生产。

1. 柠檬酸发酵

柠檬酸（citric acid）是一种三元羧酸，化学名称为 3-羟基-3-羧基戊二酸，其结构式为：

$$\begin{array}{l} H_2C-COOH \\ | \\ HO-C-COOH \\ | \\ H_2C-COOH \end{array}$$

柠檬酸是水果中含量极为丰富的一种有机酸，柠檬酸由于酸味纯正、温和、安全无毒，是食品、饮料的优良酸味剂，也称为第一食用酸味剂，它不仅能赋予特殊的水果风味，而且还有增溶、缓冲、抗氧化、除腥脱臭等作用。柠檬酸钠是一种很好的抗血凝药物，柠檬酸铁铵是缺铁性贫血症的特效药。在工业上柠檬酸还广泛用作增塑剂、螯合剂、催化剂、激活剂、稳定剂、消泡剂、防腐剂和清洗剂等。现在已用发酵法制成柠檬酸，代替天然柠檬酸。

柠檬酸发酵机理现在普遍认为是经过 EMP、丙酮酸羧化和三羧酸循环等过程。发酵所用菌种为黑曲霉。黑曲霉中存在着三羧酸循环的所有酶系，黑曲霉中三羧酸循环见图 6-2。

在正常生长情况下，柠檬酸在细胞内不会积累，而且柠檬酸是黑曲霉的良好碳源，毫无疑问，柠檬酸积累是菌体代谢失调的结果。从理论上推

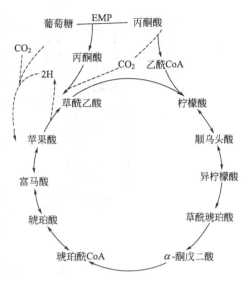

图 6-2 黑曲霉中三羧酸循环

断，只有当乌头酸酶、异柠檬酸酶等参与柠檬酸分解的酶的活性受到抑制时，即活力很低时才能刺激柠檬酸的大量积累。可以采用诱变方法得到对三羧酸循环的阻断株黑曲霉。由于基因突变导致乌头酸合成酶活力降低或钝化，使代谢产物不能进入乌头酸合成等代谢环节，从而大量积累柠檬酸。由于三羧酸循环已被阻断，显然必须要有另外途径提供草酰乙酸，生产柠檬酸的反应才能继续进行下去，实践发现黑曲霉中存在有丙酮酸羧化酶，使丙酮酸固定 CO_2 形成草酰乙酸。

柠檬酸发酵原料的种类很多。广义上来说，任何含淀粉和可发酵糖的农产品及其副产品，某些有机化合物，以及石油烃等都可采用。目前工业上多以糖蜜、淀粉为原料。如以糖蜜为原料，必须用阳离子交换树脂处理，以除去铁（Fe^{2+} 为乌头酸酶的激活剂）为主的金属离子，或者使用黄血盐来控制糖蜜中的铁，以使发酵顺利进行。使用淀粉为原料时，要先用 α-淀粉酶和糖化酶，即所谓双酶法，使淀粉转变为糖液，再经阳离子交换树脂处理方可接种黑曲霉进行深层发酵。

我国的柠檬酸研究和生产进展很快，产品已大量出口，生产方法采用以资源丰富的薯干为原料直接进行液体深层发酵，即糖化与发酵同时进行的特有方法，在发酵罐中只需薯干粉和用于淀粉液化的 α-淀粉酶及菌种。使用的菌种是经诱变选育而成的曲霉，为糖化和发酵产酸同步进行的优良菌种。多数厂采用图 6-3 所示的发酵工艺流程。

原料薯干经粉碎、液化、灭菌后，直接送入种子罐或发酵罐。种子培养基冷至 35℃ 时接种麸曲，在 35℃ 左右通风培养 20～30h，由无菌压缩空气输入发酵罐中。

发酵罐均采用通用式通风搅拌罐。发酵培养基冷却到 35℃ 左右接种，发酵在 35℃ 左右进行，通风搅拌培养 4 天。当酸度不再上升，残糖降到 2g/L 以下时，立即泵送到贮罐中，及时进行提取。

提取方法很多，有钙盐法、萃取法、离子变换法和电渗析法等。我国多用钙盐法。钙盐法的原理是：于发酵液中加入 $CaCO_3$ 或石灰乳中和，使柠檬酸以钙盐形式沉淀下来，再用 H_2SO_4 酸解沉淀，使柠檬酸游离出来。

我国这一发酵工艺与国外同类工艺相比，其特点是能直接利用粗原料、工艺简单、发酵

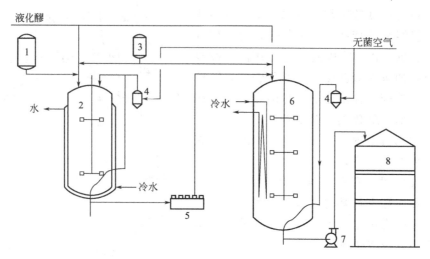

图6-3　薯干粉深层发酵工艺流程

1—硫酸铵罐；2—种子罐；3—消泡剂罐；4—分过滤器；5—接种站；

6—发酵罐；7—泵；8—发酵醪贮罐

周期短、发酵条件粗放、副产物少、产酸率高等。

现在的发展趋势是用固定化菌体，如海藻酸胶固定化菌体小球，进行连续化生产。

2. 乳酸发酵

乳酸是重要的一元羟基酸，因其存在于酸牛奶中而得名。在许多发酵食品，如腌菜、酸菜、酸乳、啤酒中均含有乳酸。动物肌肉中也含有乳酸，当肌肉呈疲乏状态时乳酸含量最多。乳酸的化学名称为 α-羟基丙酸，其产量与消费量仅次于柠檬酸，在食品、饮料、医药、化工等工业部门中广为应用。如作食品饮料的酸味剂、防腐剂、强化营养食品添加剂、纺织洗衣业的上光剂、化学工业的增塑剂与改质剂等。乳酸的钙盐、铁盐还是重要的医药品。

乳酸有一不对称碳原子，故有两种光学异构体。

乳酸发酵所用菌种为细菌中的乳酸菌群和部分霉菌。我国目前多用德氏乳杆菌、干酪乳杆菌等。

根据发酵过程中生成产物的不同，乳酸发酵可分为两种类型。发酵产物全为乳酸者称为同型乳酸发酵，反应式如下：

$$C_6 H_{12} O_6 \longrightarrow 2CH_3 CHOHCOOH$$

发酵产物中除乳酸外还有乙醇、CO_2 或醋酸者称为异型乳酸发酵，反应式为：

$$C_6 H_{12} O_6 \longrightarrow CH_3 CHOHCOOH + C_2 H_5 OH + CO_2$$

或

$$2C_6 H_{12} O_6 \longrightarrow 2CH_3 CHOHCOOH + 3CH_3 COOH$$

各类代谢产物的生成比例依菌种和发酵条件不同而异。

同型乳酸发酵过程：葡萄糖经糖酵解途径降解为丙酮酸，丙酮酸在乳酸脱氢酶的催化下，被还原型辅酶Ⅰ还原成为乳酸。

异型乳酸发酵过程：大致与同型乳酸发酵相同，乙醇和醋酸的生成可能由丙酮酸形成的乙醛而来。

发酵类型除主要决定于菌种特性之外，也与发酵条件有关。同型乳酸发酵在条件变化时可转化为异型乳酸发酵。工业上除了生产发酵食品，如干酪、香肠、腌泡菜等需用一些异型乳酸发酵外，单纯生产乳酸都采用同型乳酸发酵菌，这对于提高乳酸产率和降低产品的提取成本都是有利的。

目前，国内外普遍采用的乳酸生产主要原料为淀粉质原料，但乳酸产生菌一般不能直接发酵淀粉质原料，故必须先经水解转化为糖质原料后才能被乳酸菌发酵（糖化与发酵也可同时进行）。水解方法可分为酸法与酶法两类。由于酸法水解可能产生抑制乳酸菌的杂质和导入无机盐，故工业上多用廉价高效的真菌酶制剂进行酶法水解。

乳酸发酵多用液体深层发酵法，通常有两种形式：不锈钢发酵罐和水泥池深层静止液体发酵。

发酵罐生产工艺：发酵培养基以糖蜜（淀粉水解糖或葡萄糖）、玉米粉、碳酸钙、磷酸氢钙为主要成分组成。45～50℃下发酵 4～5 天。发酵过程可缓慢搅拌，间断补加碳酸钙，使 pH 保持在 6.5 左右。发酵完成后，用石灰乳调 pH 至 9～10，升温澄清，从溶液中提取乳酸。

水泥池生产工艺：发酵培养基以玉米粉、谷糠、麸皮为主要成分。在发酵过程中补加 $CaCO_3$，乳酸钙收率为 35%～40%。乳酸钙经酸化、脱色后即成乳酸。

用固定化细胞和固定化酶连续发酵生产乳酸已有很多报道。

三、酒精发酵生产

（一）概述

酒精（alcohol）是重要的溶剂和化工原料，在轻工、医药、食品、化学工业中获得广泛应用。酒精生产可以采用合成法也可采用发酵法。如通过乙烯水合、乙醛还原或 CO_2 加氢等石油路线进行合成。但合成酒精往往夹杂异构化高级醇类，对于人的神经中枢有麻痹作用，不适宜作饮料、食品、医药及香料等。因此，即使石油工业发达的国家，发酵法生产酒精仍占有一定的比例，且从长远的观点看，石油资源是有限的，而生物资源是能再生的，从化工或能源考虑，用发酵法生产酒精更具有重要的战略意义。

我国酒精生产发展很快，已成为世界上的酒精生产大国，而且酒精发酵技术也已进入国际先进行列。

发酵法生产酒精以糖质原料（糖蜜）、淀粉质原料（干薯、玉米等）为主。以下着重讨论这两大类原料生产酒精，对纤维素发酵生产酒精的研究成果也作一简单介绍。

（二）由糖蜜发酵生产酒精

1. 发酵机制

蔗糖蜜含约 20% 的转化糖（葡萄糖、果糖）、30% 的蔗糖。甜菜糖蜜含蔗糖约 50%，含转化糖极少。糖蜜发酵一直以酵母为菌种，酵母活细胞中含有丰富的蔗糖水解酶和酒化酶。蔗糖水解酶是胞外酶，能将糖蜜中的蔗糖水解为单糖（葡萄糖、果糖）。酒化酶是胞内酶，单糖必须透过细胞膜进入细胞内，在酒化酶的作用下，生成酒精与 CO_2，然后通过细胞膜将这些产物排出体外。酵母菌就是通过这种形式进行酒精发酵作用的。

酒化酶不是单一的酶，而是参与酒精发酵的多种酶的总称，包括己糖磷酸化酶、氧化还原酶、烯醇化酶、脱羧酶及磷酸酶等，在它们的作用下葡萄糖经 EMP 最终变成丙酮酸。丙酮酸在丙酮酸脱羧酶的作用下，脱羧成乙醛，乙醛在脱氢酶及其辅酶（$NADH_2$）的催化下还原成乙醇。

2. 发酵工艺

糖蜜浓度一般为 80～85°Bx[1]，在这样的浓度下，酵母的生长、繁殖、合成酶系以及通

---

[1] 白利度（Brix），表示 100g 溶液中含干固物的质量（g）。

过细胞膜等均难以进行。因此，必须加水冲稀至一定浓度（例如 $20\sim25°Bx$）方适于发酵。稀释方法以连续稀释最为常用，即将糖蜜与水分别调节流速，同时流入发酵罐。为满足酵母生长繁殖的需要，往往在稀糖液中还要补加必需的营养成分，如 $(NH_4)_2SO_4$、过磷酸钙、镁盐等，并用硫酸或盐酸调节 pH 至 $4\sim4.5$，借以防止杂菌污染。

糖蜜发酵方法很多，基本上可分为间歇法与连续法两类。目前国内外大型糖蜜酒精厂都采用连续法。

间歇式发酵是在一个容器内进行，酵母始终处在一个变动的环境中，即酵母的繁殖与生命活动是在糖分不断下降、酒精含量逐步增加的变化过程中进行的。连续发酵由一组串联的发酵罐（通常 $9\sim10$ 个）组成，发酵的每一阶段是在各个不同的容器中进行。对每一个容器来讲，醪液的浓度、酒精的含量、pH、温度等因素是相对固定的。这样，酵母由于适应稳定的外界环境，其发酵能力得以提高。整个生产过程连续化，操作方便，生产稳定，易于实现自动控制。同时还可节约辅助时间，提高发酵设备的利用率。

（三）由淀粉质原料发酵生产酒精

淀粉质原料种类很多，常用的有玉米、干薯，其次是高粱及橡子等野生原料。由淀粉质原料发酵生产酒精的操作程序大致如下：

$$原料 \rightarrow 蒸煮 \rightarrow 糖化 \rightarrow 发酵 \rightarrow 蒸馏 \rightarrow 产品$$
$$曲 \quad 酵母$$

现就蒸煮、糖化、发酵三个关键过程简述如下。

1. 蒸煮

粉碎的原料吸水后发生膨胀，随着温度的升高，淀粉粒开始解体，当温度升至 $120℃$ 时，支链淀粉开始溶解，而温度在 $120\sim150℃$ 之间进行高温高压蒸煮时，淀粉继续溶解，细胞破裂，淀粉游离。可单锅间歇蒸煮，也可将几只蒸煮锅相互串联，采用泥浆泵不断送进料液，通过锅底蒸汽加热，使糊化醪不断流出，实现连续蒸煮。连续蒸煮较之间歇蒸煮有如下优点：由于在高温下停留时间短，糖分损失少，流动性好，有利于彻底糊化，发酵利用率可提高 2%左右；由于省去进出料的辅助时间，并大幅度提高装料系数，设备利用率可提高 1 倍以上；可大量利用二次蒸汽，且用汽均匀、无高峰负荷，可降低能耗；可改善劳动条件，实现过程自控。

2. 糖化

经高温蒸煮，淀粉糊化成溶解状态，但由于酵母菌不含淀粉酶，因而还不能直接被酵母利用发酵成酒精，为此，在糊化醪中还必须加入一种糖化剂进行糖化。常用糖化剂有麦芽、酶制剂和曲三种。国外用麦芽和酶制剂较普遍，我国则多用曲作糖化剂。用固体表面培养的曲称为麸曲，采用液体深层通风培养的称液体曲。制曲常用的几种霉菌为米曲霉、黑曲霉、白曲霉等，它们所含的酶系略有不同，但都含有液化型淀粉酶（也称 α-淀粉酶）和糖化型淀粉酶（也称糖化酶）。所谓液化就是淀粉分子被 α-淀粉酶分解为小片段糊精，因而构成淀粉的网状结构被破坏，液化后的淀粉醪，冷却后不再凝固成胶凝体而成为有黏性的流动液体。糖化时，糖化剂中的 α-淀粉酶与糖化型淀粉酶共同作用于淀粉，因而液化和糖化作用实际上是同时开始的。

糖化过程的总反应式为：

$$(C_6H_{10}O_5)_n + H_2O \xrightarrow{淀粉酶} nC_6H_{12}O_6$$

间歇糖化与连续糖化工艺条件大致相同，糖化温度在 60℃ 左右，糖化时间约 30min。

3. 发酵

淀粉质原料经糖化后，以酵母为菌种进行发酵，其发酵机制、发酵工艺与糖蜜发酵基本相同，此处不再重复，现仅就发酵中使用固定化细胞生产酒精这一技术作一简介。使用固定化酵母，可以用一个反应塔代替多个发酵罐，发酵时间由传统的 30 多个小时缩短为 3h 以下，乙醇生产能力为 $20\sim50g/(L\cdot h)$，而传统方法则为 $2g/(L\cdot h)$。若以运动发酵单孢菌代替酵母进行固定化，则乙醇生产能力可达 $120\sim150g/(L\cdot h)$。海藻酸、聚丙烯酰胺凝胶、琼脂、卡拉胶等均可作为固定化的包埋材料。实验还发现固定化增殖细胞比固定化细胞更优越。但制备固定化细胞操作还不够简便，在发酵中部分菌体流失也是需要研究解决的问题。

（四）由纤维素发酵生产酒精

由纤维素发酵生产酒精的方式可归纳如下：

纤维素

- 酸或碱水解：$\xrightarrow[\text{水解}]{H_2SO_4\ 或\ NaOH}$ 糖 $\xrightarrow[\text{发酵}]{\text{酵母}}$ 酒精
- 酶水解
  - 直接法：$\xrightarrow[\text{水解、发酵}]{\text{细菌}}$ 酒精
  - 间接法：$\xrightarrow[\text{水解}]{\text{纤维素酶}}$ 糖 $\xrightarrow[\text{发酵}]{\text{酵母}}$ 酒精
  - 同时糖化发酵法：$\xrightarrow[\text{水解、发酵}]{\text{纤维素酶、酵母}}$ 酒精

其中，直接法使用的细菌为热纤维梭菌，它能分解纤维素，并能使纤维二糖、葡萄糖、果糖等发酵。间接法是用纤维素酶水解纤维素，收集酶解后的糖液作为酵母发酵的碳源。同时糖化发酵法的特点是纤维素酶对纤维素的水解和酵母发酵糖生成酒精在同一容器内连续进行，这样酶水解的产物葡萄糖由于酵母的发酵不断地被利用，这就消除了葡萄糖因浓度高对纤维素酶的反馈抑制。在工业上本法也简化了设备和能源的消耗。

纤维素水解的最大障碍是纤维素的结晶结构和木质素的屏障。工业化难度虽然大，但由于纤维素的资源丰富，能够再生，对解决未来的能源和化工原料有着巨大的潜力，全世界都在继续进行研究，以求达到工业化生产。

四、单细胞蛋白发酵生产

（一）单细胞蛋白生产的特点

单细胞蛋白（single-cell-protein，SCP）是指用增殖的方法而获得的微生物菌体蛋白。由于世界人口剧增，粮食日趋紧张，同时，由于世界经济日趋富裕，生活水平不断提高，对动物蛋白质的需求量大为增加，然而生产动物蛋白却需要消耗大量的植物蛋白，如要获得牛蛋白 1，需消耗植物蛋白 3～4；要得到家畜蛋白 1，需植物蛋白 7～10，很不经济。由此可见，粮食不足中最严重的是蛋白质问题。因此，从工业上开发新的蛋白质资源，发展 SCP生产是解决蛋白质食物和饲料匮乏的一条重要途径。单细胞蛋白质生产有如下三个特点。

（1）生产效率高　比高等动植物生长繁殖速度快得多，例如细菌或酵母在 20～120min内增殖 1 倍，牧草及其他植物则需 1～2 周，牛需 1～2 个月。SCP 生产可在大型发酵罐中进行，占地面积小，不受季节变化、天灾的影响，生产率可高达 $2\sim6kg/(m^3\cdot h)$。

（2）营养丰富　SCP 含粗蛋白 40％～80％，高于大米、小麦、大豆等传统食品；氨基酸种类齐全，配比良好，尤其是人和动物生存必需的氨基酸，如赖氨酸、色氨酸含量丰富。

（3）原料广泛　包括糖质、淀粉质、纤维素以及有机和无机矿物资源等均可作为原料。如利用工农业生产废料做原料，还可同时实现环境保护。

单细胞蛋白主要用作动物的饲料，直接作为人类蛋白食品，在一些先进国家目前也才刚刚起步。随着世界人口的剧增，人类直接以单细胞蛋白为食品具有广阔的开发前景。

我国 SCP 生产规模不大，主要以糖质原料生产药用酵母和面包酵母，而饲料酵母产量很少，远远不能满足我国对饲用蛋白的需要。我国人口众多，耕地人均不足 1.5 亩❶，农业劳动生产率和商品率均不高，膳食结构以粮食蔬菜为主，肉食供应不足，蛋白质摄入量低于世界平均水平，故大力发展 SCP 工业尤为必要。

（二）生产 SCP 的微生物

具有原核细胞的细菌、放线菌、蓝藻和具有真核细胞的酵母菌、霉菌、担子菌等各种微生物都可以作为生产 SCP 的菌种，但都必须符合蛋白质的营养、易消化和无毒等基本要求。现今工业生产用的微生物资源主要是酵母、细菌以及真菌和藻类。

最早用于 SCP 生产，也是现在应用最广的是酵母菌。其优点是：可利用原料广泛；能在酸性条件下生长（不易染菌）；菌体大，易于分离回收；酵母的色、香、味易为人们所接受。但缺点是生长速度较慢，蛋白质含量较低（45%～46%）。

用细菌生长 SCP 的优点是：生长速度快；蛋白质含量高（50%～80%），必需氨基酸齐全等。缺点是：菌体小，以致从发酵液中回收较困难。随着分离回收技术的改进，这个缺点可以克服，所以在 SCP 开发利用中细菌具有发展前景。英国帝国化学工业公司（ICI）就是用细菌以甲醇为原料大量生产 SCP 的。此外，细菌还可利用甲烷、氢、CO_2 等气体原料，这也是一个特点。

丝状真菌的优点是便于回收，质地良好，但其不足之处在于生产进度慢，蛋白质含量低。

藻类能利用 CO_2 作碳源，以阳光为能源，合成自身营养成分进行生长繁殖，其藻体蛋白质含量较高，品质也好，可供人、畜食用。现在有许多国家都在积极进行球藻和螺旋藻的 SCP 开发，如美国、日本、墨西哥等国生产的螺旋藻食品既是高级营养品，又是减肥品（被称为健康食品），在工业化国家很受欢迎。

（三）SCP 的生产

用谷物粮食和其他农产淀粉基质生产酵母早已大规模工业化，但这仅限于生产数量不大的面包工业和酿造工业中的种子酵母和药用酵母。因粮食原料有限，无法解决发展畜牧业的蛋白质饲料问题，目前已经开发并认为可以作为 SCP 生产原料的资源大致可以分为两类。一类为正烷烃和石油化工产品，属于这一类的碳源有正构烷烃、天然气及烃的氧化物，如甲醇、乙醇、醋酸等。另一类为可再生资源，主要是碳水化合物，特别是农林牧产品加工工业的下脚料和有机垃圾废弃物。

1. 从正构烷烃和石油化工产品生产 SCP

近代的 SCP 工业是从石蜡烃为原料发展起来的，到 20 世纪 70 年代中期，无论生产技术或是 SCP 本身作为饲料使用的安全性问题都得到解决，世界上大型化工厂已相继建成。

乙醇蛋白的生产目的完全是从食用出发。乙醇蛋白能进入食品市场的原因在于以纯蛋白

---

❶　1亩－666.67m²。

含量计算，价格比牛肉便宜，B族维生素含量多，营养丰富，制品风味鲜美。

甲醇可从天然气、石油、煤等多种原料获得，易于大型化生产。与正烷烃流程比较，甲醇具有纯度高、原料与水互溶、耗氧少、发热量低、产品不需纯化等优点，从而在SCP生产中崭露头角，深受注目。其中以英国帝国化学工业公司（ICI）开发的生产工艺最为成功。ICI使用的是细菌法，以嗜甲基菌为生产菌种，所用发酵罐为压力循环气升式发酵罐，此发酵罐为微生物发酵工业中最大的生物反应器，容积为3000m³（见图6-4）。罐内无机械传动部分，避免了因轴封不密造成的污染。内筒部为上升管，环状部为下降管。内筒管中装有多层多孔挡板以提高空气利用率。空气与氨由底部通入，巨大的气泡浮力使发酵液高速循环流动。为避免甲醇浓度局部过高而抑制菌的生长，采取多点进料，沿罐的纵向不同部位装有5000～8000个进料小孔，甲醇的均匀分散使产率大为提高。

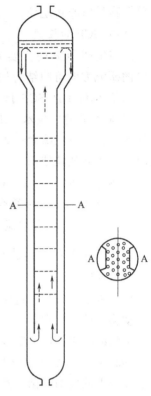

图6-4　用于培饲料蛋白的大规模气升式发酵罐

2. 从可再生资源生产SCP

再生资源主要是指碳水化合物，包括糖类、淀粉和纤维素。估计地球上每年依靠太阳能光合作用生成的碳水化合物量超过千亿吨，它是SCP生产取之不尽的原料。此外，用工农业废弃物资源生产SCP还是变废为宝、保护环境的好途径。

甘蔗、甜菜等制糖厂结晶后的废蜜一直广泛用于生产面包酵母、活性干酵母、食用酵母和药用酵母。我国的酵母生产始于1922年，但生产规模都不大。

淀粉质原料酸法或酶法水解的糖液已广泛用于生产各种食用酵母。现在感兴趣的是将谷物、薯类、淀粉及水果加工厂的渣粕和废液直接培养微生物制造SCP。例如在味精生产中每生产1t味精，排出25t废液，废液中含约0.5%的还原糖和3%的有机物，若以热带假丝酵母为菌种发酵生产SCP，干酵母产率可达10g/L以上，蛋白质含量为60%，氨基酸种类齐全，作为饲料，效果与鱼粉相当。

纤维素废料如木屑、棉子壳、玉米芯、稻草、麦秆、甘蔗渣等均可作为生产SCP的原料。由于植物纤维被木质素包蔽着，是一种具有高度抵抗生物降解的高分子聚合物，因此，纤维素在用作碳源前必须进行预处理。预处理的方法有物理的、化学的和物理化学的，如磨碎、高压蒸煮、膨化处理、氧化处理、酸碱或酶水解等，使高结晶纤维微粒化，以增大纤维素的非结晶程度和反应表面积，以提高纤维素的分解速度。

利用纤维素原料生产SCP的基本流程如下：

纤维素──→粉碎──→水解──→中和──→澄清──→过滤──→发酵──→分离──→菌体──→干燥──→磨碎──→产品
　　　　　　　　　　　　　　　　　　　　　　　　　　↑
　　　　　　　　　　　　　　　　　　　　　　　　　种子

氢细菌单细胞蛋白也是重要的一类。氢细菌属于自养菌，这种微生物以无机碳为碳源，以分子氢作能源，进行化能自养型生长。氢细菌接种于含氮的无机盐培养液中，然后通入CO_2、氢和氧就可进行培养，生产出含量较高的单细胞蛋白。所需物质元素到处可取，从水中获得H，从空气中获得C、O、N，以阳光为能源，因此，它具有广阔前景，可能成为生产单细胞蛋白的新途径。

（四）SCP 的展望

当前生产 SCP 的主要问题是经济而不是技术。如何降低生产成本是关键因素。今后 SCP 的研究方向可归结为如下几点。

① 从单纯生产 SCP 提供饲料蛋白，转化为消除环境污染，促进资源的多层次利用。

② 采用简便的技术，缩短工艺流程，简化生产设备。例如提高发酵投料浓度，采用固体发酵工艺，以免除大量脱水、收集和干燥费用，便于在农村地区中小型工厂推广，原料就地取材，产品就地使用。

③ 从单一生产蛋白饲料，转为生产食用蛋白，直接供人消费，减少畜牧业上物质转换的损失；或将 SCP 产品综合开发，副产核糖核酸、有机酸、辅酶 Q_{10} 等高产值产物。

④ 对 SCP 产生菌的遗传改良，以期提高 SCP 产量及蛋白质含量。

五、抗生素的发酵生产

（一）概述

抗生素是青霉素、链霉素、四环素、红霉素类化学物质的总称，它是生物（包括微生物、动物、植物）在其生命活动过程中所产生，并能在低微浓度下有选择性地抑制或杀灭其他微生物的有机物质，除少数可用化学合成外，大多数是用微生物发酵法生物合成。

1928 年英国细菌学家弗莱明（Fleming）发现污染在培养葡萄球菌的双碟上的一株霉菌能杀死周围的葡萄球菌。经菌种的分离纯化后，定名为点青霉。同时把这种菌产生的物质命名为青霉素（penicillin）。经实验和临床试验表明，它对葡萄球菌及其他革兰阳性菌所引起的许多疾病有卓越的疗效，而对人体的毒性极小。第二次世界大战期间，青霉素的工业生产和临床应用开始发展起来，从而逐渐形成了一个新兴的产业，即抗生素发酵工业。目前已知的天然抗生素不少于 9000 种，但应用于临床的商品抗生素只有 120 余种，加上半合成的抗生素衍生物和盐类共约 350 种。

（二）抗生素的抗菌作用特点

随着抗生素新品种的出现，抑菌范围的扩大，目前抗生素已广泛用于治疗人、畜疾病。由于有些抗生素能使家畜和家禽的日增重量提高，所以，这些抗生素被添加到饲料中作为促长剂。有些抗生素在农业上被用来防治作物的病害和虫害，井冈霉素就是我国生产量最大、广泛用于防治水稻纹枯病的一种农用抗生素。

在上述这些应用中占首要地位的是临床应用。抗生素作为人类战胜各种疾病的有效武器，不仅能治疗许多细菌感染的疾病，而且对由真菌引起的念珠菌病、孢子丝菌病、隐球菌病等也具有疗效。近 10 年来，由于癌症给人类带来的死亡威胁，抗生素在抗肿瘤方面也有了较大的发展。

抗生素的抗菌作用和一般消毒剂有所不同，一般消毒剂，如石炭酸、酒精等，主要是起物理化学变化，使菌体蛋白质沉淀或变性，从而把菌杀死；而抗生素的主要作用则是在菌类的生理方面，通过生物化学方式干扰一种或几种代谢机能，使菌类受到抑制或杀死。由于抗生素的这种特殊作用方式，使它的抗菌作用具有以下几个特点。

（1）选择作用　因为各种微生物各有固定的结构和代谢方式，各种抗生素的作用方式也不同，所以一种抗生素只对一定种类的微生物有抗菌作用，即所谓抗菌谱。如果重要的代谢环节被抑制，则微生物的生长发生障碍，甚至死亡。如果某些抗生素能阻抑微生物共同的基本代谢途径，如蛋白质和核酸的合成，则它们可以抑制许多不同种类细菌的生长，广谱抗生素的抗菌机理即属于这一类，四环素、金霉素、氯霉素等就属于这类广谱抗生素。

（2）选择性毒力 抗生素对宿主人体及动植物组织的毒力，一般远小于它对致病菌的毒力（即高效低毒），这称为抗生素的选择性毒力。通常抗生素在极高的稀释度下仍能选择地抑制或杀死微生物。选择性毒力构成感染症的化学治疗的基础。

（3）引起细菌的耐药性 细菌在抗生素的作用下，除了大批敏感菌被抑制或杀死外，常常会有一些菌株调整或改变代谢途径，从敏感菌变为不敏感菌，即产生细菌的耐药性。耐药性的出现是医学上的严重问题。目前除设法寻找新的抗耐药菌的抗生素外，在临床上应该合理使用抗生素，避免滥用抗生素，以防止耐药菌的产生。

（三）抗生素的应用

现就几种常见抗生素的临床用途作一简介。

（1）青霉素类 青霉素类由培养青霉素发酵液中提得的抗生素的总称，俗名盘尼西林。其共同结构是：

R、R′不同即得各型不同的青霉素。它们对革兰阳性细菌如葡萄球菌、链球菌、肺炎球菌、脑膜炎球菌、淋球菌等有强力抑制作用。主治肺炎、气管炎、脑膜炎、中耳炎、关节炎、腹膜炎、败血症、淋病、梅毒、创伤等。

（2）链霉素 链霉素是抗革兰阴性菌和结核杆菌引起的疾病的首选药物。主治结核病、百日咳、鼠疫、细菌性痢疾和泌尿道感染等。其主要副作用是有引起永久性耳聋的可能。

（3）四环类抗生素 此类抗生素属临床用的"广谱"抗生素，能抑制一些亲缘关系很远的细菌，包括四环素、金霉素（又称氯四环素）、土霉素（又称氧四环素）等，它们均是氢化并四苯的衍生物，其结构式如下：

四环素　　　　　　　　金霉素　　　　　　　　土霉素

它们对革兰阳性和阴性细菌、各种立克次体、螺旋体、大型病毒和某些原虫有抑制作用，用于治疗肺炎、败血症、斑疹伤寒、痢疾等。这类抗生素的主要副作用是长期使用会发生二重感染，引起口腔黏膜病变，还易造成龋齿。

（4）红霉素 红霉素是一种大环内酯抗生素，其抗菌谱与青霉素相似，对革兰阳性细菌有强大的抑制作用，对某些革兰阴性细菌也有作用，临床上主要用于对青霉素易产生耐药性的细菌和对其他抗生素过敏反应的病例，毒性和副作用小，吸收迅速。

（5）抗癌抗生素 自力霉素（丝裂霉素）、争光霉素（博来霉素）、更生霉素（放线菌素D）、光辉霉素（光神霉素）、正定霉素（柔毛霉素）等，分别对肺癌、恶性葡萄胎、睾丸胚胎癌、各种急性败血症有一定疗效。

（6）农用抗生素 农用抗生素是以菌制菌，防治农作物和畜禽病害的重要手段。由于抗生素与化学农药相比，残留毒性低，不污染环境，且同样具有使用方便、效果显著的特点，所以发展迅速。目前推广使用的主要品种有防治稻瘟病的灭瘟素和春雷霉素，防治水稻纹枯病的井冈霉素，防治麦类及瓜类白粉病和稻瘟病的庆丰霉素等。此外，有些医用抗生素如链霉素、氯霉素、土霉素等，也可用于防治瓜果、蔬菜的一些细菌病害。农用抗生素的使用方法主要有浸种、浸根、浸苗、喷洒、涂刷以及用于土壤消毒等。

（四）抗生素的生产工艺

现代抗生素工业生产过程如下。

菌种→孢子制备→种子制备→发酵→提取及精制→产品包装

现以青霉素生产工艺为例，简述如下。

1. 工艺流程

冷冻管 $\longrightarrow$ 斜面母瓶 $\xrightarrow[25℃，6～7 天]{孢子培养}$ 大米孢子 $\xrightarrow[25℃，6～7 天]{孢子培养}$ 一级种子罐 $\xrightarrow[25℃，40～45h]{种子培养}$ 二级种子罐 $\xrightarrow[25℃，13～15h]{种子培养}$

发酵罐 $\xrightarrow[22～26℃，6～7 天]{发酵}$ 放罐 $\xrightarrow[冷至 15℃]{调 pH＝5.0}$ 发酵滤液 $\xrightarrow{加乙酸丁酯（BA）}$ BA 萃取液 $\xrightarrow{加活性炭}$ 结晶液 $\longrightarrow$

结晶（加成盐剂醋酸钾结晶或加丁醇共沸蒸馏精制结晶）

2. 菌种

常用菌种为黄青霉素，按其在深层培养中菌丝的形态，可分为球状菌和丝状菌。

3. 培养基

青霉素能利用多种碳源，工业上普遍采用淀粉经酶水解的葡萄糖糖化液进行流加。可选用玉米浆、花生饼、棉子饼、麸质粉、尿素等为氮源。无机盐包括 S、P、Ca、Mg、K 等盐类。铁离子对青霉素有毒害作用，应严格控制发酵液中 Fe 含量在 $30 \mu g/mL$ 以下。苯乙酸或苯乙酰胺可以作为青霉素发酵的前体（所谓前体，是指菌体中以利用它构成抗生素分子的一部分而其本身又没有显著改变的物质）。

4. 发酵培养控制

pH 一般控制在 6.4～6.6，可用添加葡萄糖或酸碱控制。发酵前期一般控制温度在 25～26℃，后期 23℃，以减少后期发酵液中青霉素的降解破坏。发酵过程中需要不断通气搅拌，一般要求发酵液中溶解氧量不低于饱和情况下溶解氧的 30％。发酵过程中会产生大量泡沫，可用天然油脂如豆油、玉米油等或化学合成消沫剂来消沫。

5. 分离与纯化

发酵液经鼓式真空过滤器过滤，将滤液酸化至 pH1.8～2.2，加相当于滤液体积 1/3 的乙酸丁酯（BA），将青霉素从滤液萃取到 BA 中，然后用 $NaHCO_3$ 调节 pH6.8～7.2，再将青霉素反萃取到水相中，整个分离操作在 10℃ 以下进行。经反复萃取后浓缩 10 倍可达到结晶要求。

在萃取液中加入醋酸钾、醋酸钠或丙二酸钙盐即会析出青霉素结晶。

鉴于以丁醇共沸结晶法所得产品质量优良，国际上普遍采用此法生产注射品。其简单流程如下：将 BA 萃取液用 NaOH 液萃取，调 pH 至 6.4～6.8，得青霉素钠盐水浓缩液，加 3～4 倍体积丁醇，在 16～26℃，5～10mmHg❶下真空蒸馏，将水与丁醇共沸蒸出，而得青霉素钠盐结晶。

---

❶ 1mmHg＝133.322Pa。

第二节 转基因植物与植物细胞培养

植物转基因技术是指通过体外重组 DNA 技术将外源基因移入到植物的细胞或组织，从而使再生植株——转基因植物获得新的遗传特性。转基因技术可将任何来源的基因转入植物，这不仅扩大了重要农艺性状相关基因的来源，而且可达到定向改良植物的目的。植物细胞的大规模培养是使转基因植物及品种优良植株获得广泛实际应用的重要手段。本节将就这两个问题作一简要介绍。

一、转基因植物

在微生物基因工程中所用的基因载体，如大肠杆菌质粒、噬菌体等都不能充当向植物转移基因的工具，因为它们不具备侵染植物的功能，无法将所带基因整合到植物细胞内。有一种叫做土壤农杆菌的细菌，能侵染某些植物，以其质粒作为基因的载体，能把外源基因带入植物细胞中。但这种方法成功率很低，而且只适合于双子叶植物，如土豆、大豆等。

20 世纪 80 年代中期，植物基因转移技术出现了一系列突破（如电导技术），这种技术把植物细胞去掉细胞壁后（称为原生质体）置于含有外源基因的溶液中，并施加一个高强电场，导致细胞膜上微孔张开，于是溶液中的外源基因便容易地进入细胞中去。又如基因枪技术，这种枪是用火药爆炸、电容放电或高压气体作为加速的动力，发射直径仅 $1\mu m$ 的金属颗粒，优选的外源基因便包覆在颗粒表面，靶子是活的植物组织。基因枪一击发，颗粒便以极高速度射向靶子，穿透细胞壁进入细胞内，于是颗粒表面上的外源基因，便有机会整合到植物的基因组中去。此外，尚有激光束射击法、显微注射法、花粉管通道导入法等。这些方法各有特点，也各有其应用局限性。

原则上说将外源基因转入任何一种植物细胞的技术已经建立起来了，这是一种分子育种新技术，不仅植物与植物之间可以进行基因转移，人们还能将微生物、动物甚至人类的一些基因转入植物之中。

转基因技术目前在植物品种改良方面应用的主要领域有：①抗病毒、细菌和真菌；②抗逆境，如干旱、寒冷、高温、盐碱；③抗除草剂；④抗虫害；⑤品质改良。

病毒是农作物的一个大敌，由它引起的产量损失极大。但把花叶病毒的外壳蛋白基因导入植物体内，获得了能抗花叶病毒的烟草、番茄、黄瓜等新品种。能抗 X 病毒的马铃薯植株也获得成功。

农业上因杂草危害减产约在 12%，目前广泛使用的除草剂大部分为非选择性除草剂，因此，只能在播种前使用。草甘膦是目前我国自行生产应用最广的一种除草剂，可杀死 90% 以上的恶性杂草，对人、畜安全，不污染环境，但它是一种非选择性除草剂，也伤害农作物。把抗草甘膦的细菌菌株的抗草甘膦基因引入到大豆、烟草、番茄、油菜等中获得了抗草甘膦的转基因植株，这不但可以降低除草剂的施用量，减少环境污染，而且给轮作或间作中作物的选择以更大的灵活性。

把对鳞翅目昆虫有特异毒性作用的苏云金杆菌毒蛋白基因引入烟草、棉花、杨树等植物中，当害虫在这些转基因植物上取食后会使其致命（见彩图 6-5）。试验表明，这种转基因烟草对棉铃幼虫的杀死率，3 天可达 80.5%，6 天达 100%；转基因杨树对主要食叶害虫舞毒蛾和杨尺蠖在 9 天的杀死率高达 100%。

在改善水稻、小麦、玉米等主要粮食作物的抗逆性、蛋白质品质等转基因植株也已培育成功,但转基因效率有待进一步提高。

1988 年,我国科学家将人 α-干扰素基因导入烟草细胞,培育出了世界上首例带有人的基因的转基因烟草植株,首先实现了人的基因在植物中的表达,从而在理论与实践上为利用植物廉价生产人体蛋白和抗病植物奠定了基础。后来,又有人把人的生长激素基因转移到花叶芋中,把人血清白蛋白的基因转移到土豆中,把人胰岛素基因转移到烟草中,在实验室中均获得成功。这方面的研究很受瞩目,将可能通过这种移植使植物产生动物蛋白或人体需要的某些药用蛋白,一株植物就成了一个小小的制药厂,这将使种植业出现新的发展方向。

到目前为止,全世界批准进行田间试验的转基因植物已超过千例。转基因植物的推广应用,必将促进农村经济的发展,极大地改善生态环境,从而取得巨大的社会、经济效益。

二、植物细胞和组织的大规模培养

细胞和组织的大规模培养是使转基因植物或品种优良的植物获得广泛实际应用的重要手段。

由于植物体的一种组织往往包含有两种或两种以上的细胞,在培养中不易分开,所以细胞培养有时又叫组织培养或统称为细胞与组织培养。

植物细胞与动物细胞的一个重要区别在于它具有发育的全能性。也就是说在适宜的条件下,一个来自分化的根、茎、叶等组织的细胞,经过离体培养可以发育成同其宗本一样的完整植株。

在人工控制下高密度大量培养有益植物细胞的技术称为植物细胞的大规模培养,即植物细胞的克隆技术。植物细胞培养已在植物育种方面得到了广泛的应用,细胞培养增加了无性繁殖的范围和潜力。细胞培养不受季节气候、自然灾害等因素的影响,而且繁殖速度快,周期短,并可实现工业化生产。目前,国内外已有数百种植物(包括薯类、蔬菜、瓜类、水果、花卉、药材、树木等)通过植物细胞组织培养的方法获得了完整的植株。例如,采用植物细胞大规模培养的方法,一个桉树芽一年可以繁殖出 10 万株树苗,一株杨树一年可以繁殖出 100 万株树苗。我国试管苗工业化已开始实现,已建立了葡萄、苹果、香蕉、柑橘、花卉等试管苗生产工厂。

许多植物性药物、食用香料或化妆用品都是直接从植物中取得的,这些来源于植物的有效成分,乃是它们体内积累的一些中间分子。由于这些分子通常不参与植物的基本生命过程,常被称为植物的次级代谢产物或天然产物。植物的次级代谢产物对于人类的健康有着重大意义,据资料统计,现用的药品中有 1/4 来自植物,而且绝大多数仍是化学合成所不能代替的。次级代谢产物的化学成分包括生物碱、苷类、酿类、黄酮类等。由于人口增加、地理环境破坏、森林被毁,致使许多药源日益萎缩,因此,利用植物组织培养的方法来生产人类所需的植物产品(特别是药物)是十分必要的。我国科学家对中药材黄连进行组织培养,经悬浮培养 24 天后的黄连素含量可达 3.12%～3.2%,与 5～6 年家生黄连根茎的含量相当。

植物细胞的各种培养方法及繁殖方法的相互关系如图 6-6 所示。植物细胞可以经愈伤组织培养得到植株,也可经大规模培养获得植株或次级代谢产物。

植物细胞的大规模培养方法有悬浮培养法(包括分批、连续、半连续式)和固定化培养法。用于植物细胞培养的反应器与微生物细胞培养反应器很相似,也有搅拌式、鼓泡式、气升式等类型,在各类反应器中,气升式性能最佳。

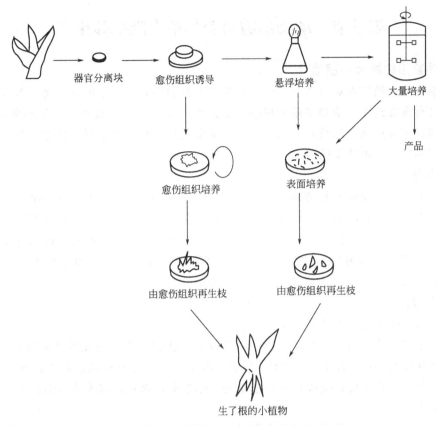

图 6-6　植物细胞的各种培养方法及繁殖方法的相互关系示意图

现以西洋参细胞培养为例，说明植物细胞大规模培养的基本过程。西洋参细胞培养工艺流程如下：

西洋参根 $\xrightarrow[\substack{[消毒]}]{\substack{乙醇\\升汞}}$ 无菌根 $\xrightarrow[\substack{[诱导]}]{培养}$ 愈伤组织 $\xrightarrow{[悬浮培养]}$ 悬浮细胞培养物 ——

—— 西洋参细胞干粉成品 $\xleftarrow[\substack{[干燥]}]{}$ 细胞 $\xleftarrow[\substack{[过滤]}]{}$ 发酵液 $\xleftarrow[\substack{[大量培养]}]{}$

流程说明如下。

① 种质选择与处理。西洋参根洗净后切成薄片，先浸入 70%乙醇，后在 0.1%升汞溶液中消毒，取出后用无菌水洗去消毒剂。

② 愈伤组织诱导。愈伤组织的形成是一种创伤反应。在伤口处，由于内源生长因子，特别是植物生长素的释放，激发细胞分裂，并逐渐形成一团具有生命活力的细胞团，这个细胞团就叫愈伤组织。外加植物生长素等物质，可加速愈伤组织的形成。愈伤组织长大后，如果持续移植于固体培养基表面上进行次代培养，则称愈伤组织培养。愈伤组织培养在一定条件下可以再分化成组织甚至植株。

③ 要获得大量愈伤组织，可用培养瓶在液体培养基中进行悬浮培养。

④ 大规模培养。将上述悬浮培养物直接接种至发酵罐中进行培养。

⑤ 细胞收获与干燥。细胞大规模培养结束后，用过滤或离心方法收集细胞，用去离子水洗涤，后经真空干燥或冷冻干燥，即得培养的西洋参细胞干粉。

许多药用植物细胞培养都十分成功，如人参、西洋参、长春花、紫草和黄连等。

第三节　动物细胞培养与单克隆抗体生产

一、动物细胞的大规模培养

动物细胞大规模培养对生物学、生物化学等学科的研究和对于疫苗、酶、激素、抗体等的生产都具有重要意义。动物细胞大规模培养是指人工条件下，高密度大量培养动物细胞，生产珍贵药物等有用物质的技术。它是生物工业中大量增殖基因工程、细胞融合或转化所形成的新型有用细胞不可缺少的技术。

1. 培养基

动物细胞的培养对营养的要求较高，往往需要多种氨基酸、维生素、辅酶、核酸、嘌呤、嘧啶、激素和生长因子等。实验室用培养基还需添加 5％～10％的小牛血清，但大规模培养用小牛血清不经济，且血清产地、批号及动物个体差异甚大，给大规模动物细胞培养及产品分离纯化带来许多困难。目前正大力开展无血清培养基研究，如用铁传递蛋白、乙醇胺、胰岛素、维生素 C 等起血清作用的物质代替血清。

2. 培养方法

动物细胞常用的培养方法有如下三种。

（1）细胞悬浮培养法　为确保细胞呈单颗粒悬浮状态，常采用搅拌式或气升式反应器，以较低搅拌速度及一定速度通入含 CO_2 5％的无菌空气，保持细胞悬浮状态，并维持培养液溶氧浓度。其优点在于可连续收集部分细胞进行移植继代培养，细胞收率高，可实现大规模直接克隆培养。

（2）固定化培养法　动物细胞几乎都可采用固定化方法进行培育。常用固定化方法有吸附法和包埋法。吸附法所用载体有陶瓷颗粒、玻璃珠及硅胶颗粒，或附着于中空纤维膜及培养容器表面。包埋法所用包埋材料有琼脂、胶原及血纤维等海绵状基质。包埋法的优点是：细胞损伤程度低；易于更换培养液；培养液中产物浓度高，可简化产品分离纯化操作。

（3）微载体培养法　将细胞吸附于微载体表面，在培养液中进行悬浮培养，使细胞在微载体表面上长成单层。用于制备微载体的材料有 DEAE-交联葡聚糖、二甲基氨基丙基聚丙烯酰胺、聚苯乙烯等。在微载体培养法中，可使用一种旋转笼式通气搅拌反应器（见图 6-7），反应器内设有一锥形钢丝网，微载体悬浮于网外侧，网内侧进行鼓泡通气。微载体培养法兼有固定化培养和悬浮培养的双重特点。

通过动物细胞的大规模培养进行工业生产的主要产品是具有特殊功能的蛋白质类物质，特别是用植物和微生物难以生产的蛋白质类产品。已工业化和商品化的产品有口蹄疫疫苗、狂犬病毒疫苗、脊髓灰质炎病毒疫苗、α-干扰素及 β-干扰素、血纤维蛋白溶酶原激活剂、凝血因子Ⅷ和Ⅸ、蛋白 C、免疫球蛋白、促红细胞生成素、松弛素、尿激酶、生

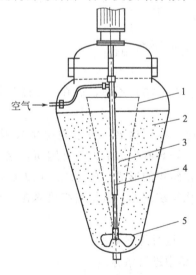

图 6-7　用于动物细胞培养的通气搅拌反应器

1—丝网；2—微载体；3—通气的培养基；
4—鼓泡管；5—搅拌叶轮

长激素、乙型肝炎病毒疫苗及 HIV 疫苗的抗原、疟疾和血吸虫抗原及 200 种 McAb（单克隆抗体）等。

二、单克隆抗体的生产与应用

现就用途极其广泛的单克隆抗体（monoclonal antibody）的生产与应用作简要的说明。

1. 单克隆抗体的生产

免疫反应是指机体对自己与异己物质的种种识别与反应。当动物细胞受到抗原蛋白质（简称抗原）的刺激作用时，便会在动物体内引起免疫反应，并伴随形成相应的抗体蛋白质（简称抗体）。这种抗原、抗体之间的应答反应是一种相当复杂的过程。在动物细胞发生免疫反应的过程中，B 淋巴细胞负责液体免疫。B 淋巴细胞群体可产生多达上百万种特异性抗体，但每一个 B 淋巴细胞却只能分泌一种特异性的抗体蛋白质。因此，如果要想获得大量单一的抗体，就必须从一个 B 淋巴细胞出发，使之大量繁殖成无性系细胞群体，即克隆。而由这种克隆制备得到的单一抗体称为单克隆抗体。但一个 B 淋巴细胞不能在体外培养条件下无限增殖，因此，不能通过这种方法制备单克隆抗体。1975 年有两位科学家根据骨髓瘤细胞可以在体外培养条件下无限传代增殖这一特性，在聚乙二醇（PEG）的作用下，将它与 B 淋巴细胞进行融合，结果得到了具有双亲遗传特性的杂交细胞，它既保存了骨髓瘤细胞在体外迅速增殖传代的能力，又继承了 B 淋巴细胞合成分泌特异性抗体的能力。这项技术就是淋巴细胞杂交瘤技术。其制备程序示意图如图 6-8 所示。

经免疫的淋巴细胞与骨髓瘤细胞在 PEG 溶液中融合，于融合后的混合物中加 HAT 培养基，在 CO_2 培养箱中培养几天后，亲本细胞死亡，存活细胞经克隆化、鉴定和筛选，最后得到产生特定抗体的杂交瘤细胞，用于生产单克隆抗体。

单克隆抗体的生产分体内法与体外法：体内法是当需要量不大时，直接将杂交瘤细胞注入生物（如小鼠）的腹腔内（将生物体作为细胞反应器），待动物腹腔内长出瘤块并分泌大量腹水时，取出腹水，纯化单抗；体外法则是在生物反应器中进行细胞培养。常用反应器有气升式和深层式培养罐，培养罐容积已发展到 1000L。

2. 单克隆抗体的应用

单克隆抗体的应用涉及医学、农业、食品、环境等众多领域，如疾病诊断、预防、治疗，优生优育，环境与食品监测等。

已证实，单抗在传染病、免疫性疾病、内分泌性疾病与早孕的诊断上大大优于现有的抗血清。它具有特异性强、灵敏度高和易标准化等优点。

国内外已有百余种单抗诊断盒面市，以肿瘤诊断为例，由于肿瘤表面上有恶性细胞的相关抗原，单抗能识别与鉴定肿瘤相关抗原，这就可对早期肿瘤作出准确诊断。

单克隆抗体还可用于定位诊断。静脉注入单抗-放射性同位素偶合物，偶合物中的特异性单抗会导向运送偶合物至靶部位，如癌瘤、心肌梗死、动脉粥样硬化或血管栓塞等部位，并与之结合，偶合物中的放射性同位素则发射出射线，可用 γ 射线照相机拍摄放射线图，从而显示出病灶的位置与大小。

单抗除了本身可以注入人体治疗疾病（称人工被动免疫）外，还可作为载体进行导向治疗。例如，一般的抗癌药物，在杀死癌细胞的同时也会杀灭大量的正常细胞，如将单抗-抗癌药物偶合物（又称导向药物或生物导弹）注入人体，则由于单抗与肿瘤细胞表面抗原有高度的专一性亲和力，使这些携带了可杀伤肿瘤细胞的药物抗体浓集于肿瘤细胞上，对肿瘤细

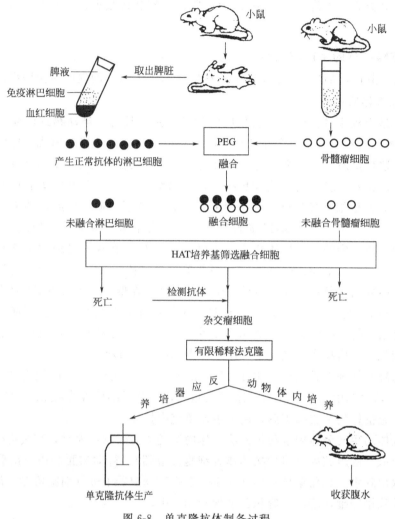

图 6-8　单克隆抗体制备过程

胞发挥强大的杀伤作用，而正常细胞没有肿瘤细胞的特异性抗原，就不会和这种单抗结合，因此不受影响。

第四节　海洋生物活性物质的开发

　　海洋是地球生命的重要组成部分，海洋覆盖了地球表面面积的71%，而陆地仅占29%。有专家估计整个地球生物生产力的88%来自海洋。

　　当前，在世界面临着人口膨胀、粮食不足、资源枯竭、能源危机、环境恶化等严重问题面前，人们越来越把发展的目光投向海洋。海洋是人类社会可持续发展的宝贵财富，是拥有巨大开发潜力的新兴领域。在海洋中，生长着远多于陆地的极其丰富的可供人类利用的各种生物，约有20余万种，其中动物约18万种，鱼类就有25000多种，另外有大量的虾、蟹、贝类。海洋植物约2万种，富含蛋白质的藻类是最大宗的海洋植物。科学家们认为，如能对可以利用的海域实行科学"耕作"，那么海洋每年可以向人类提供足够的食物。

　　海洋生物处于海水这样一个特异的封闭环境中，因此，在其进化过程中产生了许多与陆地生物不同的代谢机制和机体防御系统。实验发现，在海洋生物及其代谢产物中具有抗癌、抗菌、抗病毒、免疫促进等功能的生物活性物质很多，因而，海洋生物是开发海洋药物和海洋功能食品的重要资源。

一、海洋药物的开发

由于海洋中生活着如此大量的生物，加之海水环境的特殊性，因此，在海洋生物中存在着大量种类繁多的生物活性物质，到目前已经发现具有重要生理及药理活性的化合物上千种。它们包括萜类、肽类、聚醚类、氨基酸类、大环内酯类、脂类和脂肪酸类、生物碱、皂苷、有机酸等。

早在 20 世纪 30～40 年代就利用鲸鱼、金枪鱼等提取维生素 A、维生素 D、维生素 E 及胰岛素和河豚毒素等作为制药工业的原料，这些物质就是生物活性物质。

许多海洋生物活性物质都具有独特的医药疗效，如在大量浮游生物、海藻、海绵及大多数海洋生物生命活动产物中存在有抗菌、抗病毒的生物活性物质。海人草是驱蛔虫药的主要原料，同时也用于治疗肺病、皮肤病；海藻对防止动脉粥样硬化有着其他药物无法比拟的功效；从低级海洋植物（浮游海藻）到高级海洋生物（鱼、哺乳动物）中普遍存在有影响心脏收缩强度和频率、心肌生化指标以及血管紧张性和动脉血压的生物活性物质；从柳珊瑚中发现一系列结构特殊的前列腺素；从海葵中能提取出强心多肽等。

许多海洋生物活性物质具有抗癌作用。如微藻中含有结构独特的生物活性物质（前沟藻内酯等），具有体外抗肿瘤活性；螺旋藻、蓝藻、海鞘的生物活性物质也具有抗肿瘤活性；从双髻鲨鱼体表分泌物中分离出一种超强的抗肿瘤物质，能阻止恶性肿瘤细胞的生长与扩散；鲨鱼肝中含有一种角鲨烯成分，是一种阻止癌细胞转移的物质，抗肿瘤效果显著；鱼油及一些鱼毒（如河豚毒素）对许多癌症都有很好预防及辅助治疗效果。

海洋生物体内毒素的资源十分丰富，且种类多、分布广，已查明有 4000 多种，如在河豚、北梭鱼、金枪鱼、鲸鱼、鲨鱼等鱼类及乌贼、巨蛎、海兔等软体动物体内，在珊瑚、海参和海绵中也有发现。海洋毒素是一类具有广谱药物作用的天然产物，人们可以从海洋生物毒素中筛选研制出抗癌药、生长促进剂、生长抑制剂、抗生素、溶血栓剂、止痛剂、解痛剂等。如海兔毒素是最先发现的具有抗癌活性的海洋大环内酯类化合物；沙海葵毒素是一种非蛋白毒性物质，其毒性是河豚毒素的 25 倍，且具有冠状动脉收缩作用和抗癌活性；从十足甲壳动物消化分泌物所含的毒素中，提取出类似于人工合成的苯吲哚衍生物，它具有麻醉功能；从水母刺胞毒素中提出具有致命麻醉作用的物质；从一种盲鳗体内提出一种强烈的心脏兴奋剂，只要服用很少一点这种分泌物就可使心脏输出的血液成倍增加，从而避免心力衰竭的发生；微量的河豚毒素就可止痛镇痛；海蛇毒素具有抑制癌细胞生长的功能。一般来说，海洋生物毒素及其药物具有治疗特效，因而有很高的经济效益，如一种医药临床使用的"河豚毒素"，每克售价 1.7 万美元。

以上表明，海洋生物工程为制药工业开拓了一条新的途径。"向海洋要药物"，已成为世界制药工业竞相研究和激烈角逐的新领域。

二、海洋功能食品的开发

利用海洋生物活性物质开发功能独特的保健食品日益受到重视。目前已形成多个功能食品系列。

1. 海藻功能食品

海藻不仅含有丰富的蛋白质、氨基酸、维生素、矿物质等，还含有许多独特的具有生理调节功能的活性物质，如海藻多糖、海带氨酸、高度不饱和脂肪酸、牛磺酸、多卤多萜类化合物、甾醇类化合物、β-胡萝卜素等。例如，紫菜所含牛磺酸可参与胆汁的肠肝循环，调节血浆水平，具有防止胆石形成的作用；紫菜中的硫酸半乳糖具有抗凝血、抗肿瘤等活性；螺旋藻中的多糖类活性物质，具有抗癌、增强免疫和抗衰老等功能。

海藻食品分为直接加工和间接加工两种类型。所谓直接加工食品，即选取可直接食用种类的海藻，经过净化、软化、熟化、杀菌、脱水、制形、干燥等工艺加工成海藻丝、卷、粉或辅以调味料的复合食品。所谓间接加工食品是指以海藻为原料，提取其中的有效成分或以海藻的简单加工品作为添加剂制成食品。如今的海藻产品，聚营养与保健于一身，品种繁多，如海藻胶囊、海藻罐头、海藻饮料、海藻糕点、海藻糖果等。这些海藻食品尤其适合作为肥胖、高血压、心脏病、胆结石、便秘等患者的保健食品，以及糖尿病人的充饥食品。

2. 鱼油功能食品

鱼油是海洋动物油脂，它和陆生动植物脂质比较，含有的脂肪酸种类更多，而且不饱和程度高。鱼油中 ω-3 型高度不饱和脂肪酸（polynusaturated fatty acid，PUFA），特别是二十碳五烯酸（eicosapentaenoic acid，EPA）和二十二碳六烯酸（docosahexaenoic acid，DHA）可使血液中血小板黏度降低，减少血液中致动脉粥样硬化的脂蛋白的含量，降低血液中的甘油三酯和胆固醇的含量，此外，对于炎症性疾病和癌症也有一定的疗效，并具有保护视力和健脑益智的作用。鱼油功能食品发展迅速，品种繁多。液态制品如液剂、软胶囊、调味汁、饮料等；固态制品如肉制品、咖喱素、豆腐等；乳制品如人造奶油、蛋黄酱、冰淇淋、豆乳等。

3. 浓缩水解蛋白功能食品

对低质鱼及水产加工废弃物进行水解（通常用酶法）、提取等深加工，将获得的水解蛋白与其他食品材料如淀粉、乳品、蛋、植物蛋白等配合，可加工成具有保健或疗效的多种功能食品。例如，作为高血压、心脏病患者的功能食品；作为婴儿的代乳品，治疗婴儿牛奶过敏、腹泻等症；作为烧伤病人的蛋白食品，防止免疫排斥作用等。

4. 贝类及其他功能食品

牡蛎含有丰富的糖原、牛磺酸、生物碱、不饱和脂肪酸等，经水解后，再辅以亚油酸、维生素 E、大豆卵磷脂等，可以开发出具有改善心脏及血液循环、降血脂、补血、保肝等各种医疗保健的功能食品。

龟鳖对人体有特殊的保健作用，具有增强免疫功能，提高抗病能力，调节人体分泌机能，对肿瘤也有一定的抑制作用。配以适当的辅料，可以制成多种剂型的龟鳖功能食品。

海洋生物活性物质的生理作用，是陆生生物难以比拟的，目前，对其开发尚处于初始阶段。因此，充分利用现代科学技术手段，努力挖掘和提高海洋生物活性物质的开发能力，加工生产出更多具有独特疗效的药物产品和保健功能食品，将会产生巨大的经济效益和社会效益。许多科学家认为，海洋生物工程及其产业将是 21 世纪最有前途的开拓性产业之一。

第五节　生物技术在医学领域的应用

医药领域是现代生物技术应用得最广泛、成效最显著、发展潜力最大的一个领域。本节就一些生物技术在医学领域的应用作简要介绍。

一、基因工程药物

现代生物技术在药物方面的应用之一是，解决了过去用常规方法无法生产或无法经济生产的药品的生产技术，开发出了一大批新的特效药物。

基因工程技术的出现为大量制造人类生物活性物质——基因工程药物开创了一条全新的途径。利用现代生物技术，人们不仅有能力获得某种生物活性物质（如胰岛素）的基因，而且还有能力在试管中剪接 DNA，并通过一种本质上也是 DNA 的载体导入生物体内（如微生物——"工程菌"、动物——转基因动物、植物——转基因植物），使后者获得由这个基因决定的表达产物——基因工程药物。自世界上第一个基因工程药物胰岛素问世以来，已有 75 种基因工程药物和疫苗投放市场。主要用于治疗癌症、病毒性疾病、艾滋病、糖尿病和血液病等，已形成了一种新兴的基因工程药物产业。还有一大批正在中试或进入不同阶段的临床试验。

基因工程药物的发展经历了三个阶段。一是细菌基因工程，即把目的基因导入大肠杆菌等工程菌中，通过原核生物来表达目的基因蛋白。目前上市的基因工程药物绝大多数都采用这一方法。其缺点是哺乳动物或人类基因在低等生物细菌里往往不能很好表达，即使表达了也必须经过一系列复杂的修饰加工后才能成为有效的药物。第二阶段是细胞基因工程药物，由于哺乳动物细胞具备对蛋白进行修饰加工的条件，可用大规模培养哺乳动物细胞来生产药物。但动物细胞培养的条件要求相当苛刻，成本高，因而限制了细胞工程药物的发展。第三阶段是利用转基因动物进行药物生产，目的基因表达的理想部位是乳腺，因为乳腺是一个外分泌器官，乳汁不进入体内循环，不会影响到转基因动物本身的生理代谢反应。从转基因动物的乳汁中获得目的基因产物，不但产量高，易提纯，而且表达的蛋白已经过充分的修饰加工，具有稳定的生物活性。所以用乳腺表达人类所需蛋白基因的羊、牛等产乳量高的动物（称为乳腺生物反应器）就相当于一座大型的生物工程药物工厂。

现将已有基因工程药物归纳如下。

1. 激素多肽与活性多肽

至今已发现了许多和人类疾病有关的多肽类物质，这些物质都可以成为生物工程药物。例如，人胰岛素，除能治疗糖尿病外，还有调节神经系统、改善大脑细胞与周围器官的联系功能；人生长激素，除可治疗儿童生长发育不良外，还用于代谢障碍、严重烧伤、伤口愈合、骨折、骨质疏松及结肠炎等；人促红细胞生成素（EPO），可治疗肾脏病、化疗及其他疾病引起的贫血，还可预防出血；组织型纤溶酶原激活剂（新型 tPA），一种高效血栓溶解剂，疗效远大于天然 tPA，是心肌梗死的特效药。

2. 细胞因子多肽

细胞因子多肽包括干扰素、白细胞介素、集落刺激因子等。它们是机体免疫系统中抵抗疾病的主要防御机构。它们可以相互作用形成一个网络，各因子不平衡都可以引起机体免疫功能的下降，引发各种疾病。合理调节这些细胞因子的数量就可纠正免疫系统的缺陷。

3. 导向药物

导向药物又称"生物导弹"，它是以各种单克隆抗体作为这种导弹的"制导部"，以具有治病的各种药物（如抗癌药物、核素、毒素蛋白等）为导弹的"弹关"，共同组成导向药物。由于抗体对抗原的高度亲和力，能把具有杀伤力的药物直接引导到病变部位，使药物能充分发挥作用。

4. 基因工程疫苗

防重于治的思想已成为医学界的共识。传统疫苗是将病原体（细菌或病毒等）进行弱化、钝化或灭活而制成的，其使用效果不理想，且不安全。现今基因工程技术正在成为疫苗生产的主要途径，其生产步骤大致是，将抗原基因与一定的载体 DNA 重组，然后转入受体细胞（如大肠杆菌），通过发酵生产疫苗。这种疫苗产量大、成本低、效果好。

我国基因工程药物的研究已进入产业化阶段，作为我国第一个基因工程药物——重组 α1-干扰素，采用的是中国人的基因，具有中国特色。其他研制成功的尚有白细胞介素、肿瘤坏死因子、集落刺激因子、组织型纤溶酶原激活剂、人血小板生长因子、尿激酶原、超氧化物歧化酶等。我国目前已成功开发了 21 种基因工程药物和疫苗，世界上销售前 10 位的基因工程药物和疫苗我国已能生产 8 种。

2010 年 5 月英国科学家发现可以抗衰老的基因，运用这组基因可生产抗衰老药，如果人们在中年开始服食这种基因工程药物，可以保护人免受吸烟和不良饮食习惯影响，还可延缓癌症、心脏病等老年病出现，最多可延缓 30 年。

2010 年 11 月美国科学家通过老鼠试验，第一次成功逆转了衰老过程，这为研制出"永葆青春"的基因工程药物铺平了道路。这项重大突破主要着眼于端粒结构。这些是覆盖在染色体末端，防止它们受损的微型生物钟。随着时间推移，端粒变得越来越短，这增加了患老年痴呆症等老年疾病的风险。等到它们变得太短，整个细胞就会死亡。端粒酶逆转录酶能再造端粒，但是身体往往会把这种酶关掉。通过特殊方法使老鼠提前衰老，以模拟人类的衰老过程，然后利用药物刺激，成功令端粒酶逆转录酶重新恢复生机。

二、基因治疗

随着传染性疾病日益被控制，遗传性疾病逐渐发展成为人们防治的重点之一。从分子水平上看，各种遗传疾病都是由于人体内部的基因存在缺陷或突变，不能正常地进行表达而造成的。所谓基因治疗，就是将外源基因通过载体导入人体内（器官、组织、细胞等）表达，从而达到治病的目的。

要进行基因治疗，首先必须提高基因诊断的技术，必须了解患了什么病，此病的基因在哪一条染色体上出现。2001 年 2 月，人类基因组 DNA 序列框架图发表，精细图于 2003 年 4 月完成，标志着人类疾病基因研究又进入了一个新的发展阶段。人类基因组研究的重点在于识别人类全部基因、大规模测定蛋白质三维结构、研究蛋白质相互作用网络和阐明信号传导通路，从根本上深化对于细胞生命过程的理解。人类疾病基因研究主要集中在揭示基因与疾病的关系、研究遗传背景与环境因素综合作用对疾病发生发展造成的影响等方面，为疾病的预后、诊断、风险预测、预防和治疗提供依据。已确定的人类单基因遗传病有 6457 种，已被定位的单基因疾病的疾病基因 1000 多种，100 多种疾病基因被克隆。还有一些对多基因疾病易感基因也已被精细定位，另一些多发病如乳腺癌、结肠癌、高血压、糖尿病等涉及遗传倾向的基因已在染色体的遗传图谱上精确定位。随着人类疾病基因研究的不断深入，必将大大促进基因治疗的发展。

基因治疗的基本过程是，将正常健康的基因导入患者体内，取代致病的基因；也可以取出患者的细胞，在体外注入正常的基因，然后再使其返回到患者体内。通过这种方法，产生新的基因产物，达到治病的疗效。

目前基因治疗的概念有了较大的扩展，凡是采用分子生物学的方法和原理，在核酸水平上开展的疾病治疗方法都可称为基因治疗。随着对疾病本质的深入了解和新的分子生物学方法的不断涌现，基因治疗方法有了较大的发展。根据所采用的方法不同，基因治疗的策略大致可分为以下几种。

(1) 基因置换 基因置换就是用正常的基因原位替换病变细胞内的致病基因，使细胞内的 DNA 完全恢复正常状态。这种治疗方法最为理想，但目前由于技术原因尚难达到。

(2) 基因修复 基因修复是指将致病基因的突变碱基序列纠正，而正常部分予以保留。这种基因治疗方式最后也能使致病基因得到完全恢复，操作上要求高，实践中有一定难度。

(3) 基因修饰 又称基因增补，将目的基因导入病变细胞或其他细胞，目的基因的表达产物能修饰缺陷细胞的功能或使原有的某些功能得以加强。在这种治疗方法中，缺陷基因仍然存在于细胞内，目前基因治疗多采用这种方式。如将组织型纤溶酶原激活剂的基因导入血管内皮细胞并得以表达后，防止经皮冠状动脉成形术诱发的血栓形成。

(4) 基因失活 利用反义技术能特异地封闭基因表达特性，抑制一些有害基因的表达，达到治疗疾病的目的。如利用反义 RNA、核酶或肽核酸等抑制一些癌基因的表达，抑制肿瘤细胞的增殖，诱导肿瘤细胞的分化。用此技术还可封闭肿瘤细胞的耐药基因的表达，增加化疗效果。

(5) 免疫调节 将抗体、抗原或细胞因子的基因导入患者体内，改变患者免疫状态，达到预防和治疗疾病的目的。如将白细胞介素-2（IL-2）导入肿瘤患者体内，提高患者 IL-2 的水平，激活体内免疫系统的抗肿瘤活性，达到防治肿瘤复发的目的。

(6) 其他 增加肿瘤细胞对放疗或化疗的敏感性，采用给予前体药物的方法减少化疗药物对正常细胞的损伤力。如向肿瘤细胞中导入单纯疱疹病毒胸苷激酶（HSV-TK）基因，然后给予病人无毒性环核苷丙氧鸟苷（GCV）药物，由于只有含 HSV-TK 基因的细胞才能将 CGV 转化成有毒的药物，因而肿瘤细胞被杀死，而对正常细胞无影响。

自从 1990 年美国国立卫生研究院批准第一例临床基因治疗申请以来，基因治疗已从单基因遗传病扩展到多个病种范围，包括恶性肿瘤、艾滋病、乙型肝炎和心血管等疾病，迄今全世界的临床治疗方案已达 700 多个，病例超过 6000 个。基因治疗有可能革新整个医学的预防和治疗领域。

拥有我国自主知识产权的基因治疗药物重组人 p53 腺病毒注射液已于 2004 年 1 月 20 日获得国家食品药品监督管理局的准字号生产批文，从而标志着我国也是世界上第一个获得国家批准的基因治疗药物业已正式上市，这也表明我国基因治疗研究步入世界先进行列。

2010 年 6 月，来自美国、加拿大和欧洲的科学家对自闭症的基因进行了有史以来最大规模的研究，发现患自闭症儿童中最常见的一些基因变异，为提早诊断可能有患自闭症风险的儿童铺平了道路，以及为研制治疗自闭症药物提供了可能性，为诊断和更好治疗自闭症带来了希望。

2010 年 9 月，英国科学家找到一个和偏头痛有关的基因，当这个基因出现缺陷，就容易发生偏头痛，未来可透过药物控制这个基因作用，把偏头痛"关闭"。

基因工程药物得先通过一个表达系统（如工程菌等）取得相应的多肽药物，然后再用此药物去治疗疾病。而基因治疗技术则把可以治疗疾病的基因直接导入患者体内，让其在体内表达，以取得治疗效果，从而省去通常的制药过程。基因治疗是 20 世纪 90 年代才提出来的一种新技术，一系列关键技术还有待突破，只有当基因治疗技术发展到比药物治疗更有效、更安全、更经济、更方便时它才能完全代替药物治疗。在相当长的一段时间里基因治疗和药物治疗将处在一种相辅相成的状态。

三、化学生物学在医学领域的应用

化学生物学是自 20 世纪 90 年代中期以来的新兴研究领域，它是随着机器人工程、高通量及高灵敏度的生物筛选、信息生物学、数据采集工具、组合化学和芯片技术例如 DNA 芯片等高新技术手段的发展而建立起来的。化学生物学是一门运用小分子化合物作为探针，研究基因组的功能，发现能够调控基因功能的活性化合物的科学，是用化学的理论、研究方法和手段从分子或亚分子水平去探索生物医学问题的一个新的研究领域。它融合了传统的天然产物化学、生物有机化学、生物无机化学、生物化学、药物化学、晶体化学、波谱学和信息化学等学科的特点和研究方法，从更深层面去研究生命现象和生命过程。

化学生物学是研究生命过程中化学基础的科学。疾病的发生发展是致病因子对生命过程的干扰和破坏，药物的防治是对病理过程的干预。化学生物学通过用化学的理论和方法研究生命现象、生命过程的化学基础，通过探索干预和调整疾病发生发展的途径和机理，为新药发现提供必不可少的理论依据。由于化学生物学在基因（蛋白）功能研究、药物作用新靶标的发现与确证以及新药先导化合物的发现中具有巨大的潜力，生命科学、医学和制药工业不断从化学生物学的发展得到新的机会。

白血病是一类获得性体细胞突变所致的造血细胞恶性肿瘤，发病率占据恶性肿瘤的前10 位。白血病通常存在特征性的细胞遗传学变异，这些改变常常造成重要细胞生命活动的异常，表现为细胞分化受阻伴随细胞恶性增殖和凋亡"无能"。而化学生物学技术利用天然活性化合物作为分子探针，利用透过细胞膜的活性小分子化合物快速与靶标蛋白结合，从而有效调控靶标蛋白调控生物途径或网络的能力，影响整个生物体的基因表现型，达到治疗白血病的目的。因此化学生物学技术已经广泛应用于白血病的研究，并在白血病的靶向治疗药物研究方面显示诱人的前景。目前，采用化学生物学技术研究白血病细胞生命活动方面已经取得初步进展。

另外，化学生物学技术可以从天然化合物和化学合成的分子中发现对生物体的生理过程具有调控作用的物质，并以这些生物活性小分子作为探针，研究它们与生物靶分子的相互识别和信息传递的机理，从而提供发现新药的途径。因此，化学生物学技术是寻找作用于新靶点的新一代的治疗药物的有效工具。

从化学生物学的这些研究领域看，这个学科的研究，在医学领域具有广阔的应用前景。如对某些生物大分子有选择性调控作用的小分子不仅可以促进对相应生物大分子功能的了解，而且有可能发展成疗效好而副作用小的新药。

四、蛋白质工程在医学领域的应用

蛋白质工程是在基因工程冲击下应运而生的。基因工程的研究与开发是以遗传基因，即脱氧核糖核酸为内容的。这种生物大分子的研究与开发诱发了另一个生物大分子蛋白质的研究与开发。这就是蛋白质工程的由来。它是以蛋白质的结构及其功能为基础，通过基因修饰和基因合成对现存蛋白质加以改造，组建成新型蛋白质的现代生物技术。这种新型蛋白质必须更符合人类的需要。因此，有学者称，蛋白质工程是第二代基因工程。其基本实施目标是运用基因工程的 DNA 重组技术，将克隆后的基因编码加以改造，或者人工组装成新的基因，再将上述基因通过载体引入挑选的宿主系统内进行表达，从而产生符合人类设计需要的

"突变型"蛋白质分子。这种蛋白质分子只有表达了人类需要的性状，才算是实现了蛋白质工程的目标。

蛋白质工程已广泛应用于医学领域。许多蛋白质工程的目标是设法提高蛋白质的稳定性。在酶反应器中可延长酶的半衰期或增强其热稳定性，也可以延长治疗用蛋白质的贮存寿命或重要氨基酸抗氧化失活的能力。在这个领域已取得了一些重要研究成果。用蛋白质工程来改造特殊蛋白质为制造特效抗癌药物开辟了新途径。如人的 β-干扰素和白细胞介素-2 是两种具有抗癌作用的蛋白质。但在它们的分子结构中，有一个不成对的基因，是游离的，因而很不稳定，会使蛋白质失去活性。当通过蛋白质工程修饰这种不稳定的结构就可以提高这两种抗癌物质的生物活性。美国的 Cetus 公司成功地修饰了这两种治疗癌瘤的蛋白质，大大提高了它们的稳定性，已用于临床试验并取得了良好的效果。具有抗癌作用的蛋白质工程产品免疫球蛋白是一种高效治癌药物，它能成为征服癌症的"生物导弹"，即具有对准目标杀死特定癌细胞而不伤害正常细胞的特效。近年来，澳大利亚医学科学研究所的一个微生物研究课题组经过多年的研究后发现了激发基因开始或停止产生癌细胞的蛋白质。这种蛋白质在癌细胞生长过程中对癌基因起着开通或关闭的作用。这个发现，对于通过蛋白质工程研制鉴别与控制多种类型的血液癌、固体癌的蛋白质有很好的作用，并为诊断和治疗癌症提供了新的方法。目前，应用蛋白质工程研究开发抗癌及抗艾滋病等重大疑难病症等方面，均取得了重大进展。

另据实验，蛋白质工程还可以改变 α_1-抗胰蛋白（ATT）。运用此工程技术在 ATT 的 Met358 和 Ser359 之间切开后，可以与嗜中性白细胞弹性蛋白酶迅速结合而引发抑制作用。在病理学的氧化条件下可导致 Met358 变成蛋氨酸硫氧化物使 ATT 不可能与弹性蛋白酶的弹性位点相结合。通过位点直接诱变，Met358 被 Val 代替就成为抗氧化疗法的 AAT 突变体。含 AAT 突变体的血浆静脉替代疗法已经用于 AAT 产物基因缺陷疾病患者的治疗，并已取得明显疗效。

蛋白质工程是在生物工程领地上崭露出的一片特富魅力的新芽。它不仅可以带动生物工程进一步发展，还可以推动与人类生活、健康关系密切的医疗科学的发展，如抗蛋白质变性延缓衰老、遗传病的防治等。

五、生物信息学在医学领域的应用

21 世纪是生命科学的时代，也是信息时代。随着人类基因组计划的实施，有关核酸、蛋白质的序列和结构数据呈指数增长，相关信息也迅速增长。自 1995 年科学家破译全长为 180 万核苷酸的嗜血流感杆菌基因组以来，到 2009 年 1 月已有 2271 种原核生物和 383 种真核生物的完整基因组完成测序或正在进行。2001 年，公布了人类基因组的工作草图。2007 年，公布了人类单个个体二倍体基因组序列，为未来的基因组比较打开了一道门，也开创了个体基因组信息的新纪元。这些成就意味着基因组的研究将全面进入信息提取和数据分析的崭新阶段。面对巨大而复杂的数据，运用计算机管理数据、控制误差、加速分析过程势在必行。20 世纪 80 年代末，生物信息学（bioinformatics）逐渐兴起并蓬勃发展。

生物信息学（bioinformatics）一词由美籍学者林华安博士首先创造和使用。生物信息学是多学科的交叉产物，涉及生物、数学、物理、计算机科学、信息科学等多个领域。狭义地讲，生物信息学是对生物信息的获取、存储、分析和解释；计算生物学则是指为实现上述目的而进行的相应算法和计算机应用程序的开发。这两门学科之间没有严格的分界线，统称为生物信息学。

1. 生物信息学在临床医学上的应用

疾病相关基因的研究发现很多疾病的发生与基因突变或基因多态性有关。有学者估计与癌症相关的原癌基因约有 1000 个，抑癌基因约有 100 个。约有 6000 种以上的人类疾患与各种人类基因的变化相关联。更多的疾病是环境（包括致病微生物）与人类基因（或基因产物）相互作用的结果。随着人类基因组计划的深入研究，当明确了人类全部基因在染色体上的位置、它们的序列特征［包括单核苷酸多态性（SNP）］以及它们的表达规律和产物（RNA 和蛋白质）特征以后，人们就可以有效地了解各种疾病发生的分子机制，进而发展适宜的诊断和治疗手段。

通过构建肿瘤高表达 cDNA 基因文库，采用生物信息学软件分析差异表达的基因来揭示肿瘤发生的分子水平变化，为寻找新的治疗靶基因提供线索。高英堂等应用抑制性消减杂交技术，以肝癌组织和癌旁组织为实验材料，构建肝癌高表达基因的 cDNA 文库；使用 BioEdit、BLAST 和 EGAD 等软件进行生物信息学分析，结果获得基因 83 个，其中细胞分裂相关基因 5 个，参与细胞信号转导或通讯的基因 5 个，参与细胞结构或运动的基因 7 个，细胞或器官防御相关基因 11 个，参与细胞内基因转录或蛋白表达的基因 22 个，代谢相关基因 18 个，另有 15 个未归类基因。为进一步深入探讨肝癌的诊断、治疗和预后评估等提供更多的分子指标。

以网络数据库中已有的疾病生物学信息为基础，建立高通量的表达序列标签（expression sequence tag，EST）分析平台寻找肿瘤差异表达基因。谷雪梅等用 Linux 操作系统和低价位的电子计算机为基础，建立了高通量的 EST 分析平台。借助 Phrep/Phrap/consed 系列软件及自行编译 Perl 程序，利用常用的核酸序列数据库，实现了大批量差异基因片段从测序峰图到核酸序列的转换和序列的拼接，以及序列比对等系列过程的全自动化分析。应用这个平台，系统地分析了结肠正常黏膜和腺癌的差异表达基因，取得了很好的结果。

现在普遍认为 SNP 研究是人类基因组计划走向应用的重要步骤。这主要是因为 SNP 将提供一个强有力的工具，用于高危群体的发现、疾病相关基因的鉴定、药理学等方面的研究。例如，Zhu 等对中国人 JWA 基因进行了 SNP 分析，认为该基因的 454CA 具有潜在功能的遗传多态性，并与中国南方人口多种白血病的发生有关。Aouacheria 等通过应用生物信息学工具预测 mRNA 二级结构和非翻译区调节元件上的癌症相关的非翻译区 SNP 的潜在影响，对基因突变和表型变化间可能的关系进行了研究。发现改变翻译调控能够改变肿瘤细胞中基因的表达，导致特异性蛋白的增加或减少。

在药物毒理学、药物代谢及动力学方面，由于药物代谢酶和运载体的高频率基因突变，很难对特应性药物毒性做出合理解释，而 SNP 在其中可发挥一定的作用。例如，编码主要组织相容性复合体 I 类蛋白基因中的 SNP，或许可以对卡马西平引起的多形性渗出性红斑症及别嘌呤醇引起的皮肤毒性提供线索。

2. 生物信息学在药物开发中的应用

传统药物寻找方法耗时长、成本高。生物信息学方法为药物研制提供了更多的、潜在的靶标。生物信息学利用功能基因组学、蛋白质组学等学科所提供的丰富的数据资源以及开发出来的一些算法软件，可快速实现对靶标的识别。于是，现代药物开发模式正发生着巨大的变化，药物寻找的过程缩短，成本也降低了。

寻找先导化合物是新药物研发的关键，药物作用的基础是先导化合物与靶蛋白的结合进而阻断靶蛋白的功能或改变其功能状态。生物信息学方法在这方面的作用越来越受到重视，常用的方法如下。①三维结构搜寻，又称数据库搜寻法或数据库算法，是利用计算机人工智能的模式识别技术，把三维结构数据库中的小分子数据逐一地与搜寻标准（即提问结构）进行匹配计算，寻找符合特定性质和三维结构形状的分子，从而发现合适的药物分子。②分子对接。首先要建立大量化合物的三维结构数据库，然后依次在数据库中搜索小分子配体使其与受体的活性位点结合，并通过优化取向和构象，使得配体与受体的形状和相互作用最佳匹配。最开始的分子对接方法是刚性的分子对接法，后来又发展为柔性的对接方法。③全新药物设计，又称为三维结构生成或从头设计，即让计算机自动设计出与受体活性部位的几何形状和化学性质相匹配的结构新颖的药物分子。这种方式可以分为三种类型：模板定位法、原子生长法和分子碎片法。其中分子碎片法是当前全新药物设计的主流方法，可分为碎片连接法和碎片生长法。通过这种方法得到的分子能与受体活性部位很好地楔合，但往往需要进行合成，这也弥补了三维结构搜寻和分子对接得到的一定是已知化合物的不足。

通过以上方法得到的先导化合物经过优化、临床评价即可投入市场，使现代新药研发的针对性更强，效果更好，周期更短，研发投入更低。

21 世纪是生命科学大发展的时代，以人类基因组计划为序幕的生物信息学研究，是全面认识生命及其过程的重要手段。未来医学的突破性进展不仅取决于生物学家与医学家的努力，甚至更大程度上取决于数学、物理、化学、计算机技术等的发展以及生物学和医学的交叉和结合。生物信息学作为一门综合系统科学，可发挥其独特的桥梁作用和整合作用。它以数学和计算的方法，研究数据挖掘和模式识别的算法，或利用临床数据库、基因型-生物表现型关系数据库和基因结构三维建模研究生物医学及进行基因体功能分析，使人们能够从各生物学科众多分散的观测资料中，获得对生物学系统和生物学过程运作机制的理解，最终达到自由应用于实践的目的。应用生物信息学研究方法分析生物数据，提出与疾病发生、发展相关的基因或基因群，再进行实验验证，是一条高效的研究途经。生物信息学已广泛渗透到医学的各个研究领域中，在疾病相关基因的发现、疾病临床诊断、疾病的个体化治疗、新的药物分子靶点的发现、创新药物设计以及基因芯片的设计与数据处理等医学应用研究方面将发挥重要作用。

第六节　环境污染物的生物净化

随着人类工业生产活动的高速发展和人口的急剧增长，人类活动所排放的废弃物使环境受到越来越严重的污染，尤其是生产和生活过程中产生的有毒有害物质如废水、废气、固体废弃物等严重影响甚至破坏了人类赖以生存的环境。在自然环境中，由于环境有一定的自净化能力，污染物会因物理、化学和生物的作用，在一定时间内逐渐得到降解和净化。但在目前，人类生活要求和工农业生产高速发展，大量人工合成物质进入自然环境，环境天然的自净化能力已无法及时和充分地降解和净化环境中的各种污染物。利用生物技术对环境污染物进行净化是环境污染净化方法中最重要及最常用的方法，这是因为生物净化不存在二次污染或二次污染较少，且净化效果好。

目前环境污染物的生物净化技术主要应用于污水的生化处理，还有就是大气污染物的微生物处理及固体废弃物的微生物处理。环境污染的生物修复技术的研究与应用也日益受到重视和采用。

一、污水的生化处理

水体的污染主要是由于生活污水、工业废水和农业污水的大量排放，超过了水体通过稀释、水解、氧化、光分解和微生物降解等作用的自然净化能力，从而导致许多天然水体遭到严重污染，其中尤以工业废水为水体的主要污染源。水的污染不仅破坏了水产资源，还危及人类健康。因此，污水处理是一项十分重要的工作。

污水处理大致分为物理法、化学法和生化法。各种方法所除去的污染物各不相同，物理法主要是利用物理作用（沉淀、分离、吸附、浮选等）分离废水中呈悬浮状态的污染物质；化学方法是利用化学反应原理及方法使污水中的污染物性质发生改变从而易于去除或变为无害（如化学絮凝法、中和法、氧化还原法、离子交换法等）；生化法主要是在微生物（酶）参与下污水中的污染物发生生物化学反应得到净化。目前一般污水处理都混合使用上述两种或三种方法，以达到付出较少的代价，取得较好处理效果的目的。例如处理悬浮物比较多的废水可先用沉淀法将其中大部分悬浮物去除，以减轻以后处理环节的负担。又如污水经生化处理后再用臭氧或活性炭处理，这样处理效果好，而费用又不高。因此，将几种方法巧妙地组合起来，才是污水处理的好方法，这种组合也叫流程设计。

在污水处理方法中，最关键、最有效和最常用的方法是生化处理法。生化处理法就是在污水中利用各类微生物的生命活动进行物质转化的过程。通过不同生理特性和代谢类型的微生物之间的协同作用，通过微生物代谢中产生的酶使污水中的有机物和一些有毒物质（如酚、氰、苯）等不断被转化分解或吸附沉淀，从而达到净化污水、消除污染的目的。

由于微生物在处理污水过程中对氧气的需求不同而分为好氧处理与厌氧处理两大类。

（一）污水的好氧生化处理

好氧生化处理是污水生化处理中应用最广的一类方法。在有氧条件下，有机污染物作为好氧微生物的营养基质而被氧化分解，使水中污染物的浓度下降（图 6-9）。

$$污水有机物 \xrightarrow{好氧生物群} \begin{cases} 气体（CO_2、CH_4、H_2S、H_2 等） \\ 清水（含可溶性无机盐） \\ 固体沉淀物（活性污泥及吸附的毒物） \end{cases}$$

图 6-9　污水的好氧生化处理

好氧处理污水，处理周期短，在适当条件下，其 BOD[❶] 去除率可达 $80\% \sim 90\%$，有时高达 95% 以上。

好氧生化处理法又以微生物生长形式不同而分为活性污泥法（将微生物悬浮生长在污水中，其实质即水体自净的人工化）、生物膜法（将微生物附着在固体物上生长，其实质即土壤的人工化）。

1. 活性污泥法

活性污泥法最早于 1914 年由英国人 Ardern 和 Lockett 创建。目前已成为最成熟的污水生物处理技术之一。

活性污泥法是利用悬浮生长的好氧微生物絮体（活性污泥）处理有机污水的一类好氧生物处理方法。好氧微生物（包括细菌、真菌、原生动物和后生动物）在生长繁殖过程中能形成表面积较大的菌胶团，这些好氧微生物菌胶团会大量絮凝和吸附污水中大部分的有机污染

---

❶　BOD, biochemical oxygen demand, 生化需氧量。常以被测水在 20℃下作用 5 天所耗氧的质量（mg）表示，单位为 mg/L，写成 BOD_5。

物，并将这些被吸附的污染物摄入细胞内，以这些被吸附的污染物为营养，在氧的作用下，将其转化为菌体本身的结构组分和新的细胞，同时产生二氧化碳和水等完全氧化产物。

活性污泥法又称生化曝气法。它是生化处理污水的主要方法，国外日处理百万吨以上的大型污水处理都是采用活性污泥法。目前几乎所有城市的下水处理都采用这种方法。

活性污泥处理的工艺流程如图 6-10 所示。污水先通过一沉淀池，去除污水中的粗大颗粒及杂物，然后进入曝气池与活性污泥混合，并不断向曝气池供氧（采取通气、机械搅拌等方式），一方面增加混合液中的溶解氧供微生物利用，另一方面使活性污泥处于悬浮状态能更充分地与污水接触。在曝气池中停留一段时间后，污水中的有机物或毒物被活性污泥吸收、氧化分解后流入二次沉淀池，靠自然沉降，把上清液（出水）和沉淀污泥分开，排放上清液，沉淀污泥的 20%～30% 流回曝气池中（称回流污泥），剩余污泥由沉淀池排出，经脱水、干燥后可用作肥料或燃烧处理。

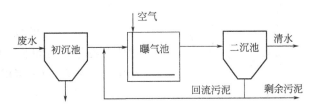

图 6-10　活性污泥处理的工艺流程

在数十年的发展中，活性污泥法不断改进，目前已有许多运行方式和工艺，但其基本特征不外乎是下面几点。

① 生化反应的主体物是微生物絮凝体。

② 需曝气设备向生化反应器中分散空气或氧气，提供微生物代谢所需氧源。

③ 需混合搅拌增加活性污泥与污水的接触和加速生化反应传质过程。

④ 采用沉淀方式去除水中的有机物，降低水中微生物的固含量。

⑤ 浓缩污泥部分回流返回反应系统。

根据供氧方式、运转方式、反应器形式等的不同，活性污泥法有推流式活性污泥法（传统活性污泥法）、完全混合式活性污泥法、阶段曝气法、短时曝气法、生物吸附法、序批式间歇反应器、深井曝气活性污泥法和氧化沟工艺。

推流式活性污泥法（传统活性污泥法）：污水和回流污泥从曝气池的一端同时进入反应系统，水流呈推流式。曝气池进口端的有机物浓度最高，到池的末端有机物浓度逐渐降低，需氧量也会由大到小，所以在曝气方法上加以了改进，加大进口的通气量，然后随着有机物浓度的降低逐渐相应地减少通气量，即所谓的短时曝气法，可有效减少曝气设备数量和动力消耗。针对推流式活性污泥法的污水注入方式加以改进，改一点进水为多点进水，使污水沿曝气池池长方向分若干点流入，称为阶段曝气法。这种方法能提高空气的利用率和曝气池的工作能力，在相同污水处理能力下，可使曝气池体积缩小 30% 左右。将活性污泥对有机物的吸附和氧化分解阶段分别在两个池子或一个池子的两部分进行的生物吸附法也能有效减少吸附和再生曝气池的总体积。

完全混合式活性污泥法是使原生污水和回流污泥进入曝气池后立即与池内的原有混合液完全混合，能忍受较大的冲击负荷，且充氧均匀。

序批式间歇反应器是一种程序化自动控制充水、反应、沉淀、排水、排泥和停止的活性

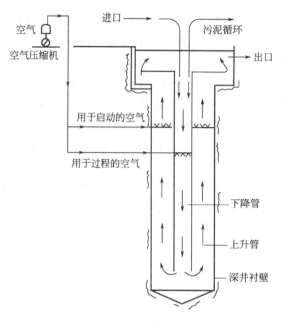

图 6-11 深井曝气池

污泥法新工艺。

深井曝气活性污泥法：其曝气池（图6-11）是一个位于地下的深洞，井内水深可达50～150m。由于深水的水柱压头使氧分压提高及深井造成的液体剧烈湍动，使气液接触时间大为延长，从一般污泥法的几秒至十几秒到深井法的 2～6min。因此氧利用率大为提高，从一般污泥法的 5％～15％提高到深井法的 60％～90％。除此之外，深井法还具有占地面积小及运转费用低等优点。缺点是建造费用较大，井管要严格防腐。

氧化沟工艺的反应器是环形沟槽式，活性污泥停留时间长，硝化反应容易进行。氧化沟工艺在去除 BOD 和生物脱氮除磷等方面独具特色。

不论哪种活性污泥法，使污水中污染物降解的主体都是活性污泥中的微生物。其种类几乎包括了微生物的各个类群，有属原核微生物的细菌、放线菌、蓝细菌和立克次体，还有属真核生物的原生动物、多细胞微型动物、酵母、丝状真菌和单细胞藻类，甚至还有病毒。

2. 生物膜法

生物膜法是利用微生物在固体表面附着生长对污水进行生物处理的一种技术，是模拟自然界中土壤自净的一种污水处理法。主要用于固定床生物处理技术和流化床生物处理技术，污水通过滤料（如碎石、煤渣及塑料等）时，污水中的微生物吸附在滤料表面，并迅速生长繁殖，形成一层由微生物群体（细菌胶团、真菌和在其上栖息着的原生动物）组成的生物膜。生物膜一般呈蓬松的絮状结构，微孔多，表面积很大，因此，具有很强的吸附作用。生物膜的表面会附着一层薄薄的污水（附着水层，如图6-12所示），其中的有机污染物会被生物膜中的微生物吸附、吸收、氧化分解，这时附着水层中有机物的浓度随之降低，由于流动的污水主体中的有机物浓度高，在浓度梯度的作用下，污水中的有机物便迅速向附着水层转移，并不断地被生物膜中的微生物分解。不断流入的污水中的有机物被膜上的细菌吸附，细菌在体内释放出酶并利用溶解氧分解吸附的有机物，从而使污水得到净化。当生物膜长到一定厚度，水中的氧被膜表层消耗而进不到内层，内层由于缺氧而形成厌氧层，最后生物膜老化，老化的生物膜由于受到水力的冲刷等作用会不断剥落，同时新的生物膜层又会不断形成。

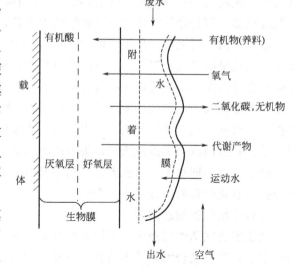

图 6-12 生物膜法去除有机物过程示意

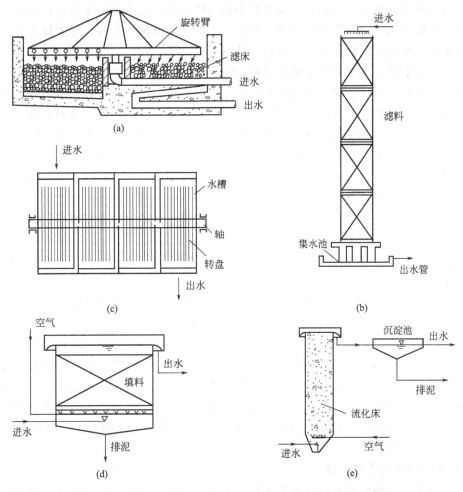

图 6-13　生物膜法类型

（a）生物滤池；（b）塔式生物滤池；（c）生物转盘滤池；（d）生物接触氧化滤池；（e）好氧生物流化床

生物膜法污水处理主要有图 6-13 所示的 5 种类型。

（1）生物滤池　生物滤池（又称洒滴池）是最早出现的一种生物处理方法，由滤床、排水系统和布水系统三部分组成。滤床内装有滤料，滤料可用碎石、煤渣、矿渣、卵石、焦炭或轧制成蜂窝形或波纹形的塑料膜片。污水通过布水器均匀地喷洒在滤料上，布水器由进水管和可旋转的布水管组成。滤池底有一定坡度，处理好的水能自动流入集水沟，再汇入总排水管。生物滤池的优点是结构简单、运行费用较低；缺点是占地面积大，处理量小，且卫生条件差。

（2）塔式生物滤池　塔式生物滤池比普通生物滤池高得多，一般可达 20 多米，直径与高度之比为 1∶（6～8），形似高塔，故延长了污水、生物膜和空气的接触时间，处理能力相对提高。塔内分层设置隔栅，栅上堆放滤料，滤料上生长着菌胶团、游离细菌和原生动物等。污水由泵提升，自上而下布水。一般采用自然通风，污水中的有机物被生物膜氧化分解。塔式生物滤池占地面积小、耐冲击负荷的能力强、不需专门供氧装置。塔式生物滤池对于去除污水中的 BOD、COD（COD 为化学需氧量，即用强氧化剂来氧化污水中的污染物时所需消耗的氧量，用 mg/L 作单位）及酚、氰、丙烯腈等有毒物质均有较好效果。塔式生物滤池的水力负荷比普通生物滤池高 5～10 倍，有机负荷高 2～6 倍，主要是因为污水与生物膜接触的时间比普通生物滤池的长，而且在不同的塔高处形成不同的生物相，污水可从上到下在不同的高度受到不同微生物的作用。但由于污水停留时间仍较短，对大分子有机物的氧化分解较困难。本法在国内主要用于处理工业污水。

（3）生物转盘滤池　生物转盘滤池又称浸没式生物滤池，是由固定在横轴上的一系列有一定间距的转动圆盘组成。圆盘用各种塑料板、玻璃钢，也可用竹篾盘涂环氧树脂制成。圆盘一半浸入污水处理槽中，另一半暴露于大气中。圆盘在横轴的驱动下缓慢转动。在圆盘上生长着一层生物膜，当圆盘的一半没入污水中时，生物膜就吸附污水中的有机物，当圆盘夹带污水露出水面时，膜上的微生物从大气中吸收所需的氧进行氧化反应，如此反复循环将污水中的有机物氧化分解。生物转盘滤池可用于处理各种工业污水，特别是对有机物浓度高的工业污水效果很好。当停留时间在 1h 以内时，BOD_5 去除率可达 90%。

（4）生物接触氧化滤池　生物接触氧化滤池是在曝气池中安装固定填料，污水在压缩空气的带动下与填料上的生物膜接触，污水中的有机物被吸附和分解。生物接触氧化滤池对 BOD 的去除率高，负荷变化适应性强，不会发生污泥膨胀现象，便于操作管理，且占地面积小，应用较广泛。

（5）好氧生物流化床　好氧生物流化床是在曝气池中加入小颗粒载体作为生物膜的附着基质，因此，流化床中既有生物膜又有活性污泥。流化床的载体可用砂粒、颗粒炭、浮石、塑料球等。好氧生物流化床的主体结构是一塔式或柱式的反应器，反应器内装添着到一定高度的小粒径（0.5～1.0mm）固体颗粒，微生物以这些固体颗粒物为载体形成生物膜。反应器底部通入污水和空气，形成一个气、液、固三相反应系统。当污水流速高于一定值时，固体颗粒在反应器中自由运动，这时整个反应器呈流化状态，形成所谓的流化床。好氧生物流化床的特点是比表面积大，处理能力强，BOD 负荷远大于一般生物膜法，耐负荷变化的能力强。缺点是管理较复杂。

（二）污水的厌氧生化处理

由于好氧生化处理的进水浓度不能太高，否则由于微生物生长过于旺盛，会引起氧供应不足，影响好氧菌的生长从而影响净化效率。因此，当污水中有机物浓度太高，BOD_5 在 1500mg/L 以上时，就不宜用好氧生化处理，而应采用厌氧发酵处理。进一步处理活性污泥法中产生的活性污泥也常用厌氧处理技术。

厌氧生化处理是在厌氧条件下，形成了厌氧生物所需要的营养条件和环境条件，利用不产甲烷细菌类群（包括好氧及兼性厌氧菌）和产甲烷类菌群的协同作用将水中有机物分解成甲烷和 CO_2。污水厌氧法又称厌氧发酵或甲烷发酵法（亦称沼气发酵法或厌氧消化法）。中国农村广泛应用的沼气池就是甲烷发酵法实际应用的例子。与好氧生化处理过程根本的区别在于不以分子态氧为受氢体，而以化合态盐、碳、硫、氮为受氢体。

厌氧生化处理过程主要由 3 个阶段组成。第一阶段为水解和发酵性细菌将污水中不溶解的蛋白质、碳水化合物、脂肪等复杂有机物水解为氨基酸、单糖、甘油和脂肪酸等。

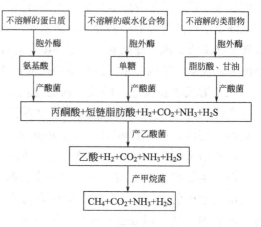

图 6-14　有机物的厌氧分解途径

第二阶段是由一些兼性及专性厌氧菌将第一阶段的有机物进一步分解为一些小分子酸，如甲酸、乙酸、丙酸、丁酸或低级醇，因此，此阶段也常称为产酸阶段，这些菌也被称为产酸菌。第三阶段是甲烷化阶段，在完全无氧的条件下，在甲烷菌（厌氧菌）的作用下把低分子有机酸和低级醇进一步分解为甲烷和 CO_2，这一过程由于有机酸的消耗而使 pH 回升，因此，这阶段也称碱性发酵。在厌氧反应器中，上述 3 个阶段是同时进行的，并保持动态平衡。有机物的厌氧分解途径见图 6-14。

本法优点是：①可应用于处理高浓度生活污水，BOD 去除率可达 80%～90%；②处理过程中产生的可燃性气体（甲烷含量占 60%～70%）可作能源；③产生的剩余污泥量少；④由于该过程厌氧，不存在受氧传递速率制约的问题，因而控制上更加方便。本法缺点是反应速度慢，需较大的反应容积。

厌氧生化法污水处理流程如图 6-15 所示。污水在贮池中沉淀大量悬浮物后连续进入甲烷发酵池（厌氧反应器），污水处理过程中产生的气体经洗气塔处理后收集在贮气罐中，过剩污泥经脱水和干燥后可作饲料和肥料。

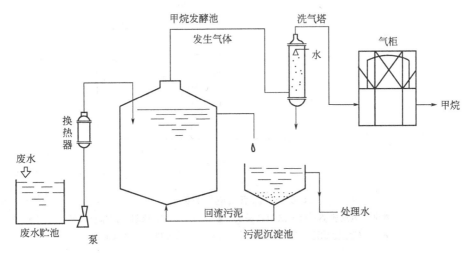

图 6-15　厌氧生化法污水处理流程

厌氧生化处理的核心是厌氧反应器，主要类型如图 6-16 所示。

1. 普通厌氧反应器（AP）

普通厌氧反应器如图 6-16(a) 所示，污水定期或连续进入反应器，处理后的出水从反应器上部排出，产生的气体由顶部排出，污泥从底部排出。普通厌氧反应器可以处理含固体物较多的污水，构筑物较简单，操作方便，不产生堵塞等现象。缺点是处理负荷率较低，停留时间较长，设备体积较大。普通厌氧反应器不可能同时使酸化和甲烷化两个阶段的不同类型微生物得到最佳的生长条件。处理后排放的污水也势必会带出大量的甲烷菌，这样消化池内的微生物浓度难以增加，影响污染物的降解水平。为保持一定的微生物生物量，污水在消化池内的水力停留时间（HRT）一般不得低于 3～4 天。污水浓度也不宜过低，进水的有机物浓度 COD 一般不低于 5000mg/L。

2. 厌氧接触反应器（ACP）

厌氧接触反应器是在普通厌氧反应器之外增设了沉淀池，反应器不再具有固液分离的功能，沉淀池使污泥不流失而稳定了工艺流程［见图 6-16(b)］。反应器中排出的混合液首先在沉淀池中进行固液分离。出水由沉淀池上部排出，下沉的污泥回流至反应器。它仿照活性

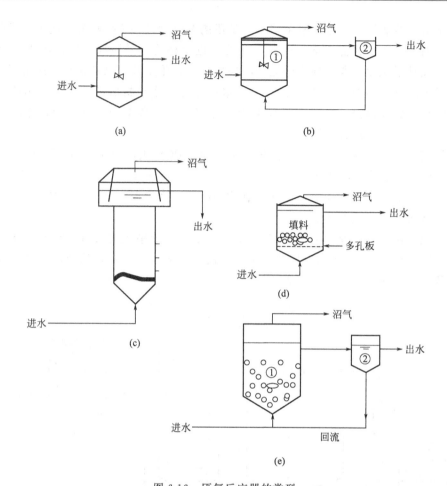

图 6-16 厌氧反应器的类型

（a）普通厌氧反应器；（b）厌氧接触反应器；（c）上流式厌氧污泥床反应器
（d）厌氧生物滤池；（e）厌氧流化床反应器（①反应器；②沉淀池）

污泥法，回流污泥提高了厌氧反应器内的污泥浓度。随着污泥在消化池内停留时间的延长，设备的处理能力有所提高，其负荷率、有机降解率都高于普通厌氧反应器。

3. 上流式厌氧污泥床反应器（UASB）

上流式厌氧污泥床反应器又称升流式厌氧污泥床反应器，是现代高效厌氧处理工艺中用得最广泛的反应器类型。污水由反应器底部进入，靠水力推动，污泥在反应器内呈膨胀状态，反应器下部是浓度较高的污泥床，上部是浓度较低的悬浮污泥床。有机物在污泥床中转化为甲烷和二氧化碳等。反应器的上方设置一个专门的气、液、固三相分离器，所产生的甲烷（沼气）从上部进入集气系统，污泥则靠重力返回到下面的反应区，循环使用，上清液从上部排出，气体则在三相分离器下面进入气室而排出。上流式厌氧污泥床反应器的结构见图6-16(c)。它具有结构简单、负荷率高、水力停留时间短、能耗低和无需另设污泥回流装置等特点。

4. 厌氧生物滤池（SFF）

厌氧生物滤池又称厌氧固定膜反应器、厌氧过滤器等，是一种装有固定填料的反应器，在填料表面附着的和填料截留的大量厌氧微生物的作用下，进水的有机物转化为甲烷和二氧化碳等。在厌氧生物滤池内设有承托填料的多孔板，多孔板之下设有布水管网。填料一般采用粒径为 25~38mm 的碎石、卵石、焦炭和各种形状的塑料制品。镇料淹没在水中，填料上部有一定的空间收集沼气。厌氧生物滤池工艺流程如图 6-16(d) 所示。污水用水泵抽升或自流，从滤池底部进入滤池。当污水通过滤池填料表面附着的生物膜时，微生物吸附、吸收水中有机物，把它降解为甲烷和二氧化碳。生物膜不断新陈代谢，脱落的生物膜随水带出。产生的沼气从滤池上部引出。池内的微生物群体是以生物膜方式生长的，生物膜由种类繁多的细菌组成。

5. 厌氧流化床反应器（AFB）

厌氧流化床反应器是一种填有比表面积大的惰性载体颗粒的反应器。在载体颗粒表面附着生物膜，污水从下往上流动，载体颗粒在反应器内均匀分布、循环流动，一部分出水回流并与进水混合。出水和生物气体在反应器的上部分离并排出。与固定床相比，该方法不出现堵塞和短流问题［见图 6-16(e)］。

除了上述几种工艺外，还有厌氧生物转盘、厌氧缓冲反应器等。

（三）膜生物反应器污水处理技术

将膜技术与处理污水的生物反应器相结合，有占地面积小、设备集中、出水水质高、出水适于回用等优点，自 20 世纪 70 年代末在北美出现以来，在日本、美国、欧洲、南非等国家和地区已有数百套膜生物反应器（MBR）系统投入使用。最常见的是微生物分离膜生物反应器，在微生物分离膜生物反应器中悬浮生长反应器和膜过滤装置组合到了一个单元工艺中。膜单元可以放置在生物反应器外面，即外置式操作，或者浸没到生物反应器之中（见图 6-17）。微生物分离膜生物反应器不应与在生物工艺和沉淀之后采用的膜法深度处理相混淆。在外置式系统中，膜完全独立于生物反应器。进水进入含有微生物的生物反应器之中，混合液被泵送入环路中的膜单元，渗透液被排走，截流液又回到反应池中。浸没式系统的不同之处是在生物反应器中进行分离而无需环路。

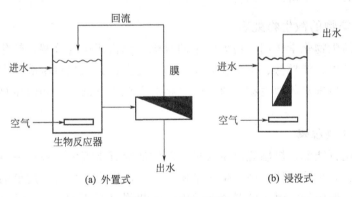

图 6-17 MBR 流程

利用透气膜进行曝气的无泡曝气式膜生物反应器（MABR，如图 6-18），空气或氧气走膜管内，在浓度差推动下氧气通过憎水性多孔膜材料上的孔向膜管外扩散，传入生物膜（或活性污泥）中起降解作用的细菌上，有机物从污水中传递到生物膜，同时在生物膜上产生的溶解的和气态的代谢产物也传递到污水中。曝气式膜生物反应器以高纯氧代替空气曝气，使氧的传质速率明显提高，可克服高需氧量污水处理因供氧不足而使好氧污水处理工艺受限制的缺点，但基建投资大、工艺复杂。

当污水中存在高浓度的无机物如酸、碱和盐时，这些无机物会使微生物菌群的生长停滞，活性降低，影响污水生化处理的效果。采用萃取式膜生物反应器（EMBR）可有效解决

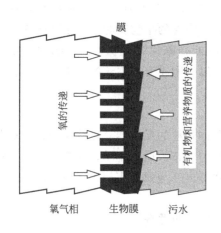

图 6-18 生物膜附着生长在憎水性
多孔膜污水侧的 MABR 过程简图

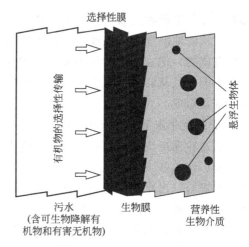

图 6-19 EMBR 工艺示意

这一问题。在萃取式膜生物反应器中污水与生物膜（或活性污泥）被一选择性膜隔开，分别在选择性膜的两侧，污水在膜管内流动，含微生物菌群的活性污泥在管外流动，污水中需降解的污染物如芳烃、卤代烃等能选择性地透过该特定的选择性膜（如管式硅胶膜），进入生物膜中（或活性污泥侧），发生降解反应。如图 6-19 所示，生物膜附着在选择性膜的生物介质侧，有机污染物选择性地扩散通过膜材料进入生物介质相，氧和营养物质从污水中扩散进入生物膜和悬浮生物体中。萃取式膜生物反应器虽然有污染物去除率高，生物膜（或活性污泥）中的细菌、微生物与污水隔离等优点，但膜通量低、工艺复杂、能耗大影响了它的推广应用，这也是今后该技术研究需面对的问题。

二、大气污染物的微生物处理

利用微生物的生物化学作用，使大气中的有机、无机污染物分解，转化为无害或少害的物质，具有设备简单、能耗低、不消耗有用原料、安全、无二次污染等优点。利用微生物处理大气污染主要包括煤炭的微生物脱硫、微生物对无机废气的处理和微生物对有机废气的处理三方面。

1. 煤炭的微生物脱硫

煤是主要的化石能源，煤燃烧产生大量二氧化硫等有害气体，并进一步形成酸雨，造成严重的大气污染，并影响水体，破坏生态平衡。这是由于煤中含有一定量的硫化物所致，要有效解决燃煤产生的污染，煤炭的脱硫是关键。在煤燃烧后对排烟进行脱硫的装置费用高，而燃烧前对煤炭进行微生物脱硫具有能耗省、投资少的优点。

煤炭中的硫主要由黄铁矿硫和有机硫组成。氧化亚铁硫杆菌、氧化硫硫杆菌等自养型细菌能使黄铁矿硫（FeS_2）氧化分解，最终将单质硫转变为硫酸，其反应方程式如下：

$$2FeS_2 + 7O_2 + 2H_2O \xrightarrow{\text{微生物}} 2FeSO_4 + 2H_2SO_4$$

$$2FeSO_4 + 1/2O_2 + H_2SO_4 \xrightarrow{\text{微生物}} Fe_2(SO_4)_3 + H_2O$$

$$FeS_2 + Fe_2(SO_4)_3 \xrightarrow{\text{微生物}} 3FeSO_4 + 2S$$

$$2S + 3O_2 + 2H_2O \xrightarrow{\text{微生物}} 2H_2SO_4$$

煤炭中的有机硫主要为芳香族组分，以二苯噻吩（dibenzothiophene，DBT）的含量最高。假单胞菌属、产碱菌属、大肠杆菌等异养型细菌能脱除煤炭中的有机硫。嗜酸、嗜热的兼性自养菌——嗜酸热硫化叶菌既能脱除无机硫又能脱除有机硫。

煤炭的微生物脱硫目前受脱硫细菌生长缓慢、难以富集、脱硫率低且不稳定等因素的影响，仍处于基础性研究开发阶段，但作为一种投资少、能耗低、无污染的工艺，有其进一步研究和开发的前景。

2. 微生物对无机废气的处理

无机废气中的污染物主要有硫化氢、氨等。而一些自养细菌如硝化细菌、硫化细菌和氢细菌能以这些物质为营养，将这些有害物质转化。脱氮硫杆菌、排硫硫杆菌能直接氧化硫化氢为硫。氧化亚铁硫杆菌可间接氧化硫化氢。

$$2FeSO_4 + 1/2O_2 + H_2SO_4 \xrightarrow{\text{微生物}} Fe_2(SO_4)_3 + H_2O$$

$$H_2S + Fe_2(SO_4)_3 \xrightarrow{\text{微生物}} 2FeSO_4 + H_2SO_4 + S$$

3. 微生物对有机废气的处理

化能异养微生物可用于处理含乙醇、硫醇、苯酚、甲酚、吲哚、乙醛、酮、二硫化碳和胺等的有机废气，可以采用微生物吸收法、微生物洗涤法和微生物过滤法来进行废气处理。

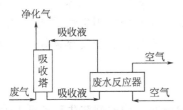

图 6-20　微生物吸收装置流程

（1）微生物吸收法　对可溶性的气态污染物，可利用微生物、营养物和水组成的微生物吸收装置处理，如图6-20所示，废气进入吸收塔（可以是喷淋塔、筛板塔、鼓泡塔等），吸收液（废水）在废水反应器中进行生化反应净化，经微生物处理后的废水可进入吸收塔重复使用，气体排出。

（2）微生物洗涤法　微生物洗涤法是利用污水处理厂剩余的活性污泥配制混合液，作为吸收剂处理废气。该法对脱除复合型臭气效果很好，脱臭效率可达99%，而且能脱除很难治理的焦臭。日本研究者将活性污泥脱水，在常温（20～60℃）条件下干燥，在水中再膨润后得到固定化污泥。这种固定化污泥可以保持各种微生物的生理活性，利用此固定化污泥去除恶臭可以提高恶臭的去除率，降低成本。

（3）微生物过滤法　微生物过滤法是用含有微生物的固体颗粒吸收废气中的污染物，然后微生物再将污染物转化为无害物质。常用的固体颗粒有堆肥和土壤或专门设计的生物过滤床。

除了污水、大气污染物可利用微生物进行处理外，固体废弃物也可利用微生物处理。许多固体废弃物如城市垃圾、污水处理厂污泥、农作物秸秆等大多是堆积于城郊、倒入江河或焚烧，对环境造成破坏。这些固体废弃物中含有大量的有机物，通过微生物的处理，可使之无害化、资源化，减少对环境的污染。如农作物秸秆、树木茎叶等含有纤维素、半纤维素，经微生物糖化后可产乙醇等。城市垃圾、污水处理厂污泥经厌氧发酵，产生甲烷气可用作燃料、发电。

三、环境的生物修复

通过强化微生物的代谢分解作用将土壤、地表及地下水或海洋中的污染物现场去除或降解的工程技术系统称为生物修复（bioremediation）。

人工化合物的大规模制造和使用造成了严重的环境污染，众多的人工化合物释放到生态环境中后，环境中的微生物没有足够的时间和充分的环境条件来获得分解人工化合物的能力，导致人工化合物的难降解性。这类化合物虽然在自然界里存在的浓度低，但由于在生态系统中通过食物链的生物浓缩作用，最终会影响到人类的健康。将已被污染的土壤、地表及地下水或海洋中的污染物原位处理，恢复其原本状态的生物修复技术是进行污染控制、解决难降解化合物污染的关键技术，已经受到世界各国的极大重视，具有广阔的产业化前景。在生物修复中，微生物作用于污染物的原理与前面提到的生物净化是一致的。一般是利用土著微生物、外来微生物或具有高降解能力的基因工程菌对环境进行生物修复。

第七节　生物技术在能源和材料领域的应用

一、生物技术在能源领域的应用

目前世界能源消费仍以化石能源为主，以石油计，每年高达数十亿吨，并且消费速度逐年增加，化石能源的紧缺已是不争的事实。要实现人类可持续的发展，使用替代能源尤其是可再生的替代能源是势在必行。地球上可再生能源的资源潜力巨大，其中生物质能是生物质直接和间接利用太阳能并以化学能的形式贮存在生物质中的能量形式，这种以生物质如植物为载体的能量不同于传统的化石能源，可谓取之不尽、用之不竭，是可再生能源。但由于技术和成本的原因，目前对生物质能的利用还是非常有限的。如何高效地利用生物质能，把贮存在植物、动物、微生物中的有机物尤其是非粮食植物、森林废弃物、农业废弃物等的纤维素转化为可直接使用的燃料，正是生物技术的用武之地。

1. 燃料乙醇

以富含淀粉和糖类的植物如土豆、红薯、玉米、甘蔗等为原料，用发酵法生产乙醇是目前燃料乙醇生产的主要模式。目前燃料乙醇的市场正在快速发展，全球燃料乙醇产量在2000～2005年间就增长了2倍多。2006年燃料乙醇增长22%，2008年的产量达到5040万吨。美国政府计划推广车用汽车乙醇，在相关税收激励等推动政策的驱动下，美国对燃料乙醇的需求还将继续增加，燃料乙醇产量仍将提高。巴西实行乙醇强制使用政策，其产量紧随美国之后。中国在2007年制定了中长期可再生能源开发计划，按照计划，到2020年底，中国将消费1000万吨燃料乙醇。目前中国的燃料乙醇生产规模仅次于美国和巴西。

这种以粮食作物为原料生产的燃料乙醇称为第一代生物燃料，已对减少化石燃料的使用起到了一定作用。但是，以粮食作物为原料成本高，其生产用地会与农作物用地冲突，会与人争粮，造成粮价高涨、供应紧张。燃料乙醇长期的发展潜力是使用非粮原料，如杂草、落叶、麦秆、稻草、玉米芯、木屑和利用荒草地快速生长的非粮作物等，即第二代生物燃料——纤维素生物燃料。纤维素乙醇能以农业剩余物、林业剩余物等废弃物为原料，其生产过程中的温室气体排放为负值，如果将来能实现纤维素乙醇的大规模生产，全球的能源格局将发生重大变化。

纤维素乙醇的生产是以植物的纤维材料为原料，通过热化学的方法，预处理使其结构破解，使之能用酶水解；再采用特定的酶使纤维素水解成糖；然后使糖发酵为乙醇。如何使纤维素水解为糖是纤维素乙醇开发的主要技术障碍。已有几家化学公司开发了适用于纤维素乙醇生产的商业化酶，也有一些纤维素乙醇的示范装置在加拿大、西班牙、美国等地开始建设，但高成本（由高的酶成本、高的损耗造成）是商业化生产纤维素乙醇的主要障碍。

2. 生物柴油

生物柴油是除燃料乙醇之外现在生产最多的生物燃料。2000～2005 年间，生物柴油增长了近 4 倍。2006 年生物柴油增长 80%，从 2000 年的产量不足 $10×10^8 L$，增加到 2007 年底的近 $110×10^8 L$。早期的生物柴油一是以废弃油脂为原料生产，二是利用大豆生产生物柴油。用粮食生产生物柴油的路线对像中国这样的人口多、耕地资源紧张的国家不适用。以非粮产油植物的生物柴油如麻风树基生物柴油，利用微生物、藻类的生物柴油为代表的第二代生物燃料才是生物质替代能源的发展方向。

生物柴油可用传统的化学法，使用碱（酸）催化剂，在一定温度下，与过量的醇进行酯化反应制得。这种工艺生成的副产物甘油难以去除，产品纯化工艺复杂，会产生大量废水，废碱（酸）液的排放也会造成环境污染。

$$\begin{array}{c}H\\|\\H-C-OOR'\\|\\H-C-OOR''\\|\\H-C-OOR'''\\|\\H\end{array} +3CH_3OH \xrightarrow{\text{催化剂}} \begin{array}{c}H\\|\\H-C-OH\\|\\H-C-OH\\|\\H-C-OH\\|\\H\end{array} \begin{array}{c}R'OOCH_3\\+R''OOCH_3\\R'''OOCH_3\end{array}$$

甘油三酯　　　　　甲醇　　　　　甘油　　　甲酯

用生物酶法合成生物柴油，可以避免化学法的缺点，利用脂肪酶为生物催化剂，油脂和低碳醇在温和条件下可以制备相应的脂肪酸甲酯和乙酯，醇用量小、无污染排放。

3. 其他可再生燃料

除了生物乙醇和生物柴油这两种主要的生物燃料外，其他的可再生生物燃料还有生物甲烷、二甲醚、生物氢气。

生物甲烷，即前文提到的沼气，沼气发酵是生物质能转化的重要技术之一，既能有效地处理有机废物，还能产生优质的燃料沼气，发酵残留物还是高效的有机肥。我国传统沼气生产是利用粪便做原料，产生的沼气用作农村的生活燃料，会因原料不足、产气量不够，使经济效益降低。能通过厌氧生化处理转化成沼气的生物质除了各种粪便外，屠宰厂污水污物、各种食品加工厂废水、植物（青草、农作物秸秆、堵塞河道的水葫芦）、藻类（水体富营养化产生的蓝藻）、生活垃圾、污水处理厂的污泥等都是生物甲烷的原料。

我国每年的秸秆产量近 7 亿吨，发展秸秆沼气工程，不但能有效推进秸秆能源化利用，还能防止因直接焚烧产生的环境污染。沼气除直接用作燃料外，还可以用来发电，提高其利用效率。

二甲醚是一种燃烧性能好、排放污染低的清洁燃料，部分替代煤炭、石油和天然气，能有效减少温室气体排放，减少环境污染。2008 年在瑞典建成了第一套从木质纤维素生产生物二甲醚（BioDME）的项目，我国也在 2009 年投产了一套生物质气化合成二甲醚的示范装置。

氢气被认为是一种最清洁、高效的能源。在合适的酶作用下，植物油脂可产生氢气。一些微生物如蓝细菌、深红红螺菌借助菌株中的吸氢酶和固氮酶的作用，能持续产氢。纤维素、淀粉、葡萄糖等生物质用蒸汽气化也可以生产氢气，但目前这些技术都仍处于基础研究阶段。

目前，也有不少研究者们在努力寻找可直接产生生物燃料成分的微生物或利用基因改造技术促使微生物直接合成有效的生物燃料成分。

二、生物技术在材料领域的应用

以石油和天然气生产的化工原料合成的塑料一般不具备降解性，塑料废弃物造成的"白色污染"已成为严重的环境问题。开发可自然降解的塑料替代现有的塑料将大大缓解"白色污染"现象。

用生物聚合物制备的生物塑料，与传统的烃类塑料不同，可被微生物降解用作堆肥，被认为是替代传统化工塑料、终结"白色污染"的新型材料。已开发的生物聚合物有淀粉聚合物、聚乳酸（PLA）、聚羟基烷基酸酯（PHA）、聚丁二酸丁二醇酯（PBS）等。

生物塑料的原料是可再生的作物如玉米、土豆、大豆和牧草等生物质，具有安全、环保、可回收、原料可再生的优点，主要用于塑料袋、新鲜产品包装和农膜等的生产，可逐步替代聚乙烯塑料包装袋。植物基的矿泉水瓶、大豆和生物基的坐垫和坐椅背、聚乳酸和聚羟基烷基酸酯加工成的医用材料、聚丁二酸丁二醇酯加工成的餐具等，生物塑料的用途越来越广泛，产生的经济和社会效益也越来越大。

以生物分子 DNA、蛋白质、微生物、植物细胞为模板还可制备各种无机纳米材料，生物技术在材料合成领域的应用越来越广泛。

思 考 题

1. 谷氨酸的生物合成机制是什么？
2. 从发酵液中提取谷氨酸的方法有哪些？
3. 什么是单细胞蛋白，它的生产特点是什么？
4. 抗生素抗菌作用的特点是什么？
5. 简述抗生素的生产过程。
6. 什么是转基因植物？它在植物品种改良方面的主要应用领域有哪些？
7. 简述单克隆抗体的生成和应用。
8. 为什么海洋生物体内含有独特的生物活性物质？
9. 什么是基因工程药物？什么是基因治疗？它们的区别和联系是什么？
10. 基因治疗的策略大致可分为哪几种？
11. 污水处理的好氧生化处理法有哪些？
12. 厌氧生化处理过程主要由哪些阶段组成？
13. 膜生物反应器污水处理的特点是什么？
14. 什么类型的微生物可用于有机废气的处理？
15. 简述第一代生物燃料和第二代生物燃料的区别。

参 考 文 献

[1] Stryer I. Biochemistry. W. H. Freeman& Company，1975.

[2] Zubay G. Biochemistry. Addison-wesley，1983.

[3] Walsh C. Enzymatic Reaction Machanisms. W. H. Freeman& Company，1979.

[4] James E Bailey. Biochemical Engineering Fundamentals. 2nd ed. McGraw-Hill，1986.

[5] Winkler M A. Chemical Engineering Problems in Biotechnology. M. A. Winker-London，1990.

[6] Mcgitvery R W. Biochemistry. 3rd ed. 1983.

[7] Levenspiel O. The Chemical Reaction Omuibook. OSU book Stores，Inc，1979.

[8] 俞俊棠等. 生物工艺学. 上海：华东化工学院出版社，1992.

[9] 周润琦等. 生物化学基础. 北京：化学工业出版社，1992.

[10] 周德庆. 微生物学教程. 北京：高等教育出版社，1993.

[11] 陈驹声等. 微生物工程. 北京：化学工业出版社，1987.

[12] 沈同等. 生物化学. 北京：高等教育出版社，1991.

[13] 郑善良等. 微生物学基础. 北京：化学工业出版社，1992.

[14] 张克旭等. 氨基酸发酵工艺学. 北京：轻工业出版社，1992.

[15] 金其荣等. 有机酸发酵工艺学. 北京：轻工业出版社，1989.

[16] 张树正. 酶制剂工业. 北京：科学出版社，1984.

[17] 陈驹声等. 固定化酶理论与应用. 北京：轻工业出版社，1987.

[18] 邬显章. 酶的工业生产技术. 长春：吉林科技出版社，1988.

[19] 山根恒夫著. 生化反应工程. 周斌编译. 西安：西北大学出版社，1992.

[20] 崔耀宗等. 生物化学教程. 合肥：中国科技大学出版社，1992.

[21] 贾士儒. 生物反应工程原理. 天津：南开大学出版社，1990.

[22] 顾方舟等. 生物技术的现状与未来. 北京：北京医科大学、中国协和医科大学联合出版社，1990.

[23] 李再资等. 化工基础. 广州：华南理工大学出版社，1991.

[24] 焦瑞身等. 生物工程概论. 北京：化学工业出版社，1991.

[25] 熊振平. 酶工程. 北京：化学工业出版社，1989.

[26] 罗九甫. 酶和酶工程. 上海：上海交通大学出版社，1996.

[27] 王亚辉，吴志纯主编. 走向21世纪的生物学. 北京：华夏出版社，1993.

[28] 李维琦主编. 生物工程. 北京：中国医药科学出版社，1995.

[29] 陈章良主编. 植物基因工程研究. 北京：北京大学出版社，1993.

[30] 朱圣庚等. 生物技术. 上海：上海科学出版社，1995.

[31] 顾红雅等. 植物基因与分子操作. 北京：北京大学出版社，1995.

[32] 马文漪，杨柳燕主编. 环境微生物工程. 南京：南京大学出版社，1998.

[33] 李再资. 生化工程与酶催化. 广州：华南理工大学出版社，1995.

[34] 王直华主编. 未来的生物工程. 南宁：广西科学技术出版社，1997.

[35] 朱丽兰. 世纪之交：与高科技专家对话. 沈阳：辽宁教育出版社，1995.

[36] 李亚一等. 生物技术——跨世纪技术革命的主角. 北京：中国科学技术出版社，1994.

[37] 朱圣庚等. 生物技术. 上海：上海科学技术出版社，1995.

[38] 芦继传，李健新. 未来社会经济的支柱——生物技术. 北京：新华出版社，1992.

[39] 沈仁权，顾其敏主编. 生物化学教程. 北京：高等教育出版社，1993.

[40] 姚汝华主编. 微生物工程工艺原理. 广州：华南理工大学出版社，1996.

[41] 魏述众主编. 生物化学. 北京：轻工业出版社，1996.

[42] 吴乃虎. 基因工程. 北京：高等教育出版社，1996.

[43] 孔繁翔主编. 环境生物学. 北京：高等教育出版社，2000.

[44] Tom Stephenson，Simon Judd，Bruce Jefferson，Keith Brindle 著. 膜生物反应器污水处理技术. 张树国，李咏梅译.
北京：化学工业出版社，2003.

［45］岑沛霖，蔡谨编著. 工业微生物学. 北京：化学工业出版社，2000.

［46］李汁生，阮征编. 非热杀菌技术与应用. 北京：化学工业出版社，2004.

［47］张蓓编著. 代谢工程. 天津：天津大学出版社，2003.

［48］Horton H R, Moran L A, Ochs R S, Rawn J D, Scrimgeour K G. Biochemistry. 3nd ed. 北京：科学出版社，2003.

［49］曾溢滔主编. 遗传病的基因诊断与基因治疗. 上海：上海科学技术出版社，1999.

［50］李海英，杨峰山，邵淑丽等编著. 现代分子生物学与基因工程. 北京：化学工业出版社，2008.

［51］钱伯章编著. 生物质能技术与应用. 北京：科学出版社，2010.

［52］韦革宏，杨祥编著. 发酵工程. 北京：科学出版社，2010.

［53］杨宇，徐爱玲，张燕飞等. 生物合成材料聚 β-羟基丁酸（PHB）的研究进展. 生命科学研究，2006，10（4）：61-67.

［54］曹家树. 面向 21 世纪课程教材：园艺植物育种学. 北京：中国农业大学出版社，2001.

［55］金微. 美国全面反思转基因技术. 国际先驱导报，2010-07-06.

［56］原创. 基因工程安全. 湖北省疾病预防控制中心网站，2010 年 3 月 2 日.

［57］铁铮. 基因工程敲响生物安全警钟. 浙江大学学报：农业与生命科学版，2004，（03）：83-87.

［58］李润花，贾宝财. 生物信息学在生物医学与药物开发中的应用. 食品工程，2010，（2）：16-18，42.

［59］陈国强. 基于天然小分子化合物的白血病化学生物学研究//第六届全国化学生物学学术会议论文摘要集. 2009.

［60］赵先英，刘毅敏，覃军，季卫刚，王祥智. 化学生物学的发展历史与现状. 山西医科大学学报：基础医学教育版，2004，6（2）：129-130.

［61］孙毅. 蛋白质工程的研究进展及前景展望. 科技情报开发与经济，2006，16（9）：162-163.